普通高等院校计算机基础教育"十四五"系列教材

# 计算机应用基础

魏　赟◎主编

JISUANJI YINGYONG JICHU

中国铁道出版社有限公司
CHINA RAILWAY PUBLISHING HOUSE CO., LTD.

# 内 容 简 介

本书理论部分共分 8 章，包括计算机基础知识、操作系统与 Windows 10、Word 2016 文字处理、Excel 2016 电子表格处理、PowerPoint 2016 演示文稿制作、计算机网络基础、云计算与大数据概论、物联网概述；习题部分共 15 套自测习题，供学生练习以加强对教材知识的理解、掌握和运用，同时帮助学生更好地适应非计算机专业的各类水平和等级考试。

本书对于丰富学校课程教材体系建设，落实素质教育工作要求，提升学生应用信息技术解决问题的综合能力等方面能起到积极的推进作用。

本书实例丰富，讲解通俗，适合作为高等院校计算机基础课程的教材，也可作为高新技术考试的应试参考书。

**图书在版编目（CIP）数据**

计算机应用基础 / 魏赟主编. —北京：中国铁道出版社
有限公司，2022.9
普通高等院校计算机基础教育"十四五"系列教材
ISBN 978-7-113-29592-9

Ⅰ. ①计⋯  Ⅱ. ①魏⋯  Ⅲ. ①电子计算机-高等学校-
教材  Ⅳ. ①TP3

中国版本图书馆 CIP 数据核字（2022）第 156074 号

书    名：计算机应用基础
作    者：魏  赟

策    划：汪  敏  潘晨曦            编辑部电话：（010）51873628
责任编辑：汪  敏
封面设计：一克米工作室
封面制作：刘  颖
责任校对：孙  玫
责任印制：樊启鹏

出版发行：中国铁道出版社有限公司（100054，北京市西城区右安门西街 8 号）
网    址：http://www.tdpress.com/51eds/
印    刷：三河市宏盛印务有限公司
版    次：2022 年 9 月第 1 版  2022 年 9 月第 1 次印刷
开    本：787 mm×1 092 mm  1/16  印张：15.25  字数：389 千
书    号：ISBN 978-7-113-29592-9
定    价：42.00 元

# 前 言

计算机技术的飞速发展，将人类生产力水平推进到一个持续跃升的新高度。计算机自诞生之日起，不断改变着我们的生产和生活方式，作为信息处理的工具，已经渗透到社会生活的各个领域。掌握计算机的基础知识和操作技能，使用计算机来获取和处理信息，是每一个现代人所必须具备的基本素质。计算机教育应面向社会、适应社会发展的需求，与时代同行。

"计算机应用基础"课程是非计算机专业的公共基础课程。本书的出版，对于丰富学校课程教材体系建设，落实素质教育工作要求，提升学生应用信息技术解决问题的综合能力等方面能起到积极的推进作用。

本书由魏赟主编。第 1 章由任利宁编写，第 2 章由柴虹编写，第 5 章由刘锋编写，其余章节及习题集由魏赟编写。全书由魏赟负责统稿。

本书理论教学共分 8 章：第 1 章是计算机基础知识；第 2 章是操作系统与 Windows 10；第 3 章是 Word 2016 文字处理；第 4 章是 Excel 2016 电子表格处理；第 5 章是 PowerPoint 2016 演示文稿制作；第 6 章是计算机网络基础；第 7 章是云计算与大数据概论；第 8 章是物联网概述。最后，结合教材理论部分编写了 15 套自测习题，供学生练习，以加强对知识的理解、掌握和灵活运用，同时帮助学生更好地适应非计算机专业的各类水平和等级考试。

本书的编写得到兰州交通大学铁道技术学院领导及同事们的支持与帮助。本书出版得到甘肃省自然科学基金（项目编号 20JR5RA408）和兰州交通大学铁道技术学院 2021 年教科研项目的资助，在此深表感谢。

由于编者水平有限，书中难免有疏漏和不妥之处，恳请广大读者批评指正。

编 者
2022 年 6 月

# 目 录

第 1 章 计算机基础知识 ..................... 1

1.1 计算机概述 ........................... 1
  1.1.1 计算机的概念 ................... 1
  1.1.2 计算机的发展阶段 ........... 1
  1.1.3 计算机的主要特点 ........... 5
  1.1.4 计算机的分类 ................... 5
  1.1.5 计算机的应用 ................... 6
1.2 计算机中的数据与编码 ......... 8
  1.2.1 什么是数据 ....................... 8
  1.2.2 进位计数制 ....................... 8
  1.2.3 数据的单位 ....................... 9
  1.2.4 字符编码 ......................... 11
1.3 微型计算机的指令 ............... 13
  1.3.1 指令的格式 ..................... 13
  1.3.2 指令的分类 ..................... 14
1.4 计算机系统的组成与应用 ... 15
  1.4.1 计算机系统的组成 ......... 15
  1.4.2 微型计算机的硬件系统 ... 15
  1.4.3 微型计算机的软件系统 ... 21
  1.4.4 微型计算机的主要性能指标 ... 23
1.5 多媒体技术 ......................... 24
  1.5.1 多媒体计算机的概念 ..... 24
  1.5.2 多媒体的技术特征 ......... 25
  1.5.3 多媒体计算机系统的组成 ... 26
  1.5.4 多媒体技术的应用 ......... 26
本章小结 ....................................... 27
随堂练习题 ................................... 27

第 2 章 操作系统与 Windows 10 ..... 28

2.1 操作系统的基本概念 ........... 28
2.2 典型操作系统的介绍 ........... 30
2.3 Windows 10 的基本操作 ...... 31
  2.3.1 Windows 10 的启动与退出 ... 32
  2.3.2 Windows 10 桌面 ........... 32
  2.3.3 Windows 10 的个性化设置 ... 34
  2.3.4 Windows 10 窗口的基本操作 ... 37
  2.3.5 Windows 10 的文件和文件夹 ... 38

  2.3.6 Windows 10 系统中使用库 ...42
  2.3.7 Windows 10 系统账户的创建
      和使用 ............................. 44
  2.3.8 Windows 10 系统计算机维护 ...45
  2.3.9 Windows 10 系统特色 ...46
本章小结 ....................................... 47
随堂练习题 ................................... 47

第 3 章 Word 2016 文字处理 .......... 48

3.1 Office 简介 ......................... 48
  3.1.1 Office 的安装与修复 ...... 48
  3.1.2 Word 2016 的启动与退出 ...... 48
  3.1.3 设置工作环境 ............... 49
3.2 Word 2016 基本操作 ........... 51
  3.2.1 文档的基本操作 ........... 51
  3.2.2 输入文档内容 ............... 52
  3.2.3 编辑文档内容 ............... 54
  3.2.4 查找与替换文本 ........... 55
  3.2.5 设置文档格式 ............... 56
  3.2.6 编辑图形与艺术字 ....... 58
  3.2.7 编辑表格 ....................... 59
  3.2.8 常用设置 ....................... 61
3.3 应用案例 ............................. 65
本章小结 ....................................... 71
随堂练习题 ................................... 71

第 4 章 Excel 2016 电子表格处理 ...74

4.1 Excel 基础知识 ................... 74
4.2 Excel 2016 工作表的基本操作 ......... 75
  4.2.1 切换和选择工作表 ....... 75
  4.2.2 移动与复制工作表 ....... 76
  4.2.3 隐藏或显示工作表 ....... 77
4.3 数据的输入与编辑 ............... 79
  4.3.1 输入数据 ....................... 79
  4.3.2 设置单元格 ................... 81
  4.3.3 使用条件格式 ............... 83
  4.3.4 使用公式计算数据 ....... 84
  4.3.5 公式中的单元格引用 ...... 85

計算機应用基础

4.3.6 函数、图表概念 ...................... 86
4.3.7 数据透视表 ...................... 87
4.3.8 排序 ...................... 89
4.3.9 筛选 ...................... 90
4.3.10 分类汇总 ...................... 94
4.4 应用案例 ...................... 96
本章小结 ...................... 104
随堂练习题 4 ...................... 104

第 5 章 PowerPoint 2016 演示文稿制作 ...................... 106
5.1 演示文稿制作基础 ...................... 106
5.2 美化幻灯片 ...................... 109
5.3 放映演示文稿 ...................... 111
5.4 应用案例 ...................... 113
本章小结 ...................... 118
随堂练习题 ...................... 118

第 6 章 计算机网络基础 ...................... 120
6.1 计算机网络概述 ...................... 120
6.1.1 计算机网络的定义 ...................... 120
6.1.2 计算机网络的拓扑结构 ...................... 120
6.1.3 计算机网络的分类 ...................... 122
6.2 计算机网络的发展 ...................... 124
6.3 网络体系结构、通信标准和协议 ...................... 125
6.3.1 标准化组织 ...................... 125
6.3.2 开放系统和开放系统互连模型 ...................... 126
6.4 TCP/IP ...................... 129
6.5 局域网 ...................... 132
6.5.1 局域网的定义 ...................... 132
6.5.2 以太网 ...................... 132
6.6 电子邮件 ...................... 133
6.6.1 Outlook 2010 的使用 ...................... 133

6.6.2 管理日常事务 ...................... 134
本章小结 ...................... 135
随堂练习题 ...................... 135

第 7 章 云计算与大数据概论 ...................... 136
7.1 云计算 ...................... 136
7.2 大数据 ...................... 138
7.3 云计算与大数据的发展 ...................... 143
7.4 云计算与大数据的相关技术 ...................... 145
7.5 云计算与大数据技术是物联网发展的助推器 ...................... 146
本章小结 ...................... 148
随堂练习题 ...................... 148

第 8 章 物联网概述 ...................... 149
8.1 物联网的背景 ...................... 149
8.1.1 物联网的概念 ...................... 149
8.1.2 物联网的定义 ...................... 150
8.1.3 物联网的主要特点 ...................... 150
8.1.4 物联网的主要技术 ...................... 151
8.1.5 物联网与其他网络 ...................... 152
8.2 物联网的基本架构 ...................... 153
8.3 物联网标准化 ...................... 155
8.3.1 物联网标准化体系 ...................... 155
8.3.2 物联网标准制定 ...................... 156
8.4 物联网的发展 ...................... 158
8.4.1 物联网的发展历程 ...................... 158
8.4.2 我国物联网行业发展趋势 ...................... 159
8.5 物联网的应用 ...................... 159
本章小结 ...................... 161
随堂练习题 ...................... 161

习题集 ...................... 162

参考文献 ...................... 238

第（1）章

→ 计算机基础知识

# 1.1 计算机概述

## 1.1.1 计算机的概念

计算机是一种能高效、自动完成信息处理的电子设备，它能按照一定的程序对信息进行加工、处理、存储，是一种按照程序控制自动进行信息加工处理的通用工具。计算机自动工作的基础在于存储程序方式，其通用性的基础在于利用计算机进行信息处理的共性方法。计算机的处理对象和结果都是信息，单从这点来看，计算机与人的大脑有某些相似之处，因为人的大脑和五官也是信息采集、识别、转换、存储、处理的器官，所以人们也常把计算机称为电脑。

随着信息时代的到来，信息高速公路的兴起，全球信息化进入了一个全新的发展时期。人们越来越深刻地认识到计算机强大的信息处理功能，从而使之成为信息产业的基础和支柱。人们在物质需求不断得到满足的同时，对各种信息的需求也日益增强，获取信息、利用信息已变成人们生活中不可或缺的组成部分，因此计算机成为人们生活中必不可少的工具。

## 1.1.2 计算机的发展阶段

### 1. 计算机的诞生与发展

（1）计算机的诞生

20 世纪 40 年代中期，第二次世界大战进入激烈的决战时期，在新式武器的研究中日益复杂的数字运算问题需要迅速、准确地解决。由于手摇或电动式机械计算机、微分分析仪等计算工具已远远不能满足要求，所以迫切需要一种能够把人们从繁杂的计算中解脱出来的计算工具，从而，世界上第一台电子数字计算机 ENIAC（埃尼阿克——电子数字积分计算机）应运而生。这台计算机诞生于 1946 年，是美国的宾夕法尼亚大学设计研制的。ENIAC 由 1.8 万只电子管组成，占地 180 m²，重达 30 t，运算速度为 5 000 次/s。人类第一台电子计算机由于采用了电子管和电子线路，大大提高了运算速度，但它的主要缺陷是不能存储程序。

（2）计算机的发展阶段

从人类第一台电子计算机诞生到现在已有半个多世纪，但它的发展之快、种类之多、用途之广、受益之大，是人类科学技术发展史中任何一门学科或任何一种发明所无法比拟的。

计算机发展年代依照计算机所采用的电子器件的不同划分为四个阶段，即电子管、晶体管、集成电路、超大规模集成电路等四个阶段，如表 1.1 所示。

表 1.1　计算机发展阶段

| 阶段 | 起止年份 | 主要电子元件 | 应用范围 |
|---|---|---|---|
| 第一代 | 1946—1957 年 | 电子管 | 科学计算 |
| 第二代 | 1958—1964 年 | 晶体管 | 科学计算、数据处理、事务管理 |
| 第三代 | 1965—1970 年 | 中小规模集成电路 | 实现系列化、标准化，广泛应用于各领域 |
| 第四代 | 1970 年以后 | 大规模、超大规模集成电路 | 微型机和计算机网络应用，更加普及深入到社会生活各方面 |

第一代计算机（1946—1957 年），通常称为电子管计算机时代。其主要特点是：

①采用电子管作为逻辑开关元件。

②存储器使用水银延迟线、静电存储管、磁鼓等。

③外围设备采用纸带、卡片、磁带等。

④使用机器语言，20 世纪 50 年代中期开始使用汇编语言，但这时还没有操作系统。

第二代计算机（1958—1964 年），通常称为晶体管计算机时代。其主要特点是：

①使用半导体晶体管作为逻辑开关元件。

②使用磁芯作为主存储器，辅助存储器采用磁盘和磁带。

③输入 / 输出方式有了很大改进。

④开始使用操作系统，有了各种计算机高级语言。

第三代计算机（1965—1970 年），通常称为集成电路计算机时代。其主要特点是：

①使用中、小规模集成电路作为逻辑开关元件。

②开始使用半导体存储器，辅助存储器仍以磁盘、磁带为主。

③外围设备种类增加。

④开始走向系列化、通用化和标准化。

⑤操作系统进一步完善，高级语言数量增多。

第四代计算机（1971 年至今），通常称为大规模或超大规模集成电路计算机时代。其主要特点是：

①使用大规模或超大规模集成电路作为逻辑开关元件。

②主存储器采用半导体存储器，辅助存储器采用大容量的软、硬磁盘，并开始引入和使用光盘。

③外围设备有了很大发展，采用光字符阅读器（OCR）、扫描仪、激光打印机和绘图仪。

④操作系统不断发展和完善，数据库管理系统有了更新的发展，软件行业已发展成为现代新型的工业产业。

从 20 世纪 80 年代开始，日本、美国以及欧洲共同体都相继开展了新一代计算机（FGCS）的研究，80 年代末出现多媒体计算机。随着人工智能、大数据、云计算和移动网络的发展，新一代计算机是把信息采集、存储、处理、通信和人工智能结合在一起的计算机系统，它不仅能进行一般信息处理，而且能面向知识处理，具有形式推理、联想、学习和解释能力，能帮助人类开拓未知的领域和获取新的知识。未来量子计算机、神经网络计算机、生物计算机、光计算机将是新一代计算机的发展趋势。

（3）计算机的发展趋势

计算机的发展趋势分为硬件发展趋势和软件发展趋势。

①硬件发展趋势：体积显著减小，质量和功率消耗明显降低；运算速度显著提高，存储容量和功能大大增强。

- 微型化：计算机体积更小、质量更轻、价格更低、更便于应用于各个领域及各种场合。目前市场上已出现的各种笔记本计算机、膝上型和掌上型计算机都是朝这一方向发展的产品。
- 巨型化：由于科学技术发展的需要，许多部门要求计算机具有更高的速度和更大的存储容量，从而使计算机向巨型化发展。

②软件发展趋势：操作和使用电子计算机愈来愈方便。如操作系统的使用、声控软件的使用等。

- 网络化：计算机网络是计算机技术和通信技术互相渗透、不断发展的产物。计算机联网可以实现计算机之间的通信和资源共享。目前，各种计算机网络，包括局域网和广域网的形成，无疑将加速社会信息化的进程。
- 智能化：使计算机具有模拟出人类思维的能力。实现智能化包括模式识别、图像识别、自然语言理解、博弈、定理自证明、自程序设计、专家系统、学习系统等。
- 多媒体化：计算机处理信息的主要对象是字符和数字，人们通过键盘、鼠标和显示器对文字和数字进行交互。而在人类生活中，更多的是图、文、声、像等多种形式的信息。由于数字化技术的发展进一步改进了计算机的表现能力，使现代计算机可以集图形、声音、文字处理为一体，使人们面对的是有声有色、图文并茂的信息环境，这就是通常所说的多媒体计算机技术。多媒体技术使信息处理的对象和内容发生了深刻变化。

## 2. 微型计算机的发展

计算机发展的第四阶段，由于大规模集成电路和网络的应用，所以微型计算机迅速发展。微型计算机的发展主要表现在其核心部件微处理器的发展上，每当一款新型的微处理器出现时，就会带动微型计算机系统的其他部件的相应发展，如微型计算机体系结构的进一步优化、存储器存取容量的不断增大，存取速度的不断提高，外围设备的不断改进以及新设备的不断出现等。

根据微处理器的字长和功能，可将微型计算机的发展划分为以下几个阶段。

（1）第一代微型计算机

第 1 阶段（1971—1973 年）是 4 位和 8 位低档微处理器时代，通常称为第一代，其典型产品是 Intel 4004 和 Intel 8008 微处理器和分别由它们组成的 MCS-4 和 MCS-8 微型计算机。基本特点是采用 PMOS 工艺，集成度低（4 000 个晶体管/片），系统结构和指令系统都比较简单，主要采用机器语言或简单的汇编语言，指令数目较少（20 多条指令），基本指令周期为 20 ~ 50 μs，用于简单的控制场合。

（2）第二代微型计算机

第 2 阶段（1974—1977 年）是 8 位中高档微处理器时代，通常称为第二代，其典型产品是 Intel 公司的 8080/8085 等。它们的特点是采用 NMOS 工艺，集成度提高约 4 倍，运算速度提高约 10 ~ 15 倍（基本指令执行时间 1 ~ 2 μs），指令系统比较完善，具有典型的计算机体系结构和中断、DMA 等控制功能。软件方面除了汇编语言外，还有 BASIC，FORTRAN 等高级语言及相应的解释程序和编译程序，在后期还出现了操作系统。

（3）第三代微型计算机

第 3 阶段（1978—1984 年）是 16 位微处理器时代，通常称为第三代，其典型产品是 Intel 公司的 8086/8088，Motorola 公司的 M68000 等微处理器。其特点是采用 HMOS 工艺，集成度（20 000 ~ 70 000 晶体管/片）和运算速度（基本指令执行时间是 0.5 μs）都比第 2 代提高了一个数量级。指令系统更加丰富、完善，采用多级中断、多种寻址方式、段式存储机构、硬件乘除部件，并配置了软件系统，这一时期著名微机产品有 IBM 公司的个人计算机。1981 年 IBM 公司推出的个人计算机采用 8088CPU。紧接着 1982 年又推出了扩展型的个人计算机 IBM PC/XT，它对内存进行了扩充，并增加了一个硬磁盘驱动器。1984 年，IBM 公司推出了以 80286 处理器为核心组成的 16 位增强型个人计算机 IBM PC/AT。由于 IBM 公司在发展个人计算机时采用了技术开放的策略，使个人计算机风靡世界。

（4）第四代微型计算机

第 4 阶段（1985—1992 年）是 32 位微处理器时代，又称为第四代。其典型产品是 Intel 公司的 80386/80486，Motorola 公司的 M69030/68040 等。其特点是采用 HMOS 或 CMOS 工艺，集成度高达 100 万个晶体管/片，具有 32 位地址线和 32 位数据总线。每秒钟可完成 600 万条指令（Million Instructions Per Second，MIPS）。微型计算机的功能已经达到甚至超过超级小型计算机，完全可以胜任多任务、多用户的作业。同期，其他一些微处理器生产厂商（如 AMD，TEXAS 等）也推出了 80386/80486 系列的芯片。1989 年 Intel 80486 芯片问世，不久就出现了以它为 CPU 的微型计算机。

（5）第五代微型计算机

第 5 阶段（1993—2005 年）是奔腾（Pentium）系列微处理器时代，通常称为第五代。1993 年 Intel 公司推出了 Pentium 芯片，它就是人们常说的 80586，但出于专利保护的原因，将其命名为 Pentium，它的中文名字叫"奔腾"。此后，微型计算机发展更快，芯片也由单核发展到双核，甚至更多。典型产品是 Intel 公司的奔腾系列芯片及与之兼容的 AMD 的 K6 系列微处理器芯片。内部采用了超标量指令流水线结构，并具有相互独立的指令和数据高速缓存。随着 MMX（MultiMedia eXtended）微处理器的出现，使微机的发展在网络化、多媒体化和智能化等方面跨上了更高的台阶。2000 年 3 月，AMD 与 Intel 分别推出时钟频率达 1 GHz 的 Athlon 和 Pentium Ⅲ。2000 年 11 月，Intel 又推出了 Pentium4 微处理器，集成度高达每片 4 200 万个晶体管，主频为 1.5 GHz。2002 年 11 月，Intel 推出的 Pentium4 微处理器的时钟频率达到 3.06 GHz。在双内核处理器的支持下，真正的多任务得以应用，而且越来越多的应用程序甚至会为之优化，进而奠定扎实的应用基础。

（6）第六代微型计算机

第 6 阶段（2005 年至今）是酷睿（Core）系列微处理器时代，通常称为第六代。"酷睿"是一款领先节能的新型微架构，设计的出发点是提供超然出众的性能和能效，提高每瓦特性能，也就是所谓的能效比。早期的酷睿是基于笔记本处理器的。酷睿 2，英文名称为 Core 2 Duo，是英特尔在 2006 年推出的新一代基于 Core 微架构的产品体系统称，于 2006 年 7 月 27 日发布。酷睿 2 是一个跨平台的构架体系，包括服务器版、桌面版、移动版三大领域。其中，服务器版的开发代号为 Woodcrest，桌面版的开发代号为 Conroe，移动版的开发代号为 Merom。

### 1.1.3　计算机的主要特点

计算机的发明和发展是 20 世纪最伟大的科学技术成就之一，作为一种通用的智能工具，它具有以下几个特点：

#### 1. 运算速度快

电子计算机的运算速度从最初的每秒几千次提高到了现在的几百亿次甚至更高。过去人工需要几年、几十年才能完成的大量科学计算，使用计算机只需要几天、几个小时甚至几分钟就能完成，现代的巨型超级计算机系统的运算速度已达每秒几百亿次乃至千万亿、亿亿次。中国的神威·太湖之光超级计算机峰值性能为每秒 12.5 亿亿次，持续性能为每秒 9.3 亿亿次，速度十分惊人，是目前全球运行速度较快的超级计算机。正是由于计算机的运算速度不断提升，所以在航空航天、气象预报、军事等领域发挥了越来越重要的作用。

#### 2. 计算精度高

由于计算机内采用二进制数制进行运算，因此可以用增加表示数字的设备和运用计算技术，使数值计算的精度越来越高。现在使用计算机进行数值计算可以精确到小数点后几十位、几百位甚至更多位，且运算十分准确。

#### 3. 存储容量大

计算机的存储器可以把原始数据、中间结果以及运算指令等存储起来以便使用。存储器不仅可以存储大量的信息，还能够快速而准确地存入或读取这些信息。计算机有内部存储器和外部存储器，可以存储大量的数据，随着存储容量的不断增大，可存储记忆的信息量也越来越大。

#### 4. 逻辑运算强

计算机内部操作、控制是根据人们事先编制好的程序自动控制进行的，不需要人工干预。它可以处理各种各样的信息，如数值、语言、文字、图形、音乐、动画等，既可以进行算术运算，又可以进行逻辑运算，可以对文字、符号、大小、异同等进行比较、判断和推理。

#### 5. 可靠通用性强

计算机可以将任何复杂的信息处理任务分解成一系列的基本算术和逻辑操作，反映在计算机的指令操作中，按照各种规律、执行的先后次序把它们组织成各种不同的程序，存入存储器中。计算机广泛地应用于各个领域，几乎能求解自然科学和社会科学中一切类型的问题。

### 1.1.4　计算机的分类

计算机的分类按照性能指标，如运算速度、存储容量、功能强弱、规模大小、软件系统的丰富程度和面向的应用对象等来分可划分为巨型机、大型机、小型机、微型机、服务器和工作站。

第 1 章　计算机基础知识

### 1. 巨型机

巨型机又称为超级计算机（Super Computer），它是所有计算机中性能最高、功能最强、速度极快、存储量巨大、结构复杂、价格昂贵的一类计算机。其浮点运算速度目前已达每秒亿亿次。

### 2. 大型机

大型机是计算机中通用性能最强，功能、速度、存储量仅次于巨型机的一类计算机，国外通常将其称为主机（Mainframe）。大型机具有比较完善的指令系统和丰富的外围设备，很强的管理和处理数据的能力，一般用在大型企业、金融系统、高校和科研院所等。

### 3. 小型机

小型机（Mini Computer）是计算机中性能较好、价格便宜、应用领域非常广泛的一类计算机。其浮点运算速度可达每秒几千万次。小型机结构简单，使用和维护方便，备受中小企业欢迎，主要用于科学计算、数据处理和自动控制等。

### 4. 微型机

微型机也称为个人计算机（Personal Computer，PC），是应用领域最广泛、发展最快、人们最感兴趣的一类计算机，它以其设计先进（总是率先采用高性能微处理器）、软件丰富、功能齐全、体积小、价格便宜、灵活、性能好等优势而拥有广大的用户。目前，微型机已广泛应用于办公自动化、信息检索、家庭教育和娱乐等。

### 5. 服务器

服务器(Server)是可以被网络用户共享、为网络用户提供服务的一类高性能计算机。一般都配置多个 CPU，有较高的运行速度，并具有超大容量的存储设备和丰富的外部接口。

### 6. 工作站

工作站（Work Station）是一种高档微型机系统。通常配有大容量的主存、高分辨大屏幕显示器、较高的运算速度和较强的网络通信能力，具有大型机或小型机的多任务、多用户能力，且兼有微型机的操作便利和良好的人机界面。因此，工作站主要用于图像处理和计算机辅助设计等领域。

## 1.1.5 计算机的应用

计算机的应用范围相当广泛，涉及科学研究、军事技术、信息管理、工农业生产、文化教育等各个方面，已经成为人类不可缺少的重要工具。

### 1. 科学计算（数值计算）

科学计算是计算机最重要的应用之一，最初计算机的发明，就是为了解决科学技术研究和工程应用中所需要的大量数值计算问题。如利用计算机高速度、高精度的运算能力，可以解决气象预报、解方程式、火箭发射、地震预测、工程设计等庞大复杂人工难以完成的计算任务。

## 2. 数据处理（信息管理）

数据处理是当前计算机应用最为广泛的领域。人们使用计算机信息存储容量大、存取速度快的特点，采集数据、管理数据、分析数据、处理大量的数据并产生新的信息形式。目前，数据处理已广泛地应用于办公自动化、企事业计算机辅助管理与决策、情报检索、图书管理、电影电视动画设计、会计电算化等等各行各业。信息正在形成独立的产业，多媒体技术使信息展现在人们面前的不仅是数字和文字，也有声情并茂的声音和图像信息。

## 3. 过程控制（实时控制）

计算机是生产自动化的基本技术工具，它按照设计者预先规定的目标和计算程序以及反馈装置提供的信息，指挥执行机构动作。生产自动化程度越高，对信息传递的速度和准确度的要求也就越高，这一任务靠人工操作已无法完成，只有计算机才能胜任。利用计算机为中心的控制系统可以及时的采集数据、分析数据、制定方案，进行自动控制，它不仅可以减轻劳动强度，而且可以大大的提高自动控制的水平，提高产品的质量和合格率。因此，过程控制在冶金、电力、石油、机械、化工以及各种自动化部门得到广泛的应用；同时还应用于导弹发射、雷达系统、航空航天、飞机上的自动驾驶仪等各个领域。

## 4. 计算机通信

现代通信技术与计算机技术相结合，构成联机系统和计算机网络，计算机通信是计算机技术和通信技术的高度发展、密切结合的一门新兴科学，这是计算机的一个最为广泛的应用领域。计算机网络的建立，不仅解决了一个地区、一个国家中计算机之间的通信和网络内各种资源的共享，还可以促进和发展国际间的通信以及各种数据的传输与处理。国际互联网Internet 已经成为覆盖全球的信息基础设施，在世界的任何地方，人们都可以彼此进行通信，如收发电子邮件，进行文件的传输，拨打 IP 电话，召开视频会议，进行线上教学等；国际互联网还为人们提供了内容广泛、丰富多彩、各种各样的信息，也大大促进了国际间的文字、图像、声音和视频等各类数据的传输与处理。

## 5. 计算机辅助工程

计算机辅助工程，可以提高产品设计、生产和测试过程的自动化水平，可以降低成本，缩短生产的周期，改善工作环境，提高产品质量，以获得更高的经济效益。

（1）计算机辅助设计（CAD）

利用计算机高速处理、大容量存储和图形处理的功能而使辅助设计人员进行产品设计的技术，称为计算机辅助设计。计算机辅助设计技术已广泛应用于电路设计、机械设计、土木建筑设计以及服装设计等各个方面。

（2）计算机辅助制造（CAM）

在机器制造业中，利用计算机通过各种数控机床和设备，自动完成离散产品的加工、装配、检测和包装等制造过程的技术，称为计算机辅助制造。

（3）计算机辅助教学（CAI）

学生通过与计算机系统之间的对话实现教学的技术，称为计算机辅助教学，它可以提高

第1章 计算机基础知识

学生的学习兴趣，增强教师和学生的互动性。

（4）其他计算机辅助系统

利用计算机作为工具辅助产品测试的计算机辅助测试（CAT）；利用计算机对学生的教学、训练和对教学事务进行管理的计算机辅助教育（CAE）；利用计算机对文字、图像等信息进行处理、编辑、排版的计算机辅助出版系统（CAP）等。

### 6. 人工智能

人工智能（Artificial Intelligence）是指利用计算机来模拟人类的智力活动，它是利用计算机模拟人类某些智能行为（如感知、思维、推理、学习等）的理论和技术，是在计算机科学、控制论等基础上发展起来的边缘学科，包括专家系统、机器翻译、自然语言理解等。现在人工智能的研究已取得不少成果，有些已开始走向实用阶段。例如，能模拟高水平医学专家进行疾病诊疗的专家系统，具有一定思维能力的智能机器人、智能无人驾驶汽车等。

# 1.2  计算机中的数据与编码

## 1.2.1  什么是数据

数据是由人工或自动化手段加以处理的那些事实、概念、场景和指示的表示形式，包括字符、符号、表格、声音、图形和图像等。它可在物理介质上记录或传输，并通过外围设备被计算机接收，经过处理而得到结果；它能被送入计算机加以处理，包括存储、传送、排序、归并、计算、转换、检索、制表和模拟等操作，以得到人们需要的结果。数据经过加工并赋予一定的意义后，便成为信息。计算机系统中的每一个操作，都是对数据进行的某种处理。

## 1.2.2  进位计数制

将数字符号按序排列成数位，并按照某种由低位到高位进位的方法进行计数，这种表示数值的方式称为进位计数制。例如，我们常用的是十进位计数制，简称十进制，就是按照"逢十进一"的原则进行计数的。进位计数制的表示主要包含三个基本要素：数位、基数和位权。数位是指数码在一个数中所处的位置，基数是指在某种进位计数制中，每个数位上所能使用的数码的个数，例如十进位计数制中，每个数位上可以使用的数码为 0，1，2，3，…9 十个数码，即其基数为 10；位权是指一个固定值，是指在某种进位计数制中，每个数位上的数码所代表的数值的大小，等于在这个数位上的数码乘上一个固定的数值，这个固定的数值就是这种进位计数制中该数位上的位权。数码所处的位置不同，代表数的大小也不同。例如在十进位计数制中，小数点左边第一位位权为 $10^0$，左边第二位位权为 $10^1$，左边第三位位权为 $10^2$，等等。小数点右边第一位位权为 $10^{-1}$，小数点右边第二位位权为 $10^{-2}$，以此类推。

### 1.  十进制

十进位计数制简称十进制，有十个不同的数码符号：0，1，2，3，4，5，6，7，8，9。每个数码符号根据它在这个数中所处的位置（数位），按"逢十进一"来决定其实际数值，即各数位的位权是以 10 为底的幂次方。

例如：$(215.48)_{10} = 2 \times 10^2 + 1 \times 10^1 + 5 \times 10^0 + 4 \times 10^{-1} + 8 \times 10^{-2}$

### 2. 二进制

二进位计数制简称二进制，有两个不同的数码符号：0，1。每个数码符号根据它在这个数中所处的位置（数位），按"逢二进一"来决定其实际数值，即各数位的位权是以 2 为底的幂次方。

例如：$(11001.01)_2 = 1 \times 2^4 + 1 \times 2^3 + 0 \times 2^2 + 0 \times 2^1 + 1 \times 2^0 + 0 \times 2^{-1} + 1 \times 2^{-2} = (25.25)_{10}$

### 3. 八进制

八进位计数制简称八进制，有八个不同的数码符号：0，1，2，3，4，5，6，7。每个数码符号根据它在这个数中所处的位置（数位），按"逢八进一"来决定其实际数值，即各数位的位权是以 8 为底的幂次方。

例如：$(162.4)_8 = 1 \times 8^2 + 6 \times 8^1 + 2 \times 8^0 + 4 \times 8^{-1} = (114.5)_{10}$

### 4. 十六进制

十六进位计数制简称十六进制；有十六个不同的数码符号：0，1，2，3，4，5，6，7，8，9，A，B，C，D，E，F。每个数码符号根据它在这个数中所处的位置（数位），按"逢十六进一"来决定其实际数值，即各数位的位权是以 16 为底的幂次方。

例如：$(2BC.48)_{16} = 2 \times 16^2 + B \times 16^1 + C \times 16^0 + 4 \times 16^{-1} + 8 \times 16^{-2} = (700.28125)_{10}$

总结以上四种进位计数制，可以将它们的特点概括为：每一种计数制都有一个固定的基数，每一个数位可取基数中的不同数值；每一种计数制都有自己的位权，并且遵循"逢基数进一"的原则。不同进位计数制之间的数值可以进行转换，实质是基数转换。一般转换的原则是：如果两个有理数相等，则两个数的整数部分和小数部分一定分别相等。因此，数制之间进行转换时，通常对整数部分和小数部分别进行转换。

## 1.2.3　数据的单位

计算机中，对非数值的文字和其他符号进行处理时，要对文字和符号进行数字化处理，即用二进制编码来表示文字和符号。字符编码就是规定用怎样的二进制编码来表示文字和符号。在计算机中的数是用二进制数表示的，在二进制中，只有 0 和 1 两个数字符号，它的特点是逢 2 进 1。通过换算可知二进制、十进制、八进制和十六进制的对应关系如表 1.2 所示。

表 1.2　二进制与十进制、八进制和十六进制的对应关系

| 二进制 | 十进制 | 八进制 | 十六进制 |
| --- | --- | --- | --- |
| 0000 | 0 | 0 | 0 |
| 0001 | 1 | 1 | 1 |
| 0010 | 2 | 2 | 2 |
| 0011 | 3 | 3 | 3 |
| 0100 | 4 | 4 | 4 |
| 0101 | 5 | 5 | 5 |

| 二进制 | 十进制 | 八进制 | 十六进制 |
|--------|--------|--------|----------|
| 0110 | 6 | 6 | 6 |
| 0111 | 7 | 7 | 7 |
| 1000 | 8 | 10 | 8 |
| 1001 | 9 | 11 | 9 |
| 1010 | 10 | 12 | A |
| 1011 | 11 | 13 | B |
| 1100 | 12 | 14 | C |
| 1101 | 13 | 15 | D |
| 1110 | 14 | 16 | E |
| 1111 | 15 | 17 | F |
| 10000 | 16 | 20 | 10 |

计算机中数据的常用单位有位、字节和字。

**1. 位（bit）**

计算机采用二进制。运算器运算的是二进制数，控制器发出的各种指令也表示成二进制数，存储器中存放的数据和程序也是二进制数，在网络上进行数据通信时发送和接收的还是二进制数。显然，在计算机内部到处都是由 0 和 1 组成的数据流。

计算机中最小的数据单位是二进制的一个数位，简称为位（bit，比特）。计算机中最直接、最基本的操作就是对二进制位的操作。一个二进制位可表示两种状态（0 或 1）。两个二进制位可表示四种状态（00，01，10，11）。位数越多，所表示的状态就越多。

**2. 字节（Byte）**

为了表示日常生活数据中的所有字符（字母、数字以及各种专用符号，大约有 256 个），需要用 7 位或 8 位二进制数。因此人们选定 8 位为一个字节（Byte），通常用 B 表示，1 个字节由 8 个二进制数位组成。

字节是计算机中用来表示存储空间大小的最基本的容量单位。例如，计算机内存的存储容量、磁盘的存储容量等都是以字节为单位表示的。

除用字节为单位表示存储容量外，还可以用千字节（KB）、兆字节（MB）、吉字节（GB）以及太字节（TB）等表示存储容量。它们之间存在下列换算关系。

1 B=8 bit

1 KB=1 024 B=$2^{10}$ B

1 MB=1 024 KB=$2^{20}$ B

1 GB=1 024 MB=$2^{30}$ B

1 TB=1 024 GB=$2^{40}$ B

**3. 字（word）**

字是由若干字节组成的（通常取字节的整数倍）。字是计算机进行数据存储和数据处理的基本运算单位。字长是计算机性能的重要标志，它是一个计算机字所包含的二进制位的个数。不同档次的计算机有不同的字长。按字长可以将计算机划分为 8 位机（如 Apple Ⅱ、中华学习机）、16 位机（如 286 机）、32 位机（如 386 机、486 机）、64 位机（奔腾系列微机或巨型机）等。

## 1.2.4 字符编码

人们在日常生活中习惯于使用十进制数，而计算机内部多采用二进制数表示和处理数值数据，因此在多数应用环境，计算机输入和输出数据时，就要进行由十进制到二进制和从二进制到十进制的转换处理。另外计算机内部使用的二进制编码最常见的符号信息是文字符号，所以字母、数字和各种符号都必须按约定的规则用二进制编码才能在机器中表示。但是人们若使用二进制编码与计算机打交道，则显得非常烦琐，不习惯，所以人们设计了汇编语言和各种高级语言，使用汇编语言或各种高级语言编写的程序输入到计算机中时，人与计算机通信所用的语言，已不再是一种纯数学语言了，而多为符号式语言。因此，在人与计算机打交道时，需要对各种符号进行编码，以使计算机能识别、存储、传送和处理，由此就产生了多种编码方式。

### 1. BCD 码（二—十进制编码）

BCD 编码方法很多，通常采用的是 8421 编码，其方法是用四位二进制数表示一位十进制数，自左至右每一位对应的位权分别是 8，4，2，1。值得注意的是，四位二进制数有 0000 ~ 1111 十六种状态，但是我们只取 0000 ~ 1001 十种状态，而 1010 ~ 1111 六种状态在这种编码中没有意义。

这种编码的特点是编码较为自然、简单，书写方便、直观、易于识别。例如十进制数 864，其 BCD 编码为：

$$\begin{array}{ccc} 8 & 6 & 4 \\ (1000) & (0110) & (0100) \end{array}$$

十进制数与 8421 码的对照表如表 1.3 所示。

表 1.3 十进制数与 8421 码的对照表

| 十进制数 | 8421 码 | 十进制数 | 8421 码 |
| --- | --- | --- | --- |
| 0 | 0000 | 6 | 0110 |
| 1 | 0001 | 7 | 0111 |
| 2 | 0010 | 8 | 1000 |
| 3 | 0011 | 9 | 1001 |
| 4 | 0100 | 10 | 1010 |
| 5 | 0101 | | |

### 2. ASCII 码

ASCII 码有 7 位版本和 8 位版本两种。国际上通用的是 7 位版本，7 位版本的 ASCII 码有 128 个元素，其中通用控制字符 34 个，阿拉伯数字 10 个，大、小写英文字母 52 个，各种标点符号和运算符号 32 个。7 位版本 ASCII 码只需用 7 个二进制位($2^7$=128)。为了查阅方便，表 1.4 中列出了 ASCII 字符编码。

表 1.4 ASCII 字符编码（二进制）

| 高3位 / 低4位 | 000 | 001 | 010 | 011 | 100 | 101 | 110 | 111 |
| --- | --- | --- | --- | --- | --- | --- | --- | --- |
| 0000 | NUL | DEL | SP | 0 | @ | P | ` | p |
| 0001 | SOH | DC1 | ! | 1 | A | Q | a | q |
| 0010 | STX | DC2 | " | 2 | B | R | b | r |
| 0011 | ETX | DC3 | # | 3 | C | S | c | s |
| 0100 | EOT | DC4 | $ | 4 | D | T | d | t |
| 0101 | ENQ | NAK | % | 5 | E | U | e | u |
| 0110 | ACK | SYN | & | 6 | F | V | f | v |
| 0111 | BEL | ETB | ' | 7 | G | W | g | w |
| 1000 | BS | CAN | ( | 8 | H | X | h | x |
| 1001 | HT | EM | ) | 9 | I | Y | i | y |
| 1010 | LF | SUB | * | : | J | Z | j | z |
| 1011 | VT | ESC | + | ; | K | [ | k | { |
| 1100 | FF | FS | , | < | L | \ | l | \| |
| 1101 | CR | GS | – | = | M | ] | m | } |
| 1110 | SO | RS | · | > | N | ^ | n | ~ |
| 1111 | SI | US | / | ? | O | — | o | DEL |

当微型计算机上采用 7 位 ASCII 码作为机内码时，每个字节只占后 7 位，最高位恒为 0。8 位 ASCII 码需用 8 位二进制数进行编码，当最高位为 0 时，称为基本 ASCII 码（编码与 7 位 ASCII 码相同），当最高位为 1 时，形成扩充的 ASCII 码，它表示数的范围为 128～255，可表示 128 种字符。通常各个国家都把扩充的 ASCII 码作为自己国家语言文字的代码。

### 3. 汉字编码

我国用户在使用计算机进行信息处理时，一般都要用到汉字，因此，必须解决汉字的输入、输出以及汉字处理等一系列问题，关键问题是要解决汉字编码的问题。

由于汉字是象形文字，数目很多，常用汉字就有 3 000～5 000 个，且汉字的形状和笔画多少差异极大，因此，不可能用少数几个确定的符号将汉字完全表示出来，或像英文那样将汉字拼写出来。每个汉字必须有它自己独特的编码。

（1）《信息交换用汉字编码字符集　基本集》

《信息交换用汉字编码字符集　基本集》是我国于 1980 年制定的国家标准 GB2312—1980，代号为国标码，是国家规定的用于汉字信息交换使用的代码依据。

（2）汉字的机内码

汉字的机内码是供计算机系统内部进行存储、加工处理、传输统一使用的代码，又称为汉字内部码或汉字内码。

（3）汉字的输入码（外码）

汉字输入码是为了将汉字通过键盘输入计算机而设计的代码。汉字输入编码方案很多，其表示形式大多用字母、数字或符号。

（4）汉字的字形码

汉字字形码是汉字字库中存储的汉字字形的数字化信息，用于汉字的显示和打印。

# 1.3  微型计算机的指令

计算机的工作就是顺序地执行存放在存储器中的一系列指令，为解决某一实际问题而设计的一系列指令称为程序。指令是一组二进制代码，规定由计算机执行程序的每一步操作，一种计算机所能识别并执行的全部指令的集合，称为该种计算机的指令系统。指令和指令系统与计算机的硬件密切相关，每一种计算机都有它们各自的指令系统。

## 1.3.1  指令的格式

在计算机内部，指令和数据的形式是相同的，二者均以二进制代码的形式存于存储器中。它们的区别在于计算机工作时，把指令送往控制器的指令寄存器和指令译码器中，而把数据送往运算器的寄存器和算术逻辑单元中。

一条指令应明确地指出是什么操作，并能用来编程，因此它必须含有足够的信息。

### 1.  指令信息

①操作的种类。如：加、减、传送、转移等，指令中规定操作种类的部分称为操作码。

②数据源。如：相加的两个数、传送的数等，或者是这些数的地址。这些被操作的数称为操作数，它们的地址称为操作数地址或源地址。

③结果的存放地址，简称目的地址。

④下一条指令的地址。

### 2.  指令格式

要把上述全部信息都表示出来，需要完整的指令。一条完整指令有如下格式：

| 操作码 | 操作数 1 地址 | 操作数 2 地址 | 目的地址 | 下一条指令的地址 |
| --- | --- | --- | --- | --- |

显然，这样的指令太长了，不便于计算机处理，也浪费存储空间。因此，必须缩短指令的长度，于是便产生了下列几种指令格式。

①用程序计数器（PC）保存指令的地址。CPU 每使用一次程序计数器后，都使该计数器自动加 1。这样，下一条指令的地址可以从 PC 中得到，从而可以从指令格式中去掉"下一条指令的地址"这一代码段。这就形成了所谓的三地址指令，其格式如下：

| 操作码 | 操作数 1 地址 | 操作数 2 地址 | 目的地址 |
| --- | --- | --- | --- |

②使目的地址与操作数之一的地址相同，即让指令的操作结果取代操作数之一，从而可以从三地址指令中去掉"目的地址"这一代码段，这就形成了所谓的二地址指令。其格式如下：

| 操作码 | 目的操作数地址 | 源操作数地址 |
| --- | --- | --- |

这种二地址指令的功能是：在目的操作数和源操作数完成操作码规定的运算后，把运算结果存入目的操作数地址单元。

③使目的操作数地址隐含在指令操作码中。这种隐含地址可以是累加器或其他寄存器。

这就形成了所谓一地址指令。其格式如下：

| 操作码 | 操作数地址 |
|---|---|

这种一地址指令的功能是：在累加器中的数与操作数完成操作码规定的运算后，将运算结果存入累加器中。

在计算机指令系统中，还有一些指令是不带操作数的，如停机、关中断、开中断等，这种不需要地址的指令，称为无地址指令或无操作数指令。其格式如下：

| 操作码 |
|---|

## 1.3.2 指令的分类

一种计算机的指令系统可以充分地说明该种机器的运算和处理能力。一般微型计算机有几十条到几百条不同的指令，这些指令按其操作功能的不同可分为如下四类：

### 1. 数据处理指令

数据处理指令能以某种方式对数据进行算术运算、逻辑运算、移位和比较。这些指令的操作功能一般由运算器的算术逻辑单元(ALU)来完成，它们具体分为：

①算术运算指令（如加、减、加1、减1等指令）。

②逻辑运算指令（如与、或、异或、取反等指令）。

③移位指令（如各种左、右移位等指令）。

④比较指令（如根据两数差的特征对标志寄存器置位）。

⑤其他专用指令（如十进制调整指令、浮点转换指令、奇偶校验指令等）。

### 2. 数据传送指令

数据传送指令的功能是将数据从一个地方传送到另一个地方，而不改变数据的内容。它们具体分为：

①存储器传送指令（如将一数据存入某存储单元，或将某存储单元的内容取出）。

②内部传送指令（如把一寄存器的内容送到另一寄存器）。

③输入输出指令（如将一数据从输入端口输入到 CPU 寄存器，或把一数据从 CPU 寄存器输出到输出端口）。

④堆栈指令（如把寄存器的内容压入堆栈或将堆栈顶的内容弹出送到寄存器）。

### 3. 程序控制指令

程序控制指令能改变程序计数器 PC 的内容，使程序改变正常的执行顺序。它们具体分为：

①无条件转移指令（如跳过几条指令继续执行程序）。

②条件转移指令（如结果为零转移、有进位转移等）。

③子程序调用指令（如子程序调用、子程序返回等）。

④停机和空操作指令。

### 4. 状态管理指令

这类指令一般数量较少，其功能只改变 CPU 的工作状态，而不影响其他指令和数据。如开放中断指令、禁止中断指令等。

并非所有的计算机都具有上述全部种类的指令，指令系统完备可以使程序较短、运行速度较快，但较大的指令系统必然会使指令变长，使机器结构变得复杂。

# 1.4　计算机系统的组成与应用

## 1.4.1　计算机系统的组成

一个完整的计算机系统包括硬件系统和软件系统两大部分。硬件系统一般指用电子器件和机电装置组成的计算机实体，它是指构成计算机的电子线路、电子元器件和机械装置等物理设备，看得见，摸得着，是一些实实在在的有形实体，包括计算机的主机及其外围设备；软件系统是指程序及有关程序的技术文档资料，包括计算机本身运行所需要的系统软件、各种应用程序和用户文件等。硬件是软件工作的基础，离开硬件，软件无法工作；软件又是硬件功能的扩充和完善，有了软件的支持，硬件功能才能得到充分的发挥。两者相互渗透、相互促进，可以说硬件是基础、软件是灵魂。只有将硬件和软件结合成统一的整体，才能称其为一个完整的计算机系统。

组成微型计算机的主要电子部件都是由集成度很高的大规模集成电路及超大规模集成电路构成的。这里"微"的含义是指微型计算机的体积小，微型化的中央处理器称为微处理器，它是微机系统的核心。微型计算机系统组成如图 1.1 所示。

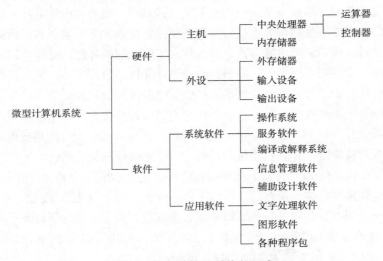

图 1.1　微机计算机系统的组成

## 1.4.2　微型计算机的硬件系统

微型计算机的硬件系统是由运算器、控制器、存储器、输入设备和输出设备五个部分组成。计算机硬件的基本功能是接受计算机程序的控制来实现数据输入、运算、数据输出等一系列根本性的操作。图 1.2 列出了一个微型计算机系统的基本硬件结构，图中实线代表数据流，虚线代表指令流，计算机各部件之间的联系就是通过这两股信息流动来实现的。

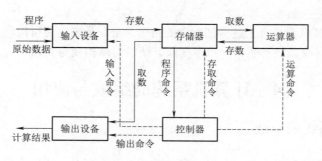

图 1.2　计算机系统基本硬件结构

计算机硬件系统设计一直沿用"冯·诺依曼结构"，硬件设备按照"程序—存储—程序控制"的方式工作。具体为：将程序和数据存放在存储器中，计算机的控制器按照程序中指令序列，从存储器中取出指令，并分析指令的功能，进而发出各种控制信号，指挥计算机中的各类部件来执行该指令。这种通过取指令、分析指令、执行指令的操作重复执行，直到完成程序中的全部指令操作为止。

### 1. 中央处理器

中央处理器简称为 CPU（Central Processing Unit），它是计算机系统的核心，计算机所发生的全部动作都受 CPU 的控制，它包括运算器和控制器两个部件。运算器又称作算术逻辑单元（ALU），它是计算机中负责对数据进行运算处理的部件，由进行运算的运算器件以及用来暂时寄存数据的寄存器、累加器等组成，主要功能是完成各种算术运算和逻辑运算，如加、减、乘、除、逻辑判断、逻辑比较等，是对信息加工和处理的部件，运算器的运算速度是决定计算机档次的主要性能指标之一。控制器相当于计算机的指挥中心，它负责控制和指挥计算机中的各个部件协调工作，主要功能是从存储器中取出指令、分析指令，并且按照先后顺序向计算机中的各个部件发出控制信号，指挥它们完成各种操作。

中央处理器是计算机的心脏，是由一块或是多块大规模或超大规模集成电路芯片组成，CPU 品质的高低直接决定了计算机系统的档次。CPU 能够处理的数据位数是它的一个最重要的品质标志，字长是反映 CPU 性能的重要指标之一，它是 CPU 一次可以处理的二进制位数，字长越长，其运算精度越高，现在的计算机字长一般为 8 位、16 位、32 位、64 位等。反映 CPU 能力的另一重要指标是时钟频率，即主频，主频很大程度上决定了计算机的运算速度。如：Pentium（奔腾）Ⅲ 800 表示 CPU 主频为 800 MHz，AMD Athlon 1 GHz 表示 CPU 主频为 1 GHz，Core i7-3635QM 的主频为 2.40 GHz。

### 2. 存储器

存储器是计算机的记忆和存储部件，用来存放信息，是存储数据和程序的"记忆"装置，相当于存放资料的仓库。计算机中的全部信息，包括数据、程序、指令以及运算的中间数据和最后的结果都要存放在存储器中。对存储器而言，容量越大，存取速度越快。计算机中的操作，大量的是与存储器交换信息。但是存储器的工作速度相对于 CPU 的运算速度要低得多，因此存储器的工作速度是制约计算机运算速度的主要因素之一。

存储器由若干个存储单元组成，信息可以按地址写入（存入）或读出（取出）。存储器的基本存储单位为字节（Byte），并约定八位二进制数为一个字节，即 8 位=1 个字节（8 b=1 B）；字节用 B 表示。

存储器分为两大类：一类是内部存储器，简称内存储器、内存或主存；另一类是外部存储器或辅助存储器，简称外存储器、外存或辅存。容量从大到小（硬盘、U 盘、光盘等），存取速度从快到慢（内存、硬盘、U 盘、光盘等）。

（1）内存储器

内存又称为主存，它和 CPU 一起构成了计算机的主机部分，内存储器可直接与 CPU 交换信息。内存储器一般都采用大规模或超大规模集成电路工艺制造的半导体存储器，具有体积小、重量轻、存取速度快等特点。

内存储器又可分为随机读写存储器（Random Access Memory，RAM）和只读存储器（Read Only Memory，ROM）。随机存取存储器简称随机存储器或读写存储器，是一种既能写入又能读出数据的存储器，但当机器断电或关机时，存储器中存储的信息会立即消失，通常所说的计算机中的内存一般指的就是随机存储器。只读存储器是计算机内部一种只能读出数据信息而不能写入信息的存储器，但当机器断电或关机时，只读存储器中的信息不会丢失，只读存储器中主要存放计算机系统的设置程序、基本输入/输出系统等对计算机运行十分重要的设置信息。

（2）外存储器

内存由于技术及价格上的原因，容量有限，不可能容纳所有的系统软件及各种用户程序，因此计算机系统都要配置外存储器。外存储器一般用来存放需要永久保存或是暂时不用的程序和数据信息。外存储器不直接与 CPU 交换信息，当需要时可以调入内存和 CPU 交换信息。现在计算机中广泛采用了价格较低、存储容量大、可靠性高的磁介质作为外存储器，如常用的有硬盘和磁带等；还有采用激光技术存储信息的光盘存储器，如只读型光盘（CD-ROM）和可读写型光盘（CD-RW）等；采用 USB 接口方式的移动硬盘、U 盘等。

①硬磁盘简称硬盘，是由质地坚硬的合金盘片为基材，在表面喷涂磁性介质。一般硬盘是由一块到几块的盘片组成，并和磁盘的读写装置封装在一个密闭的金属腔体中，一般被固定在计算机机箱内。硬盘的存储格式与软盘类似，但硬盘的容量要大得多，存取信息的速度也快得多。现在一般微型机上所配置的硬盘容量通常在几十 GB 至几百 GB。硬盘在第一次使用时，必须首先进行分区和格式化。

硬盘是计算机中最广泛使用的外存储器之一，具有存储容量大、存取速度快等特点。硬盘中信息的读/写速度远远高于软盘，其容量也远远大于软盘。硬盘中的每个盘片同样被划分成若干个磁道和扇区，各个盘片中的同一个磁道称为一个柱面。一块硬盘可以被划分成为几个逻辑盘，分别用盘符 C:、D:、E: 等表示。常见硬盘如图 1.3 所示。

②光盘存储器，简称光盘，是由光盘片和光盘驱动器构成。光盘的存储介质不同于磁盘，它属于另一类存储器。由于有存储容量大、存取速度较快、不易受干扰和价格低廉等特点，所以光盘的应用非常广泛。光盘根据其制造材料和记录信息方式的不同一般分为三类：只读光盘、一次性写入光盘和可擦写光盘。

第 1 章　计算机基础知识

图 1.3　硬盘

目前广泛应用的主要是只读型光盘 CD-ROM。光盘直径为 12 cm，中心有一个定位孔。光盘分为三层，最上面一层是保护层，一般涂漆并注明光盘的有关说明信息；中间一层是反射金属薄膜层；底层是聚碳酸酯透明层。记录信息时，使用激光在金属薄膜层上打出一系列的凹坑和凸起，将它们按螺旋形排列在光盘的表面上，称为光道。读取光盘上的信息是利用激光头发射的激光束对光道上的凹坑和凸起进行扫描，并使用光学探测器接收反射信号。当激光束扫描至凹坑的边缘时，表示二进制数字"1"；当激光束扫描至凹坑内和凸起时，均表示二进制数字"0"。

目前，CD-ROM 光盘的容量只有几百兆，但是同样大小的 DVD 光盘的容量是 CD-ROM 光盘容量的几倍。选择光盘驱动器主要看速度指标，即单位时间内驱动器可从光盘上读取的数据量，也就是常说的倍速。目前常用的有 32 倍速、40 倍速、50 倍速等的 CD-ROM 驱动器。

③U 盘和移动硬盘存储器。近年来，通用串行并口（USB）数据标准设备发展迅速，借助 USB 接口可以解决移动存储产品的兼容性问题，由此大容量的 USB 移动存储设备应运而生。U 盘也叫优盘，它是一种半导体存储设备，是一种新型的 EEPROM 内存（电可擦写可编程只读内存）。U 盘不仅具有 RAM 内存可擦可写可编程的特点，而且写入的数据断电后不会消失，因此被称为不易失存储器的半导体存储器。它体积小，容易携带，而且随着制造成本的降低，容量也越来越大，近 2TB 甚至更大容量的 U 盘已出现。

移动硬盘是一种具有 USB 接口、体积小、便于携带的大容量硬盘，现在的移动硬盘的容量一般都在几百 GB 甚至几 TB。移动硬盘通常有两种规格：2.5 英寸和 3.5 英寸，分别对应笔记本计算机和台式计算机的硬盘。2.5 英寸硬盘的体积和重量较小，更便于携带，但价格要比 3.5 英寸硬盘贵。移动硬盘由硬盘和硬盘盒组成，后者包括了接口和控制电路，现在基本都集成到一体了，且体积更小。移动硬盘一般都采用 USB 接口（早期也有过 IDE 接口的，但使用不方便，要打开机箱连接），但要注意 USB 接口有 USB1.1、USB2.0 和 USB3.0 三种规格，后者的数据传输速度比前者要快几百倍，基本上和计算机内置硬盘交换数据的速度相同，但价格稍贵一些。移动硬盘虽然采用 USB 接口，可以支持热插拔，但要注意在使用过程中（Windows Me/2000/XP 系统）必须确保关闭了 USB 接口才能拔下 USB 连线（单击系统桌面状态栏 USB 接口标志，关闭接口），否则处于高速运转的硬盘突然断电可能会导致硬盘损坏。Win7/Win10 系统通过相应系统设置就可直接对 U 盘进行拔插。

### 3. 输入设备

输入设备（Input Device）是外界向计算机传送信息的装置，是将数据信息和程序，通过计算机接口电路转换成电信号，顺序地送入计算机存储器中进行处理的设备。计算机能够接收各种各样的数据，既可以是数值型的数据，也可以是各种非数值型的数据，如图形、图像、声音、视频等都可以通过不同类型的输入设备输入到计算机中，进行存储、处理和输出。常用的输入设备有：键盘、鼠标、图形扫描仪、话筒、数码照相机、光电阅读器、卡片输入机等。在微型计算机系统中，最常用的输入设备是键盘和鼠标，如图 1.4 所示。

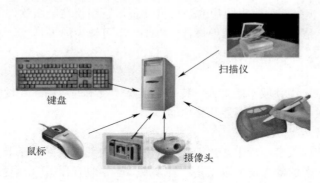

图 1.4　输入设备

（1）键盘

键盘由一组按阵列方式装配在一起的按键开关组成。键盘如果按其键数可分为 101 键、102 键和 104 键等形式。按键盘的结构可分为机械式键盘和电容式键盘等。一般的键盘上分为四个区：功能键区、字符键区、光标控制键区和数字光标键区。

（2）鼠标

鼠标也是一种常用的输入设备，通过它可以方便、准确地移动光标进行定位。如果按其按键可分为 2 键和 3 键等。按其结构可分为机电式鼠标和光学鼠标等。按其与主机的接口类型可分为串行口鼠标、PS/2 口鼠标和 USB 接口鼠标。

### 4. 输出设备

输出设备的作用是将计算机中的数据信息传送到外部媒介，并转化成某种为人们所认识的表示形式。在微型计算机中，最常用的输出设备有显示器、打印机和绘图仪。

（1）显示器

显示器是微型计算机不可缺少的输出设备，它可以方便地查看送入计算机的程序、数据等信息和经过微型计算机处理后的结果，它具有显示直观、速度快、无工作噪声、使用方便灵活、性能稳定等特点。

显示输出系统由显示器和显示适配器（显卡）构成；显卡是由显示存储器（包括显示 RAM 和显示 ROM BIOS 两类）、寄存器和控制电路三部分组成。它是主机与显示器之间的桥梁，负责将计算机内部输出的信号转换成显示器能够接收的信号。显示器按其构成的器件可分为阴极射线管（CRT）显示器和液晶（LCD）显示器。显示器屏幕上的字符和图形是由一个个像素组成的，像素的多少用分辨率表示，分辨率越高，其清晰度越好，显示的效果越好。选择显示系统时要综合考虑显示器和显卡的性能，两者之间应该相互匹配。

（2）打印机

打印机是微型计算机的另一种常用的输出设备，打印机是广泛使用的输出设备，是把计算机中的信息生成硬拷贝的设备。打印机按打印方式分为击打式和非击打式两类。击打

第 1 章　计算机基础知识

式主要是针式打印机（打印速度、打印效果最差），非击打式打印机主要是喷墨打印机（打印速度、打印效果较好）和激光打印机（打印速度、打印效果最好）。针式打印机在打印头上装有两列针，打印时，随着打印头在纸上的平行移动，由电路控制相应的针动作或不动作。

（3）绘图仪

绘图仪（Plotter）是一种输出图形的硬拷贝设备。绘图仪在绘图软件的支持下可绘制出复杂、精确的图形，是各种计算机辅助设计（CAD）不可缺少的工具。

### 5. 其他外围设备

随着微型计算机应用领域不断扩大，特别是多媒体技术的应用，外设种类日益增多。在此只介绍声卡、视频卡、调制解调器和路由器。

（1）声卡（声音卡）

声卡又叫音效卡，或者声霸卡。声卡是置于计算机内部的硬件扩充卡，它安装在计算机主板的扩展槽上。声卡的输入设备可以是：音频放大器、收音器、CD 唱机、MIDI 控制器、CD-ROM 驱动器、游戏机等。输出设备可接扬声器。声卡获取声音的来源可以是模拟音频信号输入和数字音频信号输入。

声卡在相应软件的支持下，一般具有以下功能：

①以数字音频文件的形式存放来自收音器、收录音机、激光唱盘等声音，可用这些文件进行处理，并可将这些数字音频文件回放还原成声音。

②利用声卡的混合器控制各声源音量并进行混合。

③对数字音频文件进行实时压缩和解压缩。

④具有一定的语音识别功能和语音合成功能，可用口令指挥计算机工作。

⑤利用 MIDI 接口可控制多台 MIDI 接口的电子乐器，可在计算机上作曲并通过声卡来试听。

声卡安装时，先将其插入主机板扩展槽内，再接好与 CD-ROM 的连线。声卡软件可来自CD-ROM 或网站下载。现在大部分微型计算机都已将声卡集成到主板上了，可直接使用。

（2）视频卡（显卡）

视频卡的功能是将视频信号数字化，在 VGA 显示器上开窗口，并与 VGA 信号叠加显示。视频卡按功能可分为：视频转换卡、视频捕获卡、视频叠加卡、动态视频捕获/播放卡、视频JPEG/MPEG 压缩卡。现在的微型计算机都已将通用显卡集成到主板上了，可直接使用。

（3）调制解调器

调制解调器（Modem）是调制器和解调器（Modulator/Demodulator）的简称。Modem 是早期计算机通信必不可少的外围设备。调制解调器的主要性能指标包括速率、规程、命令模式、自动切换波特率功能、数据压缩等。

（4）路由器

路由器（Router）是连接两个或多个网络的硬件设备，在网络间起网关的作用，所以路由器又可以称之为网关设备，是互联网的主要结点设备。是读取每一个数据包中的地址然后决定如何传送的专用智能性的网络设备。它能够理解不同的协议，例如，某个局域网使用的以太网协议，因特网使用的 TCP/IP 协议。这样，路由器可以分析各种不同类型网络传来的数据包的目的地址，把非 TCP/IP 网络的地址转换成 TCP/IP 地址，或者反之。再根据选定的路由算法把各数据包按最佳路线传送到指定位置。所以路由器可以把非 TCP/IP 网络连接到因特网上，如图 1.5 所示。

图 1.5　路由器

### 6. 微型计算机总线

　　总线是连接微型计算机系统中各个部件的一组公共信号线，是计算机中传送数据、信息的公共通道。微机系统总线由数据总线（Data Bus，DB）、地址总线（Address Bus，AB）和控制总线（Control Bus，CB）三部分组成。数据总线 DB，用于微处理器、存储器和输入/输出设备之间传送数据；地址总线 AB，用于传送存储器单元地址或输入/输出接口地址信息；控制总线 CB，用于传送控制器的各种控制信号。包括命令和信号交换联络线及总线访问控制线等。目前微型计算机中使用的总线有下列几种：ISA 总线、MCA 总线、EISA 总线、VESA VL总线和 PCI 总线等。

## 1.4.3　微型计算机的软件系统

### 1. 软件的概念

　　软件系统是指存储在外部介质上的程序及有关程序的技术文档资料的集合。软件系统是计算机系统中必不可少的组成部分，它在用户和计算机之间起到了桥梁作用，有了它用户可以不必更多地了解计算机内部硬件的知识就可以自如灵活的使用计算机。软件是相对于硬件而言的，软件和硬件有机地结合在一起就是计算机系统。脱离软件或没有相应的软件，计算机硬件系统不可能完成任何有实际意义的工作。

### 2. 程序设计语言与语言处理程序

（1）程序设计语言

　　人们要利用计算机解决实际问题，一般首先要编制程序。程序设计语言就是用户用来编写程序的语言，它是人们与计算机之间交换信息的工具，实际上也是人们指挥计算机工作的工具。程序设计语言是软件系统的重要组成部分。一般它可分为机器语言、汇编语言和高级语言三类。

　　①机器语言。计算机能够识别的语言，它是由"0"和"1"组成的二进制代码语言；使用机器语言编写的程序，称为机器语言程序。机器语言程序可以直接在计算机上运行，但是

第 1 章　计算机基础知识

机器语言不便于记忆、阅读和编写。

②汇编语言。在机器语言中，每一条指令是由 0 和 1 组成的代码串，因此，由它编写的程序不易阅读，而且指令代码不易记忆。汇编语言是在机器语言的基础上发展起来的，人们用助记符号来表示机器指令中的操作码，这样形成汇编语言。它克服了机器语言的缺点，易于记忆、掌握，便于阅读和编写，汇编语言编写的程序称为汇编语言程序。但是，必须将汇编语言程序翻译成为机器语言程序，计算机才能识别和执行。

③高级语言。机器语言和汇编语言都是面向机器的语言，一般称为低级语言。为了使计算机的应用更加广泛，人们发明了高级语言。高级语言与计算机的指令系统无关，它独立于计算机硬件，采用接近人们的表达方式、功能完善的语句形式，易于被人们掌握。用高级语言编写的程序不能在计算机上直接运行，必须将其翻译成为机器语言才能执行，这种翻译的过程一般分为解释和编译两种方式。

（2）语言处理程序

对于用某种程序设计语言编写的程序，通常要经过编辑处理、语言处理、装配连接处理后，才能够在计算机上运行。

①汇编程序。汇编程序是将用汇编语言编写的程序（源程序）翻译成机器语言程序（目标程序），这一翻译过程称为汇编，如图 1.6 所示。

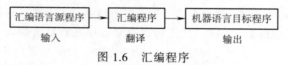

图 1.6　汇编程序

②编译程序。编译程序是将用高级语言编写的程序（源程序）翻译成机器语言程序（目标程序）。这个翻译过程称为编译。

③解释程序。解释程序是边扫描边翻译边执行的翻译程序，解释过程不产生目标程序。

（3）程序编制

为了使计算机实现预期的目的，需编制程序来指挥计算机进行工作。为使编制完成的程序便于使用、维护和修改，需给程序写一个详细的说明，这个使用说明就是程序的文档，或称软件文档。

软件文档一般包括以下内容：

①功能说明：程序解决的问题、要求输入的数据、产生输出的结果、参考文献等。

②程序说明：解决问题方法的详细说明、流程图、程序清单、参数说明中使用的库和外部模块、数值精确度要求等。

③上机操作说明：硬件要求、计算机类型、外围设备等。

④测试和维护说明：测试数据、用测试数据时的结果、程序中使用的模块的层次。

### 3. 计算机软件的分类

计算机软件的内容很丰富，要对其进行严格分类比较困难。如果按软件的用途来划分，则大致可以将软件分为以下 3 类：

①服务类软件。这类软件是面向用户，为用户服务的。

②维护类软件。这类软件是面向计算机维护的。它主要包括错误诊断和检查程序、测试程序以及各种调试用软件等。

③操作管理类软件。这类软件是面向计算机操作和管理的。

如果从计算机系统的角度来划分，软件又可以分为系统软件和应用软件两大类：

①系统软件。指管理、监控和维护计算机资源（包括硬件和软件）的软件。它主要包括操作系统、各种程序设计语言及其解释和编译系统、数据库管理系统等。一般由计算机设计者提供的计算机程序，用于计算机的管理、控制、维护、运行，方便用户对计算机的使用。系统软件包括操作系统、语言处理程序、数据库管理程序、网络通信管理程序等部分。其中，最重要的是操作系统软件，如 Windows 98，Windows 2000，Windows NT，Windows 7/10，UNIX，DOS，Linux 等。

②应用软件。除系统软件以外的所有软件都是应用软件，它是用户利用计算机及其提供的系统软件为解决各类实际问题而编制的计算机程序。包括有各种应用软件、工具软件、用户利用系统软件开发的系统功能软件等。如 Office，Photoshop，3D max，游戏软件等。

### 1.4.4 微型计算机的主要性能指标

衡量微型计算机性能的好坏，有下列几项主要技术指标。

#### 1. 字长

字长是反映 CPU 的重要指标之一。字长是指微型计算机能直接处理的二进制信息的位数。字长越长，微型计算机的运算速度就越快，运算精度就越高，内存容量就越大，微型计算机的性能就越强（因为支持的指令更多）。

#### 2. 内存容量

内存容量是指微型计算机内存储器的容量，它表示内存储器所能容纳信息的字节数。内部存储器的容量决定了微型计算机处理任务的复杂程度。内存容量越大，它所能存储的数据和运行的程序就越多，程序运行的速度就越快，微型计算机的信息处理能力就越强，所以内存容量亦是微型计算机的一个重要性能指标。

#### 3. 存取周期

存取周期是指对存储器进行一次完整的存取（即读/写）操作所需的时间，即存储器进行连续存取操作所允许的最短时间间隔。存取周期越短，则存取速度越快。存取周期的大小影响微型计算机运算速度的快慢。

#### 4. 主频

主频是指微型计算机 CPU 的时钟频率。主频的单位是 MHz（兆赫兹）。主频的大小在很大程度上决定了微型计算机运算速度的快慢，主频越高，微型计算机的运算速度就越快。

#### 5. 运算速度

运算速度是指微型计算机每秒钟能执行多少条指令，其单位为 MIPS（百万条指令/s）。由于执行不同的指令所需的时间不同。因此，运算速度也存在不同的计算方法。运算速度是最主要的性能指标，几乎决定了整个微型计算机的基本性能。

第 1 章 计算机基础知识

**6. 支持外围设备的能力及外围设备的配置情况**

支持外围设备的能力及外围设备的配置情况是指微型计算机系统对硬件设备的支持能力，以及外部设备是否配置。如显示系统包括显示器和显示适配器；要求两者之间要相互匹配；主板提供的硬盘接口与实际配置的硬盘之间是否都支持更新的技术指标。

**7. 兼容性**

兼容性是指硬件设备之间的通用性；以及各个系统软件、应用软件的兼容性。

# 1.5 多媒体技术

## 1.5.1 多媒体计算机的概念

多媒体技术兴起于 20 世纪 80 年代末期，是近年来计算机领域中最热门的技术之一。它集文字、声音、图像、视频、通信等多项技术于一体，采用计算机的数字记录和传输传送方式，对各种媒体进行处理，具有广泛的用途，甚至可代替目前的各种家用电器，集计算机、电视机、录音机、录像机、VCD 机、DVD 机、电话机、传真机等各种电器为一体。

**1. 媒体**

所谓媒体是指信息表示和传播信息的载体。在视觉媒体上，包括图形、动画、图像和文字等媒体，在听觉媒体上，包括语言、立体声响和音乐等媒体。文字、声音、图像等都是媒体，它们向人们传递着各种信息。

**2. 多媒体**

多媒体（Multimedia）是文字、图形、图像以及逻辑分析方法等与视频、音频以及为了知识创建和表达的交互式应用的结合体。与其说是一种产品，不如说是一种技术，利用这种技术实现声音、图形、图像等多种媒体的集成应用。多媒体意味着音频、视频、图像和计算机技术集成到同一数字环境中，由它派生出若干应用领域。

**3. 多媒体技术**

多媒体技术是指利用计算机技术把文字、声音、图形和图像等多种媒体综合一体化，使它们建立起逻辑联系，并能进行加工处理的技术。它能使计算机交互式综合处理多媒体信息，使这种建立起的逻辑联系集成为一个系统并具有交互性。简言之，多媒体技术就是具有集成性、实时性和交互性的计算机综合处理声、文、图信息的技术。

**4. 多媒体计算机**

多媒体计算机（MPC）是个人计算机（PC）领域综合了多种技术的一种集成形式，它汇集了计算机体系结构，计算机系统软件，视频、音频信号的获取、处理、特技以及显示输出等技术。用户可以从多媒体计算机同时接触到各种各样的媒体来源。

5. 多媒体的几个基本元素简介

（1）文本

文本是指以 ASCII 码存储的文件，是最常见的一种媒体形式。

（2）图形

图形是指通过绘图软件绘制的各种几何图形组成的画面。

（3）图像

图像是指由摄像机或图形扫描仪等输入设备获取的实际场景的静止画面。

（4）音频

音频是指数字化的声音，它可以是解说、背景音乐及各种声响。

（5）视频

视频是指由摄像机等输入设备获取的活动画面。

## 1.5.2 多媒体的技术特征

多媒体技术融合了信息处理、计算机、网络与通信等多种学科，将文字、声音、图形、图像和视频等多种形式的媒体集成一个有机的整体，具有表现力丰富，符合人们的思维和认知习惯的特点，特别是在信息的表达方面具有巨大的优势，有其独特的技术特征，因此成为当今信息技术中的热点。

1. 集成性

多媒体技术的集成性是指将多种媒体有机地组织在一起，共同表达一个完整的多媒体信息，使声音、文字、图形、图像一体化。

2. 交互性

交互性是指人和计算机能"对话"，以便进行人工干预控制。交互性是多媒体技术的关键特征。

3. 数字化

数字化是指多媒体中的各个单媒体都是以数字形式存放在计算机中的。

4. 实时性

多媒体技术是多种媒体集成的技术，在这些媒体中，有些媒体（如声音和图像）是与时间密切相关的，这就决定了多媒体技术必须要支持实时处理。

5. 多样性

多样性是指信息的表示形式不再仅仅是文字与数字，而是广泛采用图形、图像、视频、音频等信息形式。

### 1.5.3 多媒体计算机系统的组成

所谓多媒体计算机是指能综合处理多媒体信息，使多种信息建立联系，并具有交互性的计算机系统。多媒体计算机系统一般由多媒体计算机硬件系统和多媒体计算机软件系统组成。

**1. 多媒体计算机硬件系统**

多媒体计算机硬件系统主要包括以下几部分：

①多媒体主机，如个人机、工作站、超级微机等。

②多媒体输入设备，如摄像机、电视机、收音器、录像机、录音机、视盘、扫描仪、CD-ROM 等。

③多媒体输出设备，如打印机、绘图仪、音响、电视机、扩音器、录音机、录像机、高分辨率屏幕等。

④多媒体存储设备，如硬盘、光盘、声像磁带移动存储设备等。

⑤多媒体功能卡，如视频卡、声卡、压缩卡、家电控制卡、通信卡等。

⑥操纵控制设备，如鼠标器、操纵杆、键盘、触摸屏等。

**2. 多媒体计算机软件系统**

多媒体计算机的软件系统是以操作系统为基础的。除此之外，还有多媒体数据库管理系统、多媒体压缩/解压缩软件、多媒体声像同步软件、多媒体通信软件等。

### 1.5.4 多媒体技术的应用

21 世纪多媒体技术的发展更加迅速，多媒体的应用已进入千家万户，渗透到人类社会的各个领域。多媒体技术的应用体现在生活的方方面面，多媒体技术为丰富多彩的生活方式又增添了一种全新的手段，促进了社会的进步和经济的发展。多媒体技术的应用已从文化教育、技术培训、电子图书到观光旅游、商业管理及家庭娱乐等，极大地改变了人们的工作、学习和生活方式，并对大众传播媒体产生了巨大影响。

①教育培训利用多媒体技术将图文、声音和视频信息并用，且具有交互功能，提高了学习者的学习兴趣和主动性，为计算机辅助教学（CAI）、职业培训和外语训练等提供了有效手段。

②商业服务利用形象生动的多媒体技术有助于商业演示，在大型超市或百货商场内通过多媒体计算机触摸屏了解信息，通过大屏幕投放多媒体商业广告等。网络购物大型网站，可展现丰富多彩的商品信息，并可实现实时交易。

③多媒体电子出版物，不仅仅以大容量光盘（CD-ROM 或 DVD-ROM）的形式，还通过网络数字方式发行，不但可以存储大量的资料，而且方便使用和查找。

④视频会议是多媒体技术在商务和办公自动化中的一个重要应用，与会者可通过多媒体网络远程开会、相互交谈、共享各种图文资料等。

⑤医疗诊断可采用实时动态视频扫描、声影处理等多媒体和网络技术使远程医疗从理想变为现实，而且多媒体数据库技术从根本上解决了医疗影像的存储管理问题。

⑥嵌入化多媒体终端充分利用各种媒介载体，把广播、电视、互联网和报纸等既有共同点，又存在互补性的不同媒体，在人力、内容、宣传等方面进行全面整合，实现"资源通融、

内容兼容、宣传互融、利益共融"的新型"融媒体"发布手段。尤其随着 TV 与 PC 技术的融合使用越来越广泛，数字机顶盒技术适应了 TV 与 PC 融合的发展趋势，延伸出"信息家电平台"的概念，使多媒体终端集家庭购物、家庭办公、家庭医疗、交互教学、交互游戏、视频邮件和视频点播等全方位应用于一身，代表了嵌入化多媒体终端的发展方向。

⑦嵌入式多媒体系统，可应用在人们生活与工作的各个方面，在工业控制和商业管理领域，如智能工控设备、POS/ATM 机、IC 卡等；在家庭领域，如数字机顶盒、数字式电视、网络冰箱、网络空调等消费类电子产品，此外，嵌入式多媒体系统还在医疗类电子设备、多媒体手机、掌上电脑、车载导航器、娱乐、军事方面等领域有着巨大的应用前景。

总之，随着蓝牙技术、人工智能、大数据、云计算和移动互联网络的开发使用，多媒体技术应用前景将更加广阔。

# 本 章 小 结

本章讲述了计算机的诞生及发展、计算机中的数据与编码、微型计算机的指令、计算机系统的构成以及多媒体技术，让学生学习掌握计算机最基本的知识和概念。

# 随堂练习题

## 一、简答题

1. 计算机的发展经历了哪几代？每一代的主要特征是什么？
2. 简述计算机系统的组成。
3. 计算机主要应用于哪些领域？
4. 简述多媒体的技术特征。

## 二、计算题

将下列十进制数分别转化为二进制、八进制和十六进制。

1. 256
2. 178.65
3. 463.75
4. 27.53

第 1 章　计算机基础知识

第②章

➡ 操作系统与 Windows 10

# 2.1 操作系统的基本概念

### 1. 操作系统的概念

为了使计算机系统中所有软、硬件资源协调一致并有条不紊地工作，就必须要由操作系统统一管理和调度。操作系统是在硬件基础上的第一层软件，是其他软件和硬件之间的接口，最大限度地发挥计算机系统各部分的作用。

操作系统在计算机系统中的地位是十分重要的，操作系统是最基本的、核心的系统软件，操作系统有效地统管计算机的所有资源（包括硬件资源和软件资源），合理地组织计算机的整个工作流程，以提高资源利用率，并为用户提供强有力的使用功能和灵活方便的使用环境。

操作系统是计算机系统中不可缺少的关键部分，计算机系统绝不能缺少操作系统。计算机系统越复杂，操作系统就愈显得重要。

（1）从功能角度，即从操作系统所具有的功能来看

操作系统是一个计算机资源管理系统，负责对计算机的全部硬、软件资源进行分配、控制、调度和回收。

（2）从用户角度，即从用户使用来看

操作系统是一台比裸机功能更强、服务质量更高，用户使用更方便、更灵活的虚拟机，即操作系统是用户和计算机之间的界面（或接口）。

（3）从管理者角度，即从机器管理者控制来看

操作系统是计算机工作流程的自动而高效的组织者，计算机硬软资源合理而协调的管理者。利用操作系统，可减少管理者的干预，从而提高计算机的利用率。

（4）从软件角度，即从软件范围静态分析来看

操作系统是一种系统软件，是由控制和管理系统运转的程序和数据结构等内容构成。

综上所述，我们给出操作系统的定义为：操作系统是管理和控制计算机硬软资源，合理地组织计算机的工作流程，方便用户使用计算机系统的软件。

### 2. 操作系统的五大功能

为了使计算机系统能协调、高效和可靠地进行工作，同时也为了给用户一种方便友好地使用计算机的环境，在计算机操作系统中，通常都设有处理器管理、存储器管理、设备管理、文件管理、作业管理等功能模块，它们相互配合，共同完成操作系统既定的全部职能。

（1）处理器管理

处理器管理最基本的功能是处理中断事件。处理器只能发现中断事件并产生中断而不能

进行处理。配置了操作系统后，就可对各种事件进行处理。处理器管理的另一功能是处理器调度。处理器可能是一个，也可能是多个，不同类型的操作系统将针对不同情况采取不同的调度策略，也叫进程管理。

（2）存储器管理

存储器管理主要是指针对内存储器的管理。主要任务是：分配内存空间，保证各作业占用的存储空间不发生矛盾，并使各作业在自己所属存储区中互相不产生干扰。

（3）设备管理

设备管理是指负责管理各类外围设备，包括分配、启动和故障处理等。主要任务是：当用户使用外围设备时，必须提出要求，待操作系统进行统一分配后方可使用。当用户的程序运行到要使用某外设时，由操作系统负责驱动外设。操作系统还具有处理外设中断请求的能力。

（4）文件管理

文件管理是指操作系统对信息资源的管理。在操作系统中，将负责存取的管理信息的部分称为文件系统。文件是在逻辑上具有完整意义的一组相关信息的有序集合，每个文件都有一个文件名。文件管理支持文件的存储、检索和修改等操作以及文件的保护功能。操作系统一般都提供功能较强的文件系统，有的还提供数据库系统来实现信息的管理工作。

（5）作业管理

每个用户请求计算机系统完成的一个独立的操作称为作业，也就是用户的计算任务。作业管理包括作业的输入和输出，作业的调度与控制（根据用户的需要控制作业运行的步骤）。

### 3. 操作系统的分类

操作系统主要包括以下几种类型：

（1）批处理操作系统

批处理是指用户将一批作业提交给操作系统后就不再干预，由操作系统控制它们自动运行。这种采用批量处理作业技术的操作系统称为批处理操作系统。批处理操作系统分为单道批处理系统和多道批处理系统。批处理操作系统不具有交互性，它是为了提高 CPU 的利用率而提出的一种操作系统。

（2）分时操作系统

利用分时技术的一种联机的多用户交互式操作系统，每个用户可以通过自己的终端向系统发出各种操作控制命令，完成作业的运行。分时是指把处理机的运行时间分成很短的时间片，按时间片轮流把处理机分配给各联机的作业使用。

（3）实时操作系统

一个能够在指定或者确定的时间内完成系统功能以及对外部或内部事件在同步或异步时间内做出响应的系统，实时的意思就是对响应时间有严格要求，要以足够快的速度进行处理，分为硬实时和软实时两种。

（4）通用操作系统

同时兼有多道批处理、分时、实时处理的功能，或者其中两种以上功能的操作系统。

（5）网络操作系统

一种在通常操作系统功能的基础上提供网络通信和网络服务功能的操作系统。

（6）分布式操作系统

一种以计算机网络为基础的，将物理上分布的具有自治功能的数据处理系统或计算机系

第2章 操作系统与 Windows 10

统互联起来的操作系统。分布式系统中各台计算机无主次之分，系统中若干台计算机可以并行运行同一个程序，分布式操作系统用于管理分布式系统资源。

（7）嵌入式操作系统

一种运行在嵌入式智能芯片环境中，对整个智能芯片以及它所操作、控制的各种部件装置等资源进行统一协调、处理、指挥和控制的系统软件。

## 2.2　典型操作系统的介绍

### 1. DOS 简介

DOS（Disk Operation System，磁盘操作系统）是一种单用户、单任务的计算机操作系统，自 1981 年推出 1.0 版发展至今已升级到 6.22 版，DOS 的界面用字符命令方式操作，只能运行单个任务。

### 2. Windows 简介

早在 1975 年 Bill Gate 和 Paul Allen 成立 Microsoft 后，就有意打造可以适合全世界家庭使用的个人计算机。在推出 MS-DOS 后，他们着手一项代称为"Interface Manager 接口管理器"的系统，采用图形化管理接口，Windows 操作系统是基于图形的、多用户、多任务图形化操作系统。Windows 对计算机的操作是通过对"窗口""图标""菜单"等图形画面和符号的操作来实现的。用户的操作不仅可以用键盘，更多的是用鼠标来完成。

短短几十年中，Windows 由原来的 Windows 1.0 版本历经 Windows 3.1，Windows 95，Windows NT，Windows 98，Windows Me，Windows 2000，Windows XP，Windows 2003，Windows Vista，Windows 7，Windows 8，Windows 10，Windows 11。

### 3. UNIX 简介

UNIX 是一个交互式的分时操作系统，1969 年诞生于贝尔实验室。UNIX 取得成功的最重要原因是系统的开放性、公开源代码、易理解、易扩充、易移植性等特点。

UNIX 是有效的程序开发的支持平台。它是可以安装和运行在微型机、工作站以至大型机和巨型机上的操作系统。系统内在的缺陷比较少，UNIX 系统大多被要求苛刻的高端服务器采用。

### 4. Linux 简介

当时在芬兰赫尔辛基大学学习的 Linus 就很希望能够创造一个人人都能使用的操作系统，于是在 1991 年，他按照 Minix 的原理耗时两个月重写了一个操作系统。随后 Linus 将操作系统上传至 FTP，并公布了全部源代码，任何人都可以通过社区和一定的协议贡献这个操作系统代码，让它更加完善，这就是大名鼎鼎的 Linux 内核。这一把分享的火焰由 Linus 展开迅速点燃了整个工业界，Google，Facebook，Twitter，Amazon 等公司都将其服务器运行在基于 Linux 的服务器软件上，即使是世界上最强大的超级计算机，也可以在基于 Linux 的操作系统上运行。

Linux 是一个开放源代码，类似于 UNIX 操作系统。它除了继承 UNIX 操作系统的特点和优点外，还进行了许多改进，从而成为一个真正的多用户、多任务的通用操作系统。

Linux 存在着许多不同的 Linux 版本，但它们都使用了 Linux 内核。Linux 可安装在各种计算机硬件设备中，比如手机、平板电脑、路由器、视频游戏控制台、台式计算机、大型机和超级计算机等。

### 5. Android 简介

Android 操作系统一般指 Android（美国谷歌公司开发的移动操作系统）。是一种基于 Linux 内核（不包含 GNU 组件）的自由及开放源代码的操作系统。主要使用于移动设备，如智能手机和平板电脑，由美国 Google 公司和开放手机联盟领导及开发。Android 操作系统最初由 Andy Rubin 开发，主要支持手机。

Android 平台在设计过程中，针对移动终端资源有限的特点，对 Linux 进行了一定程度的裁剪：砍掉了原生的窗口系统，裁剪掉了一些标准 Linux 工具的部分特性等。

Android 在正式发行之前，最开始拥有两个内部测试版本，并且以著名的机器人名称来对其进行命名。后来由于涉及版权问题，谷歌将其命名规则变更为用甜点作为它们系统版本的代号的命名方法。甜点命名法开始于 Android 1.5 发布的时候。作为每个版本代表的甜点的尺寸越变越大，然后按照 26 个字母顺序。从 Android 10 开始，Android 不再按照基于美味零食或甜点的字母顺序命名，而是转换为版本号，就像 Windows 操作系统和 iOS 一样。

### 6. Mac OS 简介

1979 年乔布斯参观了施乐的 PARC 研究所看到施乐公司（Xerox）原型机 Alto，敏锐的乔布斯立刻发现了图形化用户界面（GUI）和鼠标的商业价值。1983 年，乔布斯参与创立的苹果公司推出了 Apple Lisa，首次采用图形的用户界面的商品化计算机，之后苹果将其命名为 Mac OS，Mac OS 是一套由苹果公司开发的运行于 Macintosh 系列计算机上的操作系统。Mac OS 是首个在商用领域成功的图形用户界面操作系统。

Mac OS 是基于 XNU 混合内核的图形化操作系统，一般情况下在普通 PC 上无法安装。疯狂肆虐的计算机病毒几乎都是针对 Windows 的，由于 Mac OS 的架构与 Windows 不同，所以很少受到计算机病毒的袭击。

### 7. iOS 简介

iOS 是由苹果公司开发的移动操作系统。苹果公司最早于 2007 年 1 月 9 日的 Macworld 大会上公布这个系统，最初是设计给 iPhone 使用的，后来陆续套用到 iPod touch，iPad 上。iOS 与苹果的 Mac OS 一样，属于类 UNIX 的商业操作系统。原本这个系统名为 iPhone OS，因为 iPad、iPhone、iPod touch 都使用 iPhone OS，所以在 2010 年 WWDC 上宣布改名为 iOS。

## 2.3　Windows 10 的基本操作

Windows 10 是由微软公司（Microsoft）开发的操作系统，应用于计算机和平板电脑等设备。

Windows 10 在易用性和安全性方面有了极大的提升，除了针对云服务、智能移动设备、自然人机交互等新技术进行融合外，还对固态硬盘、生物识别、高分辨率屏幕等硬件进行了优化完善与支持。

### 2.3.1 Windows 10 的启动与退出

#### 1. 启动 Windows 10

用户启动计算机时应该首先开启显示器和主机，即分别按下显示器和主机的开关按钮，然后可在显示器中看到启动的画面，耐心等待一会儿便可进入操作系统的桌面。如果是笔记本式计算机用户，则直接按电源按钮开机即可。

#### 2. Windows 10 的全新关机模式

Windows 10 相对于 Windows 7 新增了一种全新的关机模式——滑动关机。同时按住键盘上的【Win】键和【R】键，调出"运行"对话框，在对话框内输入"slidetoshutdown"，然后单击"确定"按钮。此时出现滑动关机界面，鼠标拖动图片向下即可关机，如图 2.1 所示。

图 2.1　Windows 10 滑动关机

如果用户准备不再使用计算机，应该将其退出。用户可以根据不同的需要选择不同的退出方式，如关机、睡眠、锁定、注销和切换用户等。

### 2.3.2 Windows 10 桌面

#### 1. Windows 10 桌面的组成

桌面是用户启动 Windows 之后见到的主屏幕区域，也是用户执行各种操作的区域。在桌面中包含了开始菜单、任务栏、桌面图标和通知区域等组成部分。

（1）桌面图标：图标是代表文件、文件夹、程序和其他项目的小图片。默认情况下 Windows 10 在桌面上只有"回收站"图标。双击桌面图标会启动或打开它所代表的项目。

（2）"回收站"：用于保存被临时删除的文件。

（3）文件：图标上没有箭头。快捷方式图标的左下角有一个箭头。

#### 2. Windows 10 桌面的设置

默认情况下，刚安装完系统之后，桌面上只有一个"回收站"图标，诸如计算机、网络、用户的文件和控制面板这些常用的系统图标都没有显示出来，可以自己把需要的系统图标添加到桌面。具体操作如下：

①在桌面上右击，弹出快捷菜单，选择"个性化"命令，如图 2.2 所示。

图 2.2　选择"个性化"命令

②打开"个性化"窗口，切换至"主题"选项卡，单击"桌面图标设置"，如图 2.3 所示。

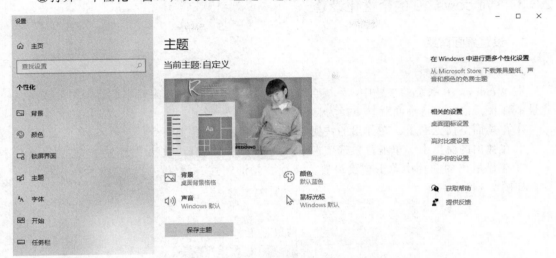

图 2.3　选择"主题"

③系统弹出"桌面图标设置"对话框，在"桌面图标"复选框中勾选需要放置到桌面上的图标，如图 2.4 所示。

图 2.4　"桌面图标设置"对话框

④除了可以在桌面上添加系统图标，还可以将程序图标的快捷方式添加到桌面上。

第②章　操作系统与 Windows 10

33

### 2.3.3　Windows 10 的个性化设置

#### 1. 设置桌面背景

（1）设置桌面背景

在 Windows 10 系统的主题中，系统自带了一些桌面背景图，如果对系统自带的这些桌面背景不喜欢，也可以将桌面背景更换为自己喜欢的图片。

①在桌面空白处右击，在弹出的快捷菜单中选择"个性化"命令。

②在弹出的窗口中，单击背景选项卡下拉列表，将"幻灯片放映"更改为"图片"。

③在显示出的图片中单击想要设置为桌面背景的图片，背景图片就会变为所选择的图片，如图 2.5 所示。

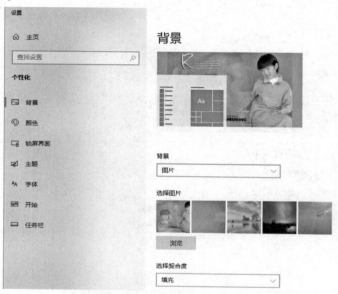

图 2.5　桌面背景设置

（2）将计算机中的图片设为壁纸

系统自带的桌面壁纸肯定是有限的，因此如果用户计算机中有保存更好的图片，也可以将其设置为桌面背景。右击想要设置为桌面背景的图片，在弹出的快捷菜单中选择"设置为桌面背景"命令即可。

#### 2. 设置屏幕保护程序

当长时间不使用计算机时，可以选择设置屏幕保护程序，这样既可以保护显示器，还可以凸显用户的风格，使待机时的计算机屏幕更美观。

①打开"个性化"窗口，切换至"锁屏界面"选项卡，单击"屏幕保护程序设置"。

②在弹出的"屏幕保护程序设置"对话框中，单击"屏幕保护程序"下拉列表，选择一种屏保样式。

③单击"设置"按钮可以对屏保的参数进行个性化设置，在"等待"文本框中可以设置启用屏保的等待时间，另外还可根据需要勾选"在恢复时显示登录屏幕"复选框，如图 2.6 所示。

图 2.6  "屏幕保护程序设置"对话框

### 3. 更改颜色和外观

默认情况下，Windows 10 系统窗口的颜色为当前主题的颜色，如果用户想更改窗口的颜色，可以通过"个性化"窗口进行设置。

①在桌面的空白处右击，在弹出的快捷菜单中选择"个性化"命令。

②打开"个性化"窗口，切换至"颜色"选项卡，可更改窗口边框和任务栏的颜色，如图 2.7 所示。

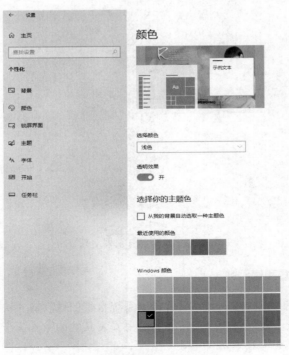

图 2.7  更改颜色和外观

#### 4. 设置分辨率和刷新频率

对显示器的设置主要包括更改显示器的分辨率和刷新频率。显示分辨率是指显示器所能显示的像素点的数量，显示器可显示的像素点数越多，画面就越清晰，屏幕区域内能够显示的信息也就越多。设置刷新频率主要是为了防止屏幕出现闪烁现象。如果刷新频率设置过低会对眼睛造成伤害。

①在桌面的空白处右击，在弹出的快捷菜单中选择"显示设置"命令。

②打开"设置"窗口，单击"显示"选项卡中的"高级显示设置"，在"刷新率"中选择显示器的刷新频率。

③单击"显示器分辨率"下拉按钮，可根据计算机显示器的实际情况设置屏幕的分辨率，如图 2.8 所示。

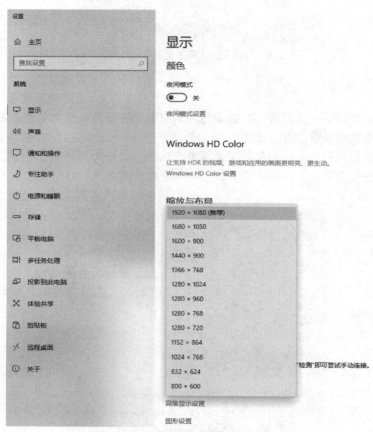

图 2.8　设置显示器分辨率

#### 5. 输入法的设置和使用

Windows 10 支持多达 109 种语言。此外，系统自带的微软输入法也较之前的版本有所增强。如果这些输入法不能满足用户的需要，需要安装其他的输入法来输入汉字。

（1）添加和删除中文输入法

在任务栏右侧的输入法指示器上右击，在弹出的快捷菜单中，单击"设置"命令，打开

"语言"对话框,在此对话框中,点击"首选语言"中的"默认语言",单击"选项",找到"添加键盘",选择要添加的输入法即可。

(2)切换输入状态

要在中文 Windows 10 中输入汉字,先要选择一种汉字输入法,再根据相应的编码方案来输入汉字。

在默认设置下,Windows 中使用【Ctrl+Space】组合键来切换中英文输入,使用【Ctrl+Shift】组合键在英文及各种中文输入法之间进行切换选择。

## 2.3.4 Windows 10 窗口的基本操作

### 1. 认识 Windows 10 窗口

窗口是 Windows 操作系统中的重要组成部分,很多操作都是通过窗口来完成的。窗口相当于桌面上的一个工作区域,用户可以在窗口中对文件、文件夹或者某个程序进行操作。

对于不同的程序、文件,虽然每个窗口的内容各不相同,但所有窗口都具有相同的部分。图 2.9 是"此电脑"窗口。

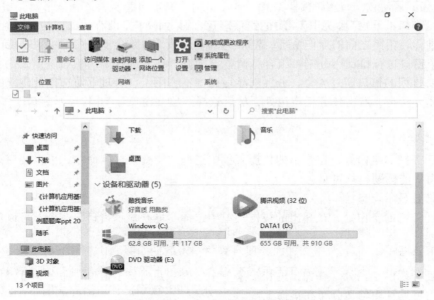

图 2.9　Windows 10 "此电脑"窗口

### 2. 最小化、最大化和关闭窗口

因为我们需要在各个窗口之间来回切换,所以要对窗口进行最小化、最大化和关闭等操作。可以单击窗口右上方的 3 个按钮来进行相关的操作,从左到右依次是"最小化""最大化""关闭"按钮。

其中,最小化是将窗口以标题按钮的形式最小化到任务栏中,不显示在桌面上;最大化是将当前窗口放大显示在整个屏幕上。

关闭窗口通常使用下列方法实现:

①单击窗口的"关闭"按钮。

②使用【Alt+F4】组合键。

③打开的窗口都会在任务栏上分组显示，如果要关闭任务栏的单个窗口，可以在任务栏的项目上右击，选择其中的"关闭窗口"命令。

④如果多个窗口以组的形式显示在任务栏上，可以在一组的项目上右击，选择"关闭所有窗口"命令。

### 3. 移动窗口

有时我们需要移动当前窗口，这时需要把鼠标指针放在窗口的上方标题栏空白处，然后按住左键，移动鼠标到指定位置后释放左键即可。

### 4. 切换窗口

如果同时打开很多窗口，需要各个窗口之间切换，可以同时按键盘上的【Alt】键和【Tab】键，然后按【Tab】键切换即可。

### 5. 排列窗口

日常工作离不开窗口，尤其对于并行事务较多的桌面用户，没有一项好的窗口管理机制，简直寸步难行。相比之前的操作系统，Windows 10 提供了为数众多的窗口管理功能，能够方便地对各个窗口进行排列、分割、组合、调整等操作。

如果要排列的窗口超过 4 个，分屏就显得有些不够用了，这时不妨选择最传统的窗口排列法。具体方法是，右击任务栏空白处，然后选择"层叠窗口""并排显示窗口""堆叠显示窗口"。

（1）层叠窗口

右击任务栏的空白处，在弹出的快捷菜单中选择"层叠窗口"命令，可以使窗口纵向排列且每个窗口的标题栏均可见。

（2）堆叠显示窗口

右击任务栏的空白处，在弹出的快捷菜单中选择"堆叠显示窗口"命令，可以使窗口堆叠显示。

（3）并排显示窗口

右击任务栏的空白处，在弹出的快捷菜单中选择"并列显示窗口"命令，可以使每个打开的窗口均可见且均匀地分布在桌面上。

## 2.3.5 Windows 10 的文件和文件夹

### 1. 文件的含义

文件是一组按一定格式存储在计算机外存储器中的相关信息的集合。一个程序、一幅画、一篇文章、一个通知等都可以是文件的内容。

### 2. 文件的类型

常用的文件类型和含义，如表 2.1 所示。不同类型的文件在显示时的图标也不同。

表 2.1　常用文件类型和含义

| 类　型 | 含　义 |
| --- | --- |
| exe | 可执行文件，可以是 Windows 程序、也可以是非 Windows 程序 |
| com | 命令文件 |
| bmp | 位图文件，存放位图 |
| ico | 图标文件，存放图标 |
| sys | 系统文件 |
| hlp | 帮助文件，存放帮助信息 |
| dll | 动态连接库文件，如 Recorder.dll |
| dat | 应用程序创建的存放数据的文件，如 Reg.dat |
| wav | 声音文件、存放声音信息的文件 |
| txt | 文本文件 |
| tmp | 临时文件 |
| zip | 压缩文件 |

### 3. 文件夹

文件夹是集中存放计算机相关资源的场所。

文件夹也用图标显示，内容不同的文件夹，在显示时的图标是不太一样的，如图 2.10 所示。

Internet soft　　Mudbox 2012　　My Documents　　空文件夹

图 2.10　不同文件夹的图标

### 4. 文件和文件夹的命名规则

在 Windows 10 系统中，文件或文件夹的命名要遵守下列规则。

①文件名最多由 255 个字符组成，且不区分英文大小写。如果使用汉字，最多可以包含 127 个汉字。

②文件名可以包含字母、数字、空格、加号、逗号、分号、左方括号、右方括号和等号，但不能有？、*、/、\、→、<、>、:、""等字符。

③同一文件夹中的所有文件的文件名不能重复。

### 5. 新建文件

创建新文件的最常见的办法是打开相关的应用程序，然后保存新的文件。下面以 .bmp 文件为例，介绍新建常见类型文件的操作方法。

①右击桌面或磁盘的空白区域，从快捷菜单中选择"新建"命令，打开级联菜单。

②单击级联菜单中的"BMP 图像"命令，新建一个名为"新建位图图像"的图像文件。

③输入 BMP 图像的名称，然后单击空白区域或按【Enter】键。

如果要在打开的文件夹中新建常见类型的文件，请先按【Alt】键以显示窗口的菜单栏，然后执行"文件"→"新建"→"BMP 图像"命令，即可创建 BMP 图像文件。

### 6. 新建文件夹

如果要新建一个文件夹，请首先选择下列方法之一进行操作。

①右击桌面或文件夹的空白区域，从快捷菜单中选择"新建"→"文件夹"命令。

②在文件夹窗口中，单击工具栏中的"新建文件夹"按钮，或者按【Alt】键，并执行"文件"→"新建"→"文件夹"命令；然后输入新建文件夹的名称，并单击桌面或文件夹的空白区域，确认文件夹名称的输入。

### 7. 使用路径

绝对路径表示的是文件在系统中存放的绝对位置，即从磁盘根文件夹开始直到该文件所在文件夹路径上的所有文件夹名。相对路径表示了文件在文件夹树中相对于当前文件或文件夹的位置。

相对路径以"."".."或者文件夹名称开头。其中，"."表示当前文件夹，".."表示上级文件夹，文件夹名称表示当前文件夹中的子文件夹名。

### 8. 选取文件和文件夹

（1）选中单个文件或文件夹：单击该文件或文件夹的图标。

（2）选中多个连续的文件或文件夹：单击第一个要选取的对象，然后按住【Shift】键并单击最后一个对象。也可以按住鼠标左键拖出一个矩形框，将要选中的多个文件或文件夹选择在内。

（3）选中多个不连续的文件或文件夹：单击第一个要选取的文件或文件夹，然后按住【Ctrl】键并逐个单击要选取的文件或文件夹。

（4）选中当前窗口中的所有文件对象：按【Ctrl+A】组合键；或者按"组织"按钮，从下拉菜单中选择"全选"命令；或者按住【Alt】键，然后执行"编辑"→"全选"命令。

在窗口的空白处单击，可以撤销选择的所有文件对象。对已选取的多个文件对象中个别对象进行撤选时，请按住"Ctrl"键，然后逐个单击要撤选的对象。

### 9. 查看或更改文件属性

（1）首先使用如下方法打开文件的属性对话框。

①右击文件图标，从快捷菜单中选择"属性"命令。

②按住【Alt】键，双击要查看或更改属性的文件。

③在文件夹窗口中选定文件，然后单击"组织"按钮，执行"属性"命令，或者按【Alt】键，并执行"文件"→"属性"命令。

④接着单击"详细信息"选项卡。如果要更改文件的某属性，请单击该属性并输入新的内容。

⑤最后单击"确定"按钮，应用设置并关闭对话框。

（2）在文件夹窗口中，选择要查看或更改属性的文件，窗口底部的细节窗格中将显示该文件的属性。如果要更改文件的某个属性，请单击该属性并输入新的属性内容。

### 10. 重命名文件和文件夹

使用 Window 10 系统时，可以更改文件或文件夹的名称，以便合理地管理计算机中的文件。如果要对选定的文件或文件夹重命名，请首先选择下列方式之一进行操作。

①单击文件或文件夹的名称（或按【F2】键）。

②右击文件或文件夹，从快捷菜单中选择"重命名"命令。

③在文件夹窗口中，单击"组织"按钮，从下拉菜单中选择"重命名"命令，或者按"Alt"键，并执行"文件"→"重命名"命令。

此时，文件或文件夹的名称将处于选中状态，重新输入名称，并单击空白区域或按"Enter"键即可。

### 11. 复制文件和文件夹

（1）复制单个文件或文件夹：右击文件或文件夹，从快捷菜单中选择"复制"命令，接着打开目标文件夹窗口，右击其空白区域，从快捷菜单中选择"粘贴"命令。

（2）复制多个文件或文件夹：按住【Ctrl】或【Shift】键，选定文件或文件夹，然后按【Ctrl+C】组合键，在目标窗口中按【Ctrl+V】组合键。

（3）在文件夹窗口中，选中要复制的文件或文件夹，并使用如下方法操作。

①按【Alt】键，然后执行"编辑"→"复制到文件夹"命令，打开"复制项目"对话框。选择目标位置后单击"复制"按钮。

②单击"组织"按钮，从下拉菜单中选择"复制"命令，然后单击目标文件夹窗口中的"组织"按钮，并执行"粘贴"命令。

③按【Alt】键，并执行"编辑"→"复制"命令，在目标文件夹窗口中执行"编辑"→"粘贴"命令。

④按住鼠标右键将选定的文件或文件夹拖动到目标文件夹窗口中，释放鼠标按键后，从弹出快捷菜单中选择"复制到当前位置"命令。

⑤如果要复制的文件与目标位置的文件重名，系统会弹出"复制文件"对话框，提示用户进行相应的操作。

⑥在复制文件夹时，若复制的文件夹与目标文件夹重名，会弹出"确认文件夹替换"对话框。单击"是"按钮，系统会将二者进行合并。

### 12. 移动文件和文件夹

（1）移动单个文件或文件夹：右击文件或文件夹，从快捷菜单中选择"剪切"命令，接着右击目标文件夹窗口的空白区域，从快捷菜单中选择"粘贴"命令。

（2）移动多个文件或文件夹：按住【Ctrl】或【Shift】键，选定文件或文件夹，然后按【Ctrl+X】组合键，在目标窗口中按【Ctrl+V】组合键。

（3）在文件夹窗口中，选定要移动的文件或文件夹，并使用如下方法操作。

①按【Alt】键，然后执行"编辑"→"移动到文件夹"命令，打开"移动项目"对话框。选择目标位置，并单击"移动"按钮。

②单击"组织"按钮，从下拉菜单中选择"移动"命令，然后单击目标文件夹窗口中的"组织"按钮，并执行"粘贴"命令。

③按【Alt】键，并执行"编辑"→"剪切"命令，在目标文件夹窗口中执行"编辑"→"粘贴"命令。

④按住鼠标右键将选定的文件或文件夹拖动到目标文件夹窗口中，释放鼠标按键后，从

第2章 操作系统与Windows 10

快捷菜单中选择"移动到当前位置"命令。

### 13. 删除文件和文件夹

（1）删除单个文件：单击文件图标，并按【Delete】键，打开"删除文件"对话框，单击"是"按钮，文件被删除。

（2）永久删除单个文件：选定文件，按【Shift+Delete】组合键，打开"删除文件"对话框，单击"是"按钮，永久删除选中的文件。

（3）删除多个文件或文件夹：按住【Ctrl】或【Shift】键，选中文件或文件夹，然后按【Delete】键，或者右击选中的文件或文件夹，从快捷菜单中选择"删除"命令，在"删除多个项目"对话框中单击"是"按钮。

（4）永久删除多个文件或文件夹：按住【Ctrl】或【Shift】键，选中文件或文件夹，然后按【Shift+Delete】组合键，在打开的"删除多个项目"对话框中单击"是"按钮。

（5）在文件夹窗口中，选中要删除多个文件或文件夹，按【Alt】键，然后执行"文件"→"删除"命令。

### 14. 恢复文件和文件夹

如果要从"回收站"窗口中恢复文件或文件夹，请首先双击桌面上的"回收站"图标，打开"回收站"窗口，然后选择下列方法之一进行操作。

（1）选中要还原的文件或文件夹，单击工具栏中的"还原此项目"按钮，或者按【Alt】键，然后执行"文件"→"还原选定的项目"命令。

（2）右击要还原的文件或文件夹，从快捷菜单中选择"还原"命令，或者选择"属性"命令，在打开的属性对话框中单击"还原"按钮。

（3）还原所有的文件或文件夹：单击工具栏中的"还原所有项目"按钮，打开"回收站"对话框，单击"是"按钮，还原"回收站"中的所有项目。

## 2.3.6 Windows 10 系统中使用库

在之前的 Windows 操作系统，可以通过库把搜索功能和文件管理功能整合在一起，改变了 Windows 传统的资源管理器烦琐的管理模式。下面介绍系统升级到 Windows 10 之后，如何进行库的使用。

### 1. 如何启动库

在 Windows 10 中默认是将库隐藏起来的。下面将库的功能开启，开启方式如下：

单击资源管理器的菜单中的"查看"，单击"导航窗格"，在下拉的菜单选择"显示库"开启 Windows 10 的库功能。开启后，可以看到资源管理器的左侧栏中，库分支出现。就可以使用"库功能"了。如图 2.11 所示。

### 2. 新建库

对于 Windows 管理来说，因没有相关的标签功能。如果需要整理不同分区的文件归纳到一起，Windows 的库是一个不错的选择。

开启库以后，可以在库的图标上右击，选择"新建"→"库"，就完成库的建立。

新建库进行如下的设置。右击新建的库，打开"属性"的设置界面。可以将不同分区的同类型文件设置到新建的库中，如图 2.12 所示。

关于库的运用有不少的使用技巧，通过库的设置将不同的类型统一归类到一处。例如，打造图片相册库、文档库、项目库等。让文件整理变得更加容易。

图 2.11　打开"显示库"　　　　　图 2.12　设置"新建库"

### 3. 修改 Windows 10 库位置

按【Win+I】组合键打开"设置"单击"系统"，在弹出的窗口中单击左侧的"存储"选项，单击"更改新内容的保存位置"，然后将"新的文档将保存到""新的音乐将保存到""新的图片将保存到""新的视频将保存到"的位置分别修改到其他磁盘，然后单击"应用"即可。通过上述步骤的简单操作，我们就能在 Windows 10 系统下成功更改"库"文件夹存放的位置了，如图 2.13 所示。

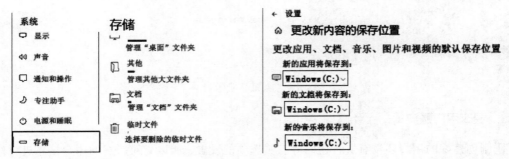

图 2.13　修改库位置

### 2.3.7　Windows 10 系统账户的创建和使用

#### 1．添加本地账户

本地账户分为管理员账户和标准账户，管理员账户拥有计算机的完全控制权，可以对计算机做任何更改；标准账户是一种系统默认的常用本地账户。管理员账户的最基本操作就是创建新账户。用户在安装 Windows 10 过程中，第一次启动时建立的用户账户就属于"管理员"类型，在系统中只有"管理员"类型的账户才能创建新账户。

①单击左下角的"开始"按钮，在弹出的菜单中选择"设置"命令。

②在弹出的窗口中，单击"账户"图标。

③在打开的"账户"窗口中，单击"家庭和其他用户"，然后单击"将其他人添加到这台电脑"。

④在弹出的"此人将如何登录"对话框中，单击"我没有这个人的登录信息"链接。

⑤在弹出的"让我们来创建你的账户"对话框中，单击"添加一个没有 Microsoft 账户的用户"链接。

⑥在弹出的"为这台电脑创建一个账户"对话框中，输入用户名、密码和密码提示，然后单击"下一步"按钮。

⑦此时可以在"账户"窗口的"家庭和其他用户"选项卡下看到新添加的本地账户，如图 2.14 所示。

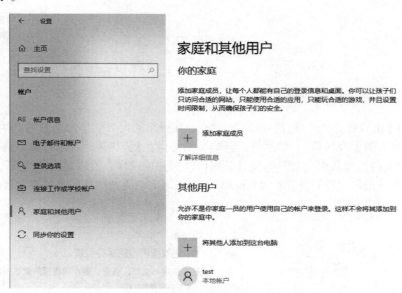

图 2.14　添加本地账户

#### 2．更改用户账户

刚刚创建好的用户还没有进行密码等有关选项的设置，所以应对新建的用户信息进行修改。要修改用户基本信息，只需在"管理账户"窗口中选定要修改的用户名图标，然后在新打开的窗口中修改即可，如图 2.15 所示。

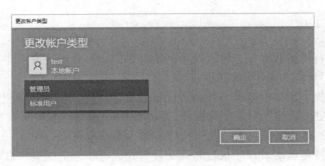

图 2.15　更改用户账户

### 3. 删除用户账户

用户可以删除多余的账户，但是在删除账户之前，必须先登录到具有"管理员"类型的账户才能删除。

## 2.3.8　Windows 10 系统计算机维护

### 1. 查看已经安装的程序

一般来说，应用程序会在"开始"菜单的"所有程序"列表中添加快捷方式，可以通过此列表查找并运行软件。

此外，还可以通过"程序和功能"窗口查看计算机安装的软件。先打开"控制面板"窗口，然后单击"卸载程序"链接，打开"程序和功能"窗口，如图 2.16 所示。

图 2.16　查看已经安装的程序

## 2. 卸载程序

如果软件没有自带卸载程序，可以使用系统提供的"卸载或更改程序"功能，对软件进行卸载，如图 2.17 所示，操作步骤如下：

①在"控制面板"窗口中单击"卸载程序"链接，打开"程序和功能"窗口。

②在"卸载或更改程序"列表中选择要卸载的程序，然后单击"卸载/更改"按钮，在弹出的"程序和功能"对话框中单击"是"按钮，确认要卸载选定的程序。

③此时，系统将对选定的程序执行卸载处理，并进行相应的配置，以清除程序在系统中的文件。程序卸载后，"程序和功能"窗口的列表中已经看不到被卸载的程序。

图 2.17  卸载程序

## 2.3.9  Windows 10 系统特色

### 1. 虚拟桌面

Windows10 新增了 Multiple Desktops 功能。该功能可让用户在同一台计算机上使用多个虚拟桌面，即用户可以根据自己的需要，在不同桌面环境间进行切换。微软还在"Taskview"模式中增加了应用排列建议选择——即不同的窗口会以某种推荐的排版显示在桌面环境中。

### 2. Microsoft Edge

Microsoft Edge（简称 ME 浏览器）是由微软开发的基于 Chromium 开源项目及其他开源软件的网页浏览器。Microsoft Edge 浏览器，已在 Windows10 Technical Preview Build 10049 及以后版本开放使用，项目代号为 Spartan（斯巴达）。HTML 5 测试分数高于 IE 11.0。同时，Windows 10 中 Internet Explorer 将与 Edge 浏览器共存，前者使用传统排版引擎，以提供旧版本兼容支持；后者采用全新排版引擎，带来不一样的浏览体验。在 Build 2015 大会上，微软提出把这个全新的代号为斯巴达的浏览器正式取名为 Microsoft Edge。这意味着，在 Windows 10 中，IE 和 Edge 会是两个不同的独立浏览器，功能和目的也有着明确的区分。

# 本 章 小 结

本章讲述了操作系统的基本概念、典型的操作系统，以 Windows 10 为例，介绍操作系统的基础知识，让学生掌握操作系统的使用。

# 随堂练习题

**简答题**

1. 简述操作系统的功能与分类。
2. 简述典型的操作系统。

# 第3章

→ Word 2016 文字处理

## 3.1 Office 简介

本节从 Office 基础知识学起，首先需对 Office 功能组件进行了解，熟悉 Office 的工作环境，掌握 Office 的安装、卸载、启动、退出及工作环境的设置。

### 3.1.1 Office 的安装与修复

#### 1. 安装 Office

将 Office 光盘放入光驱中，系统将自动运行，在界面中输入产品密钥，再单击"继续"按钮。按照安装提示进行安装，即可完成软件的安装。

#### 2. 修复安装 Office

①关闭 Word 和任何其他 Office 程序，按【Win+X】快捷键，选择"控制面板"。
②在"程序"标题下，单击"卸载程序"链接，从程序列表中选择 Microsoft Office，单击"更改"按钮。
③选择"快速修复"，单击"修复"按钮，再次单击"修复"按钮进行确认，如果一切正常，会看到"完成修复"消息，单击"关闭"按钮。
Office 包含有众多的应用程序，各个应用程序启动与退出的方法基本相同。如果要使用 Office 中的相应程序，必须先启动该程序，使用后再退出程序。本节将以 Word 2016 为例，介绍如何启动和退出 Office 2016 的几种方法。

### 3.1.2 Word 2016 的启动与退出

#### 1. 启动 Word 2016

①单击屏幕左下角开始按钮，或者按键盘的窗口键，打开"开始"菜单，如果开始菜单中有 Word 2016，可以单击它打开。如果没有，可选择下方的更多程序，然后在里面找到 Word 2016，单击打开。
②如果操作系统桌面上创建有 Word 2016 的程序图标，双击图标即可启动该程序。

## 2. 退出 Word 2016

当不使用 Word 2016 的某个组件时，应退出应用程序，以减少对系统内存的占用。退出 Word 2016 的常用方法如下。

①单击标题栏侧边的"关闭"按钮，可以快速退出应用程序。

②选择"文件"菜单，在弹出的窗口控制菜单中选择"关闭"命令。

③按下【Alt+F4】组合键即可退出程序。

## 3.1.3 设置工作环境

### 1. 自定义快速访问工具栏

①单击"文件"菜单，在弹出的窗口控制菜单中选择"选项"命令，打开"Word 选项"对话框。

②选择"Word 选项"对话框左侧的"快速访问工具栏"选项，单击"从下列位置选择命令"下拉按钮，从中选择要添加的命令，单击"添加"按钮，即可将该命令添加到右侧的列表中，如图 3.1 所示。

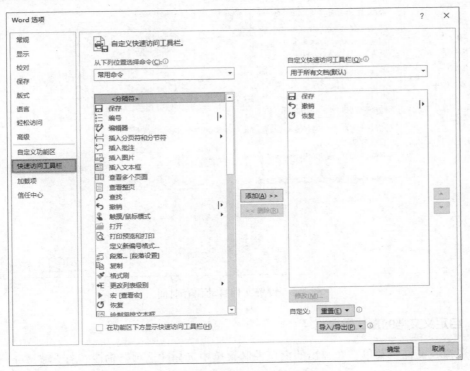

图 3.1 自定义快速访问工具栏

### 2. 设置文档的显示比例

默认情况下，Word 文档的显示比例为 100%，用户可根据需要调整显示比例。

选择"视图"选项卡，单击"缩放"组中的"缩放"按钮。在该对话框中选择需要的"显示比例"进行设置。

### 3. 设置文档自动保存时间

为了防止停电、死机等意外发生数据丢失，用户可以根据个人需要设置不同的自动保存时间，从而避免数据的丢失。

选择"文件"菜单，在弹出的窗口控制菜单中选择"选项"命令，打开出"Word 选项"对话框，在左侧选择"保存"选项，在右侧选中"保存自动恢复信息时间间隔"复选框，然后在其右侧的调整框中输入一个时间值。例如"10"，单击"确定"按钮，将每隔 10 分钟的时间，自动保存可供恢复的文档，如图 3.2 所示。

图 3.2　设置文档自动保存时间

### 4. 自定义文档的默认保存路径

①选择"文件"菜单，在弹出的窗口控制菜单中选择"选项"命令，打开"Word 选项"对话框。

②选择"保存"选项，单击"默认本地文件位置"右侧的"浏览"按钮。

③在打开"修改位置"对话框中单击"查找范围"下拉按钮，可以在里面选择保存文档的默认位置，设置好后单击"确定"按钮，即可修改默认保存文档的位置。

# 3.2 Word 2016 基本操作

本节主要介绍 Word 2016 文档内容的输入和编辑、查找与替换文本、打印文档等内容，为使制作出的文档更加美观规范，在完成内容的输入与编辑后，还需对其进行必要的格式设置。例如，设置文本格式、设置段落格式，以及通过项目符号与编号来使文档的结构、条理更加清晰。另外，制作一篇具有吸引力的精美文档，还需进行图文混排，进行页面设置等，让文档内容更加丰富多彩。

## 3.2.1 文档的基本操作

使用 Word 2016 可以进行文字编辑、图文混排及制作表格等多种操作，以下将重点介绍新建、保存、打开和关闭文档的操作方法。

### 1. 创建新文档

在 Word 2016 中，新建文档包括如下几种常见的方式：新建空白文档、根据模板创建文档、利用快捷菜单等。

（1）新建空白文档

方法一：启动 Word 2016 程序，系统自动创建一个名为"文档1"的空白文档。

方法二：Word 窗口中，按【Ctrl+N】组合键。

方法三：选择"文件"菜单下的"新建"命令。

（2）根据模板创建文档

在 Word 2016 中有预先设置好内容格式及样式的特殊模板，利用这些模板，可快速创建各种专业的文档，如图 3.3 所示。

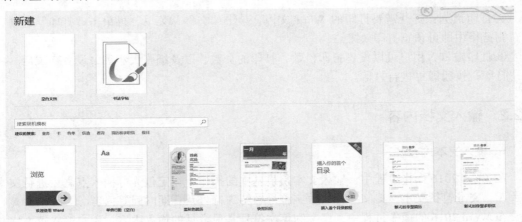

图 3.3　Word 2016 新建文档

### 2. 保存文档

对文档进行相应的编辑后，可通过 Word 2016 的保存功能将其存储到计算机中，以便查看和使用。如果不保存，编辑的文档内容就会丢失。

（1）保存新建和已有的文档

在新建的文档中，单击"保存"按钮，在弹出的"另存为"对话框中设置保存路径、文件名及保存类型，再单击"保存"按钮即可。对于已有的文档，在编辑过程中要及时保存，以防因断电、死机或系统自动关闭等情况造成信息丢失。

（2）文档另存

对原文档进行各种编辑后，如果想不改变原文档的内容，可将修改后的文档另存为一个文档。

选择"文件"菜单，在弹出的窗口控制菜单中选择"另存为"命令，在打开的"另存为"对话框中设置与前文档不同的保存位置、不同的保存名称或不同的保存类型，设置完成后单击"保存"。

### 3. 打开文档

方法一：进入该文档的存放路径，再双击文档图标即可将其打开。

方法二：在 Word 2016 窗口中选择"文件"菜单，在弹出的窗口控制菜单中选择"打开"命令，在弹出的"打开"对话框中找到需要打开的文档并将其选中，然后单击"打开"按钮即可。

### 4. 关闭文档

完成文档的创建或编辑，并保存所做的工作后，即可关闭该文档。关闭 Word 2016 应用程序的常用方法如下：

①选择"文件"菜单，在弹出的菜单中选择"关闭"命令。

②直接单击文档右上方的"关闭"按钮。

### 5. 打印文档

①打印预览：打开需要打印的 Word 文档，单击"文件"菜单，再单击"打印"选项，在右侧窗格中即可预览打印效果。

②打印输出：用户可以设置打印份数，打印的页数，以及纸张大小等，设置完成后，单击"打印"按钮即可进行打印。

## 3.2.2　输入文档内容

### 1. 输入文本内容

在 Word 2016 操作过程中，输入文本是最基本的操作，在定位光标插入点之后进行文本的录入。文本包括汉字、英文字符、数字符号、特殊符号及日期时间等内容。

在 Word 2016 的操作过程中，汉字和英文符号是最常见的输入内容，用户输入英文字符时，可以在默认的状态下直接输入，如果要输入汉字，需要先切换到中文输入的状态，才能进行汉字的输入。

### 2. 输入当前日期

打开 Word 文档，将光标插入点定位在需要插入日期或时间的位置，单击"插入"选项卡，再单击"文本"组中的"日期和时间"按钮。在"语言（国家/地区）"框中选择语言种类，在"可用格式"列表框中选择日期或时间格式，再单击"确定"按钮，如图 3.4 所示。

图 3.4　"日期和时间"对话框

### 3. 在文档中插入符号

普通符号：通过键盘直接输入。例如，~、—、#、%等符号。

特殊符号：特殊符号不能通过键盘直接输入，可通过插入符号的方法进行输入。例如"📖""✎""☺"等。

光标插入点定位在需要插入符号的位置，单击"插入"选项卡，单击"符号"组中的"符号"按钮，在弹出的"符号"对话框中选择适合的字体，如"Wingdings"，在列表框中选中要插入的符号。例如"☺"符号，然后单击"插入"按钮，如图 3.5 所示。

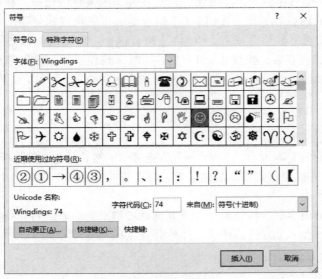

图 3.5　"符号"对话框

### 3.2.3 编辑文档内容

#### 1. 选择文本

在 Word 2016 中，经常需要选定部分的文本内容和全部的文本内容来编辑。

①使用鼠标选择文本。选择任意连续的文本时，可以将光标定位在选取文本之前或者之后，按住鼠标左键，向后或者向前拖动鼠标，直到选中全部需要选取的文本，然后松开鼠标左键即可。

②选择词组：双击要选择的词组。

③选择一行：将鼠标指针移动到该行的行首，当鼠标指针变成向右箭头时单击，即可选中所要选取的那行文本。

④选择一段：将指针移动到该段第一行的行首，当鼠标指针变成向右箭头时双击，即可选中所要选取的段落。

⑤选择全部：将鼠标指针移到该文本中任意一行的行首，当鼠标指针变成向右箭头时，快速单击三次鼠标左键即可选中文本全部内容。

⑥选择垂直文本：按住【Alt】键不放，再按住鼠标左键拖动出一块矩形区域，选择完成后释放【Alt】键即可。

#### 2. 复制文本

对于文档中内容重复部分的输入，可以通过复制粘贴操作来完成，从而提高文档编辑效率。复制文本的操作方法包括如下 4 种。

①选中要复制的内容，然后选择"开始"选项卡，在"剪贴板"选项组中单击"复制"按钮，即可复制所选内容。将光标移动到需要粘贴对象的地方，然后选择"开始"选项卡，在"剪贴板"选项卡中单击"粘贴"按钮，即可在光标所在的位置粘贴所复制的内容。

②选择要复制的内容后，右击，在弹出的菜单中选择"复制"命令，即可复制所选内容。将光标移动到需要粘贴对象的地方，右击，然后在弹出的菜单中选择"粘贴"选项即可。

③选中要复制的内容后，按下【Ctrl+C】组合键，可以快速地复制所选内容，将光标移动到需要粘贴对象的地方，然后按下【Ctrl+V】组合键，可以快速地粘贴所复制的内容。

④选中要复制的内容后，按住【Ctrl】键的同时，按住鼠标左键并拖动文档到需要复制的地方，然后松开鼠标，即可将选择的内容复制到指定的位置。

#### 3. 移动文本

移动文本有以下两种常用的方法：

①选择需要移动的文本内容，选择"开始"选项卡，然后单击"剪贴板"选项组中的"剪切"按钮 ，然后将光标定位到修改后的位置，再单击"剪贴板"选项组中的"粘贴"按钮，即可移动选中的文本。

②选中要移动的内容后，按住鼠标左键并拖动要移动的内容到目标位置，鼠标将显示为空心箭头、且下方带有一个方框的样式，然后释放鼠标左键即可。

#### 4. 删除多余的文本

输入了错误或多余的内容时，要对其进行修改。

①将光标插入点定位到要修改文本的后面,然后按下【Backspace】键删除光标左侧的内容,再输入正确的内容即可。

②将光标定位到要删除文字的前面,然后按下【Delete】键,删除光标后面的内容,同样可以达到删除错误内容的目的。

### 5. 插入与改写文本

输入文本时,当状态栏有"插入"按钮时,表示当前为"插入"状态。

输入文本时,当状态栏有"改写"按钮时,表示当前为"改写"状态。

在两种状态间切换,可在状态栏中单击"插入"或"改写"按钮,或者按下【Insert】键。

### 6. 撤销、恢复与重复操作

执行撤销操作可以依次撤销前面所执行的操作,从而使文档内容还原到前面的状态。单击快速访问工具栏中的"撤销"按钮,单击一次可以向前撤销一步操作。

在执行撤消操作后,快速访问工具栏中的"重复"按钮 将变为"恢复"按钮,这时,用户可以使用恢复功能,恢复之前所撤销的操作,按下【Ctrl+Y】组合键,按下一次则可恢复一次操作。

在没有进行任何撤销操作的情况下,"恢复"按钮会显示为"重复"按钮,对其单击或按【CTRL+Y】组合键,可重复上一步操作。

## 3.2.4 查找与替换文本

(1)查找文本

选择"开始"选项卡,单击"编辑"选项组中的"查找"按钮,将在窗口左侧显示"导航"选项板,用户可以在"搜索文档"文本框中输入要查找的内容,即可在"导航"选项板中列出查找到的对象,并显示相匹配内容的数量,在文档中将重点突出查找到的内容。

(2)替换文本

单击"编辑"选项组中的"替换"按钮,打开"查找和替换"对话框,然后在"查找内容"文本框中输入要替换的内容。例如,输入"严肃"一词,在"替换为"文本框中输入"压缩",单击"替换"按钮,会逐个替换指定的对象,同时查找到下一处需要替换的内容。单击"全部替换"按钮,即可替换所有内容,如图3.6所示。

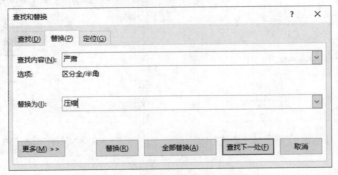

图 3.6 "查找和替换"对话框

### 3.2.5 设置文档格式

#### 1. 设置文本格式

在 Word 2016 文档中输入文本后，为能突出重点、美化文档，可对文本设置字体、字号、字体颜色、加粗、倾斜、下画线和字符间距等格式，让千篇一律的文字样式变得丰富多彩。

在 Word 2016 中，可以通过"字体"对话框和"开始"选项卡中的"字体"选项组两种方式设置文字格式。

（1）设置字体、字号和字体颜色

利用"开始"选项卡中的"字体"选项组设置字体、字号和字体颜色。

打开需要编辑的文档，选中要设置字体、字号和字体颜色的文本，在"开始"选项卡的"字体"组中，单击"字体""字号"和"字体颜色"文本框右侧的下拉按钮，选择需要的值即可，如图 3.7 所示。还可以设置加粗倾斜效果，设置上标或下标，为文本添加下画线及设置文本突出显示等。

（2）设置字符间距

字符间距是指各字符间的距离，通过调整字符间距可使文字排列得更紧凑或者疏散。选中要设置字符间距的文本，再单击"字体"对话框中的"高级"标签按钮，如图 3.8 所示。

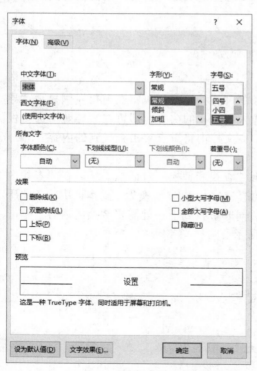

图 3.7 "字体"对话框的"字体"标签

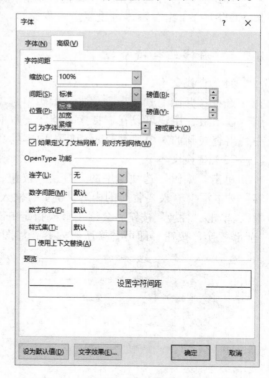

图 3.8 "字体"对话框的"高级"标签

#### 2. 设置段落格式

对文档进行排版时，通常会以段落为基本单位操作。段落的格式设置主要包括段落的对齐方式、段落的缩进、间距、行距、边框和底纹等。合理进行格式设置，可使文档结构清晰、层次分明。

（1）设置对齐方式

段落对齐样式是影响文档版面效果的主要因素。在 Word 2016 中提供了五种常见的对齐方式，包括左对齐、居中、右对齐、两端对齐和分散对齐，这些对齐方式分布在"开始"选项卡的"段落"选项组中，如图 3.9 所示。

（2）设置段落缩进

段落的缩进是指段落与页边的距离，段落缩进能使段落间更有层次感。Word 2016 提供了四种缩进方式，分别是左缩进、右缩进、首行缩进和悬挂缩进，如图 3.10 所示。用户可以使用段落标记、"段落"对话框和工具按钮这三种方式设置段落缩进。

（3）设置间距与行距

调整文档中的段间距和行间距可以有效地改善版面的效果，用户可以根据文档版式的需求，设置文档中的段间距和行间距。

（4）设置边框与底纹

制作文档时为了修饰或突出文档中的内容，可以对标题或者一些重点段落添加边框或者底纹效果，如图 3.11 所示。

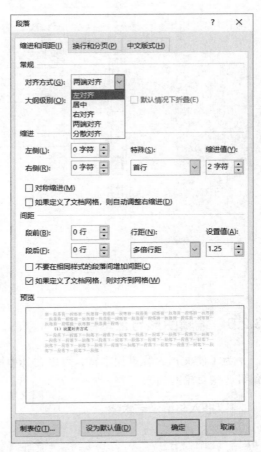

图 3.9 "段落"对话框

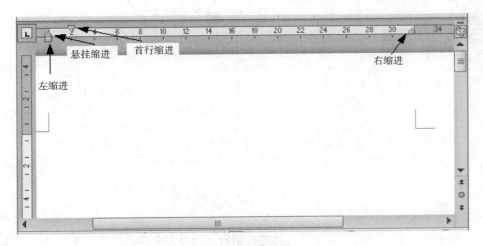

图 3.10 段落缩进

图 3.11　"边框与底纹"对话框

### 3.2.6　编辑图形与艺术字

为了使文档内容更加丰富，可以在其中插入自选图形、艺术字等对象进行点缀。下面将介绍这些对象的插入。

#### 1．插入与编辑艺术字

（1）插入艺术字

新建一个 Word 2016 文档，单击"插入"选项卡，在"文本"选项组中单击"艺术字"按钮，在弹出的下拉列表中可以选择多种艺术字样式，选择好一种艺术字样式后，在文档中可以直接输入文字，输入相应的文字后，即可看到艺术字效果，如图 3.12 所示。

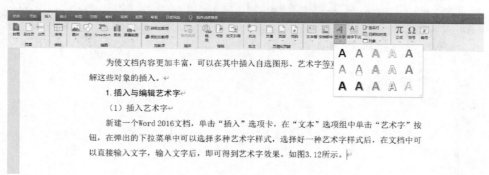

图 3.12　插入艺术字

（2）编辑艺术字

在文档中插入艺术字后，还可以对其进行编辑。选择需要编辑的艺术字，选择"绘图工具"→"形状格式"选项卡，在"形状样式"选项组可以设置艺术字的颜色、轮廓样式、阴影，以及柔化边缘等效果。

## 2. 插入图片

有时计算机中的图片并不能完全满足用户的需求，用户可以自行将下载的图片插入到文档中，使文档更加美观更加生动地反映表达的内容。在 Word 2016 文档中，可以从"此设备"中插入图片，也可以从"联机图片"途径插入图片。

打开一个 Word 2016 文档，选择"插入"选项卡，在"插图"选项组中单击"图片"按钮，打开"插入图片来自"对话框，选择"此设备"或者"联机图片"。

在对话框中找到所需插入的图片，单击"插入"按钮，即可将所需图片插入到文档中。

## 3.2.7 编辑表格

当需要处理一些简单的数据信息时，例如课程表、简历表、通讯录和考勤表等，表格可以使内容更加简明、方便和直观。

### 1. 插入表格

（1）使用"插入表格"对话框

将光标插入点定位在需插入表格的位置，单击"插入"选项卡，单击"表格"组中的"表格"按钮，在下拉列表中单击"插入表格"选项，在打开"插入表格"对话框中设置行数和列数，单击"确定"按钮，如图 3.13 所示。

（2）手动绘制表格

单击"插入"选项卡，选择"表格"选项组，在"表格"下拉列表中选择"绘制表格"命令。

在编辑区任意拖动鼠标可以绘制需要的表格，绘制表格后，可以用同样的方法在绘制的表格里，绘制行、列和边界线等，如图 3.14 所示。

图 3.13 "插入表格"对话框

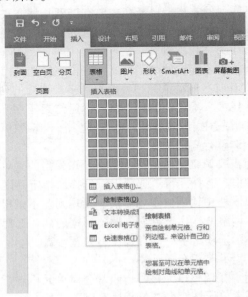

图 3.14 绘制表格

### 2. 表格的基本操作

（1）选择操作区域

在对表格中的内容进行编辑之前，首先要选择相应的单元格、行或列，下面介绍各个对象的选择方法。

①选择单元格。对单元格进行选择，包括选择一个单元格、选择多个连续单元格和选择多个不连续单元格等情况。选择单元格的常见方式如下。

● 当选择一个单元格时，将光标移动到表格单元格内侧的左边缘。当鼠标变成黑色实心箭头时单击单元格，则选中了该单元格。

● 当选择多个连续的单元格时，单击要选择的某个单元格不要松开鼠标左键向四周拖动，拖动到要选的区域为止，将会选中相应方向上的单元格。

● 当选择多个不连续的单元格时，将光标移动到单元格内侧左边缘，当光标变成黑色实心箭头时，单击并按住【Ctrl】键，并单击多个不连续的单元格，则选中了多个不连续的单元格。

②选择表格中的行。对表格中的数据进行操作，首先要选择表格中的数据，下面会介绍几种选择表格中不同元素的方法，熟练掌握选择表格中的元素，可以有效提高表格编辑操作。选择行通常有以下几种方式：

● 选择一行表格：将光标定位到待选前，当光标变成向右箭头时，单击，将会选中光标右侧所对应的行。

● 选择多个连续的行：将光标定位到待选行前，当光标变成向右箭头时，单击，向上或者向下拖动鼠标，将会选到多个连续的行。

● 选择多个不连续的行：将光标定位到待选行前，当光标变成向右箭头时，单击并按住【Ctrl】键，可选中多个不连续的行。

③选择表格中的列。对表格中的数据进行操作，要熟悉如何选择列的操作，下面将会涉及选择不同列的方法，选择列主要有以下几种方式：

● 选择一列：将光标定位到待选列的上方，当光标变成向下箭头时，单击，将会选中光标下方对应的列。

● 选择多个连续的列：将光标定位到待选列上方，当光标变成向下箭头时，单击，向左或者向右拖动鼠标，将会选到多个连续的列。

● 选择多个不连续的列：将光标定位到任意待选列的上方，当光标变成向下箭头时，单击并按住【Ctrl】键，可选中多个不连续的列。

（2）调整行高和列宽

选择需要调整行高的行，右击，在弹出的菜单中选择"表格属性"命令，打开"表格属性"对话框，选择"行"选项卡，选择"指定高度"复选框，可以设置行高参数。

如果表格中输入文字内容后，发现列宽不是很理想，可以对列宽进行调整。列宽的调整与行宽的调整一样，选择需要调整列宽的列，选择"表格工具"→"布局"选项卡，在"单元格大小"选项组中可以直接调整列宽参数。

（3）合并与拆分单元格

当用户在调整单元格时，经常会对单元格进行合并或拆分的操作，这样可以根据内容的多少来调整单元格。合并单元格有以下几种方法。

①选择需要合并的单元格，右击，在弹出的菜单中选择"合并单元格"命令即可。

②选择需要合并的单元格，选择"表格工具"→"布局"选项卡，在"合并"选项组中单击"合并单元格"按钮即可合并单元格。

（4）设置文本对齐方式

打开需要调整的表格，选择一行单元格，右击，在弹出的菜单中选择"单元格对齐方式"命令，可以看到其子菜单中有9种排列方式。可以选择其中任意一种对齐方式。

（5）设置边框与底纹

将光标插入点定位在表格内，切换"表格工具"→"表设计"选项卡，在"边框"组中单击右侧的下拉按钮，弹出"边框和底纹"对话框，在"边框""底纹"等选项卡中设置边框的样式、颜色和宽度等参数，如图3.15所示。

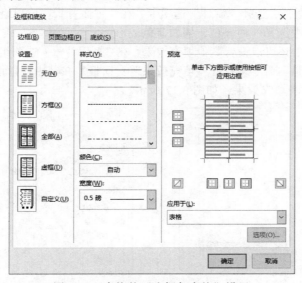

图 3.15　表格的"边框与底纹"设置

### 3. 表格与文本相互转换

（1）将文字转换成表格

选中要转换为表格的文字，单击"插入"选项卡，单击"表格"组中的"表格"按钮，在弹出的下拉列表框中单击"文本转换成表格"选项，单击"确定"按钮，所选文字即可转换成表格。

（2）将表格转换成文本

选中要转换为文本的表格，单击"表格工具"→"布局"选项卡，单击"数据"组中的"转换为文本"按钮。在弹出的对话框中选择文本的分隔符，单击"确定"按钮，所选表格即可转换成文本。

## 3.2.8　常用设置

### 1. 页面布局

（1）设置纸张大小和方向

打开需要设置页面大小和方向的 Word 文档，单击"布局"选项卡，在"页面设置"选项组中单击"纸张大小"按钮，在弹出的下拉列表中可以选择预设的多种纸张大小。单击"其他纸张大小"命令，打开"页面设置"对话框，在其中可以设置精确的参数，如图 3.16 所示。

单击"布局"选项卡，在"页面设置"选项组中单击"纸张方向"按钮，在弹出的下列表单中可以设置页面方向为"纵向"或"横向"。

（2）设置页边距

单击"布局"选项卡，在"页面设置"选项组中单击"页边距"按钮，在弹出的下拉列表中可以选择预设的几种样式。单击"自定义页边距"命令，打开"页面设置"对话框，在其中可以设置"上""下""左""右"的精确参数值。

（3）设置页面颜色

打开一篇 Word 文档，选择"设计"选项卡，在"页面背景"选项组中单击"页面颜色"按钮，在弹出的菜单中选择一种颜色，例如蓝色。

除了单色背景外，还可以设置其他填充效果，在"页面背景"选项组中单击"页面颜色"按钮，选择"填充效果"命令，打开"填充效果"对话框，在其中可以设置"渐变""纹理""图案"和"图片"4 种填充效果，如图 3.17 所示。

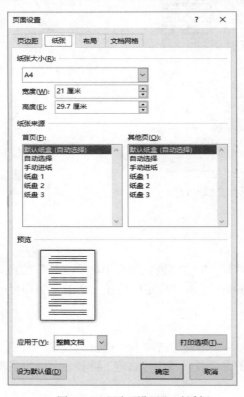

图 3.16 "页面设置"对话框          图 3.17 "填充效果"对话框

（4）设置页面边框

选择"设计"选项卡，在"页面背景"选项组中单击"页面边框"按钮，在弹出的"边框和底纹"对话框中可以设置边框样式、颜色及线条宽度等，如图 3.18 所示。单击"选项"按钮，在打开的对话框中设置"测量基准"为"文字"，单击"确定"按钮，得到设置页面边框的效果。

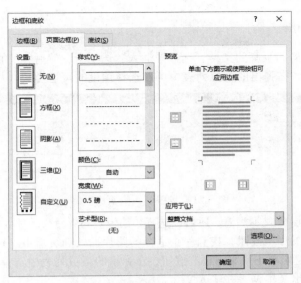

图 3.18 "边框和底纹"对话框

## 2. 对文档设置水印效果

打开一个 Word 文档，选择"设计"选项卡，在"页面背景"选项组中单击"水印"按钮，在弹出的下拉列表中可以选择一种预设水印样式，这时页面中将自动添加半透明的水印底纹效果，如图 3.19 所示。

选择"自定义水印"命令，即可打开"水印"对话框，选择"图片水印"单选项，则可以为背景添加图片水印；选择"文字水印"单选项，则可以设置文字内容、颜色等，得到编辑后的水印效果，如图 3.20 所示。

图 3.19　设置水印

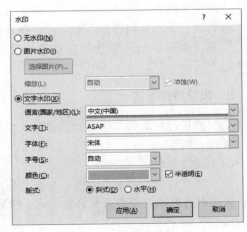

图 3.20　"水印"对话框

### 3. 设置页眉与页脚

打开需要设置页眉和页脚的文档，选择"插入"选项卡，然后在"页眉和页脚"选项组中单击"页眉"按钮，在弹出的下拉列表中可以选择预设的页眉样式，如图 3.21 所示。

图 3.21　设置"页眉页脚"

如果对预设的页眉样式不满意，还可以选择"编辑页眉"命令，对页眉进行编辑，在"插入"选项组中单击"图片"按钮，找到一张适合的图片插入到页眉中，再选择"插入"选项卡，在"文本"选项组中单击"文本框"按钮，在弹出的下拉列表中选择"绘制横排文本框"按钮，在页眉中绘制出文本框，并输入文字。

设置好页眉样式后，选择"插入"选项卡，在"页眉和页脚"选项组中单击"页脚"按钮，在弹出的下拉列表中同样可以预览页脚样式，选择"编辑页脚"命令，即可进入页脚进行编辑。

### 4. 设置页码

（1）添加页码

打开需要设置页码的文档，选择"插入"选项卡，在"页眉和页脚"选项组中单击"页码"按钮，在弹出的下拉列表中可以选择页码插入的位置，例如，选择"页面底端"命令，然后在其级联列表中选择一种预设样式。选择好样式后，即可在每页中指定的位置上按顺序添加页码，并且将自动进入页眉页脚编辑状态。

（2）设置页码格式

在文档中插入页码，然后选择"插入"选项卡，在"页眉和页脚"选项组中单击"页码"按钮，在弹出的下拉列表中选择"设置页码格式"命令，如图 3.22 所示。

这时会打开"页码格式"对话框，在其中可以设置"编号格式"和"页码编号"等选项，单击"确定"按钮即可，如图 3.23 所示。

图 3.22　设置页码格式

### 5. 设置特殊版式

对文档进行排版时，还可对其设置一些特殊版式，以实现特殊效果，例如，设置分栏排版、竖排文档等。

（1）设置分栏

选中要设置分栏排版的对象，单击"布局"选项卡，单击"页面设置"组中的"栏"按钮，在弹出的下拉列表中选择分栏方式，例如"两栏"，此时所选对象将以两栏的形式进行显示，如图 3.24 所示。

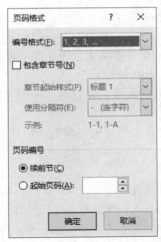

图 3.23 "页码格式"对话框

图 3.24 设置分栏

（2）设置竖排文档

在要进行操作的文档中单击"布局"选项卡，单击"页面设置"组中的"文字方向"按钮，在下拉列表中选择"垂直"选项，如图 3.25 所示。

（3）设置首字下沉

将光标定位到需设置首字下沉的段落，单击"插入"选项卡，单击"文本"组中的"首字下沉"按钮，再单击"首字下沉选项"，在"位置"栏中选项"下沉"选项，设置首字的字体、下沉行数等参数。再单击"确定"按钮，如图 3.26 所示。

图 3.25 设置竖排文档

图 3.26 "首字下沉"对话框

## 3.3 应用案例

### 一、操作要求

打开文档 WORD.docx，按照要求完成下列操作并以该文件名（WORD.docx）保存文档。

（1）将文中所有错词"严肃"替换为"压缩"。将页面颜色设置为黄色（标准色）。

（2）将标题段（WinImp 压缩工具简介）设置为小三号宋体、居中，并为标题段文字添加蓝色（标准色）阴影边框。

（3）设置正文（特点……如表一所示）各段落中的所有中文文字为小四号楷体、西文文字为小四号 Arial 字体；各段落悬挂缩进 2 字符，段前间距 0.5 行。

（4）将文中最后 3 行统计数字转换成一个 3 行 4 列的表格，表格样式采用"网格表 1 浅色–着色 2"。

（5）设置表格居中、表格列宽为 3 cm，表格所有内容水平居中并设置表格底纹为"白色，背景 1，深色 25%"。

【文档开始】

WinImp 严肃工具简介

**特点**　　WinImp 是一款既有 WinZip 的速度，又兼有 WinAce 严肃率的文件严肃工具，界面很有亲和力。尤其值得一提的是，它的自安装文件才 27KB，非常小巧。支持 ZIP，ARJ，RAR，GZIP，TAR 等严肃文件格式。严肃、解压、测试、校验、生成自解包、分卷等功能一应俱全。

**基本使用**　　正常安装后，可在资源管理器中用右键菜单中的"Add to imp"及"Extract to ..."项进行严肃和解压。

**评价**　　因机器档次不同，严肃时间很难准确测试，但感觉与 WinZip 大致相当，应当说是相当快了；而严肃率测试采用了 WPS 2000 及 Word 97 作为样本，测试结果如表一所示。

表一　WinZip，WinRar，WinImp 严肃工具测试结果比较

| 严肃对象 | WinZip | WinRar | WinImp |
|---|---|---|---|
| WPS 2000(33MB) | 13.8 MB | 13.1 MB | 11.8 MB |
| Word 97(31.8MB) | 14.9 MB | 14.1 MB | 13.3 MB |

【文档结束】

## 二、操作步骤

（1）解题步骤

步骤 1：打开 WORD.docx 文件，按题目要求替换文字。选中全部文本（包括标题段），在"开始"选项卡下，单击"编辑"组中的"替换"按钮，如图 3.27 所示。

图 3.27　替换文字

弹出"查找和替换"对话框后，在"查找内容"文本框中输入"严肃"，在"替换为"文本框中输入"压缩"。单击"全部替换"按钮，会弹出提示对话框，在该对话框中直接单击"确定"按钮，即可完成对错词的替换，如图 3.28 所示。

步骤 2：在"设计"选项卡下，单击"页面背景"中的"页面颜色"下拉列表，选择标准色"黄色"，完成页面颜色的设置，如图 3.29 所示。

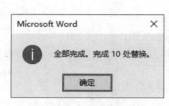

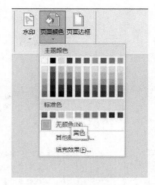

图 3.28　对错词的替换　　　　　　　　图 3.29　页面颜色的设置

（2）解题步骤

步骤 1：按要求设置标题段字体。选中标题段文本，在"开始"选项卡中的"字体"选项组，单击右下角箭头按钮，弹出"字体"对话框，单击"字体"选项卡，在"中文字体"下拉列表框中选择"宋体"，在"字号"中选择"小三"，单击"确定"按钮，返回到编辑界面中，如图 3.30 所示。

步骤 2：按要求设置标题段对齐属性。选中标题段文本，在"开始"选项卡中的"段落"选项组，单击"居中"按钮或者单击右下角箭头按钮，弹出"段落"对话框，在对齐方式选项的下拉列表框中选择"居中"，如图 3.31 所示。

图 3.30　字体的设置　　　　　　　　图 3.31　标题段落居中的设置

步骤 3：按要求设置标题段边框属性。选中标题段文本，在"设计"选项卡中的"页面背景"选项组，单击"页面边框"按钮，在弹出的"边框和底纹"对话框中，选择"边框"选项卡，在"设置"中选择"阴影"选项，在"颜色"中选择"蓝色（标准色）"，在"应用于"下拉列表框中选择"段落"，单击"确定"按钮，返回到编辑界面中，如图 3.32 所示。

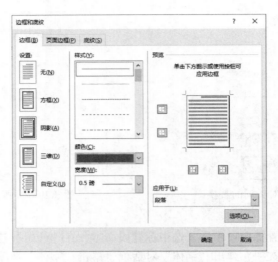

图 3.32　边框和底纹的设置

（3）解题步骤

步骤 1：按要求设置正文字体。选中正文所有文本（标题段不要选），在"开始"选项卡中的"字体"选项组，单击右下角箭头按钮，弹出"字体"对话框，单击"字体"选项卡，在"中文字体"中选择"楷体"，在"西文字体"中选择"Arial"，字号选择"小四"，单击"确定"按钮，返回到编辑界面中，如图 3.33 所示。

步骤 2：按要求设置段落属性和段前间距。选中正文所有文本（标题段不要选），在"开始"选项卡中的"段落"选项组，单击右下角箭头按钮，弹出"段落"对话框，单击"缩进和间距"选项卡，在"特殊格式"中选择"悬挂缩进"，在"度量值"中选择"2 字符"，在"段前间距"中输入"0.5 行"，单击"确定"按钮，返回编辑界面中，如图 3.34 所示。

图 3.33　正文字体的设置

图 3.34　正文段落属性和段前间距的设置

（4）解题步骤

步骤 1：按要求将文本转换为表格。选中正文中最后 3 行文本，在"插入"选项卡下，单击"表格"按钮下拉列表，选择"文本转换成表格"选项，如图 3.35 所示。

弹出"将文字转换成表格"对话框后，默认对话框中的"列数"为 4，"行数"为 3，单击"确定"按钮，如图 3.36 所示。

图 3.35　文本转换为表格

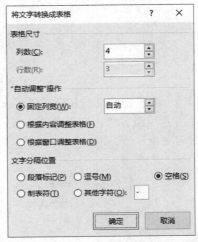

图 3.36　"将文字转换成表格"对话框

步骤 2：按要求为表格自动套用格式。单击表格，在"表格工具"→"表设计"选项卡中的"表格样式"选项组，选择"网格表 1 浅色–着色 2"，完成表格的设置，如图 3.37 所示。

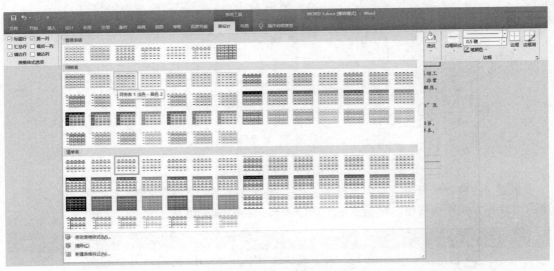

图 3.37　表格自动套用格式

（5）解题步骤

步骤 1：按照要求设置表格对齐属性。选中表格，在"开始"选项卡中的"段落"选项组，单击"居中"按钮，如图 3.38 所示。

图 3.38　设置表格居中

步骤 2：按照要求设置表格列宽。选中表格，在"表格工具"→"布局"选项卡中的"单元格大小"选项组，单击右下角箭头按钮，打开"表格属性"对话框，单击"列"选项卡，勾选"指定宽度"，设置其值为"3 厘米"，单击"确定"按钮，返回到编辑界面中，如图 3.39 所示。

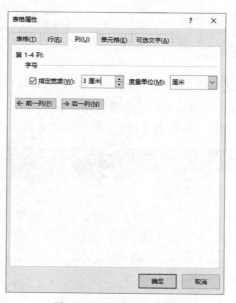

图 3.39　设置表格列宽

步骤 3：按要求设置表格内容对齐方式。选中表格，在"表格工具"→"布局"选项卡中的"对齐方式"选项组，单击"水平居中"按钮，如图 3.40 所示。

图 3.40　设置表格内容对齐方式

步骤 4：按要求设置单元格底纹。选中整个表格右击，在弹出的快捷菜单中选择"边框和底纹"命令，弹出"边框和底纹"对话框，单击"底纹"选项卡，在"填充"中选择"白色，背景 1，深色 25%"，单击"确定"按钮，完成表格设置，如图 3.41 所示。

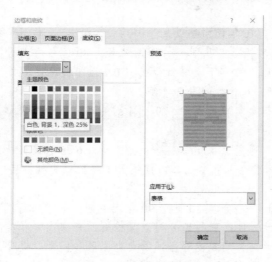

图 3.41　设置单元格底纹

步骤 5：保存文件，最终效果如图 3.42 所示。

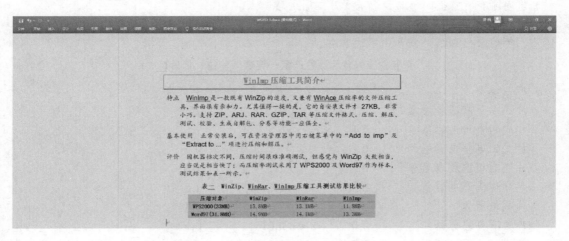

图 3.42　最终效果图

# 本 章 小 结

本章主要介绍 Word 2016 文字处理的基本操作，通过应用案例使学生掌握文字处理方面的相关技能。

# 随堂练习题

1. 打开文档 WORD.docx，按照要求完成下列操作并以该文件名（WORD.docx）保存文档。

（1）将文中所有错词"偏食"替换为"片式"。设置页面纸张大小为"16K（18.4厘米×26厘米）"。

（2）将标题段文字"中国片式元器件市场发展态势"设置为三号红色黑体、居中、段后间距0.8行。

（3）将正文第一段"90年代中期以来……片式二极管。"移至第二段"我国……新的增长点。"之后；设置正文各段落"我国……片式化率达80%。"右缩进2字符。设置正文第一段"我国……新的增长点。"首字下沉2行距正文0.2厘米；设置正文其余段落"90年代中期以来……片式化率达80%。"首行缩进2字符。

（4）将文中最后9行文字转换成一个9行4列的表格，设置表格居中，并按"第3年"列升序排序表格内容。

（5）设置表格第一列列宽为4 cm，其余列列宽为1.6 cm，表格行高为0.5 cm；设置表格外框线为1.5磅蓝色（标准色）双窄线，内框线为1磅蓝色（标准色）单实线。

【文档开始】

中国偏食元器件市场发展态势20世纪90年代中期以来，外商投资踊跃，合资企业积极内迁。日本最大的偏食元器件厂商村田公司以及松下、京都陶瓷和美国摩托罗拉都已在中国建立合资企业，分别生产偏食陶瓷电容器、偏食电阻器和偏食二极管。

我国偏食元器件产业是在20世纪80年代彩电国产化的推动下发展起来的。先后从国外引进了40多条生产线。目前国内新型电子元器件已形成了一定的产业基础，对大生产技术和工艺逐渐有所掌握，已初步形成了一些新的增长点。

对中国偏食元器件生产的乐观估计是，到21世纪初偏食元器件产量可达3 500亿～4 000亿只，年均增长30%，偏食化率达80%。

某年中国偏食元器件产量一览表（单位：亿只）

| 产品类型 | 第1年 | 第2年 | 第3年 |
| --- | --- | --- | --- |
| 片式多层陶瓷电容器 | 125.1 | 413.3 | 750 |
| 片式钽电解电容器 | 5.1 | 6.5 | 9.5 |
| 片式铝电解电容器 | 0.1 | 0.1 | 0.5 |
| 片式有机薄膜电容器 | 0.2 | 1.1 | 1.5 |
| 半导体陶瓷电容器 | 0.3 | 1.6 | 2.5 |
| 片式电阻器 | 125.2 | 276.1 | 500 |
| 片式石英晶体器件 | 0.0 | 0.01 | 0.1 |
| 片式电感器、变压器 | 1.5 | 2.8 | 3.6 |

【文档结束】

2. 打开文档WORD1.docx，按照要求完成下列操作并以该文件名（WORD1.docx）保存文档。

（1）将标题段文字"星星连珠"会引发灾害吗？设置为蓝色（标准色）小三号黑体、加粗、居中。

（2）设置正文各段落"星星连珠"时，……可以忽略不计。"左右各缩进0.5字符、段后间距0.5行。将正文第一段（"星星连珠"，……特别影响。）分为等宽的两栏，栏间距为0.19字符，栏间加分隔线。

（3）设置页面边框为红色1磅方框。

【文档开始】

"星星连珠"会引发灾害吗？

"星星连珠"时，地球上会发生什么灾变吗？答案是："星星连珠"发生时，地球上不会发生什么特别的事件。不仅对地球，就是对其他星星、小星星和彗星也一样不会产生什么特别影响。

为了便于直观的理解，不妨估计一下来自星星的引力大小，这可以运用牛顿的万有引力定律来进行计算。

科学家根据 6 000 年间发生的"星星连珠"，计算了各星星作用于地球表面一个 1 千克物体上的引力（如附表所示）。从表中可以看出最强的引力来自太阳，其次是来自月球。与来自月球的引力相比，来自其他星星的引力小得微不足道。就算"星星连珠"像拔河一样形成合力，其影响与来自月球和太阳的引力变化相比，也小得可以忽略不计。

【文档结束】

3. 打开文档 WORD2.docx，按照要求完成下列操作并以该文件名（WORD2.docx）保存文档。

（1）在表格最右边插入一列，输入列标题"实发工资"，并计算出各职工的实发工资。并按"实发工资"列升序排列表格内容。

（2）设置表格居中、表格列宽为 2 cm，行高为 0.6 cm，表格所有内容水平居中，设置表格所有框线为 1 磅红色单实线。

【文档开始】

| 职工号 | 单位 | 姓名 | 基本工资（元） | 职务工资（元） | 岗位津贴（元） |
|---|---|---|---|---|---|
| 1031 | 一厂 | 王平 | 2 118 | 1 050 | 1 140 |
| 2021 | 二厂 | 李万全 | 2 550 | 1 200 | 1 260 |
| 3074 | 三厂 | 刘福来 | 2 340 | 1 260 | 1 500 |
| 1058 | 一厂 | 张雨 | 2 010 | 1 080 | 1 170 |

【文档结束】

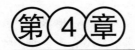

→ Excel 2016 电子表格处理

## 4.1 Excel 基础知识

Excel 是专门用来制作电子表格的软件，可制作工资表、销售业绩报表等。本章学习工作簿、工作表的基本操作。在表格中输入数据后，还可对其设置相应的格式，从而达到更好的视觉效果。此外，还可使用公式和函数进行大量的数据运算，并通过图表、数据透视表分析数据，掌握数据的计算与分析方法。利用排序、筛选、分类汇总等功能对表格进行合理管理，以便查看表格中的数据。

### 1. Excel 窗口组成

Excel 的工作窗口主要包括快速访问工具栏、标题栏、窗口控制按钮、功能区、名称框、编辑栏、工作表编辑区、工作表选项卡和视图控制区等。

### 2. Excel 名词

工作表：工作表是用于存储和处理数据的主要文档，也称为电子表格。一个工作簿可以由多个工作表组成，默认情况下包含 3 张工作表。

单元格：一行与一列的交叉处为一个单元格，单元格是组成工作表的最小单位，用于输入各种类型的数据和公式。

单元格地址：在 Excel 中，每一个单元格对应一个单元格地址（即单元格名称），用列的字母加上行的数字来表示。例如，选择 A 列第 3 行的单元格，在编辑栏左方的名称框中将显示该单元格地址为 A3。

### 3. Excel 2016 工作簿的基本操作

使用 Excel 2016 进行文件编辑操作，首先要掌握工作簿的一些基本操作，其中包括创建工作簿、保存工作簿、关闭工作簿及打开工作簿等。

（1）创建工作簿

启动 Excel 2016 应用程序后，将自动创建一个名为"工作簿 1"的新工作簿。在应用 Excel 2016 进行工作的过程中，用户还可以通过如下方法创建新的工作簿和进行 Excel 2016 的基础学习。

①创建空白工作簿。在 Excel 2016 窗口中，单击"文件"选项卡，在弹出的菜单中选择"新建"命令，然后单击"空白工作簿"选项，如图 4.1 所示。

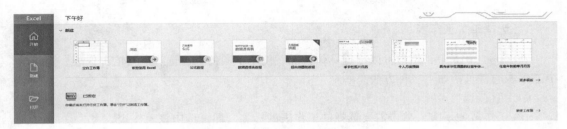

图 4.1　新建"空白工作簿"

②使用帮助。在 Excel 2016 中,有"欢迎使用 Excel""公式教程""数据透视表教程"等学习资料,初学者可以下载学习。

（2）保存工作簿

无论是新建的工作簿,还是已有的工作簿,都应该养成及时保存工作簿的习惯,以备今后查看和使用。

①单击"文件"选项卡,弹出的菜单中选择"保存"命令,然后在打开的"另存为"对话框中设置文件保存的位置、文件名称和保存类型。

②使用"保存"命令在保存已有工作簿的过程中,将不会弹出"另存为"对话框,将使用原路径和原文件名对已有工作簿进行保存。

③如果需要对修改后的工作簿进行重新命名或修改工作簿的保存位置时。可以单击"文件"选项卡,在弹出的菜单中选择"另存为"命令,然后在弹出的"另存为"对话框中重新设置文件的保存位置、文件名或保存类型,然后单击"保存"按钮即可。

（3）打开工作簿

对于已经创建的 Excel 2016 工作簿,如果需要查看其内容,或是对其进行修改和编辑,可以通过以下几种方式打开工作簿,然后进行相应操作。

①单击"文件"选项卡,在弹出的菜单中选择"打开"命令。

②打开最近使用的工作簿。

③直接打开指定的工作簿。

（4）关闭工作簿

完成工作簿的创建或编辑,以及保存。关闭工作簿 Excel 2016 应用程序的方法通常包括以下几种:

①直接单击工作簿右上方"关闭"按钮。

②选择"文件"选项卡,在弹出的菜单中选择"关闭"命令。

③右击工作簿窗口的标题栏,在弹出的菜单中选择"关闭"命令。

④直接按下【Alt+F4】组合键。

## 4.2　Excel 2016 工作表的基本操作

### 4.2.1　切换和选择工作表

一个工作簿包含了很多工作表,在对其中的工作表进行操作时,首先应该选择相应的工作表,使其成为当前工作表。可以一次选择一个工作表,也可以同时选择多个工作表。

第 4 章　Excel 2016 电子表格处理

### 1. 选择单个工作表

在 Excel 2016 中，用户可以根据具体情况，使用不同的方法选择需要的工作表，选择单个工作表通常包括如下三种方法。

（1）直接选择

在工作簿的下方，单击需要选择的工作表的标签，即可选中该工作表。

（2）右击标签滚动按钮

在工作簿的左下方，右击标签滚动按钮，在弹出的列表中选择需要的工作表，即可选中工作表。

（3）使用快捷键

按下【Ctrl+PageUp】组合键可以选中与当前工作表相邻的上一个工作表；按下【Ctrl+PageDown】组合键可以选中与当前工作表相邻的下一个工作表。

### 2. 选择多个工作表

在 Excel 2016 的操作中，可以通过选择多个工作表使其成为一个工作组，以方便对其进行统一操作。选择多个工作表的操作包括如下几种方式。

（1）选择相邻的工作表

首先选择第一张工作表，然后按住【Shift】键，同时单击需要选择的最后一张工作表标签，即可选择多个相邻的工作表。此时，在活动工作表的标题栏上将出现"工作组"字样。

（2）选择不相邻的工作表

首先选择第一张工作表，然后按住【Ctrl】键，同时单击其他工作表标签，可选择多个不相邻的工作表。

（3）选择全部工作表

右击工作表标签，在弹出的快捷菜单中选择"选定全部工作表"命令，即可选择工作簿中的所有工作表。

### 3. 取消工作表的选择

如果在选择多张工作表后，发现有不需要选择的工作表被选中了，可以按住【Ctrl】键，同时单击要取消选择的工作表标签，即可取消对该工作表的选择。

### 4. 设置默认工作表的数量

在默认情况下，一个工作簿中有 3 张工作表。而在实际工作中，有时需要更多的工作表，就需要重新设置工作表的数量。

单击"文件"选项卡，在弹出的菜单中选择"选项"命令，在打开的"Excel 选项"对话框中选择"常规"选项卡，然后在"新建工作簿时"选项组中的"包含的工作表数"数字框中设置合适的工作表数量，然后单击"确定"按钮即可。

## 4.2.2 移动与复制工作表

在 Excel 2016 的操作中，可以根据需要对工作表的顺序进行调整，也可以对工作表进行复制，创建一个工作表副本。

### 1. 移动工作表

在 Excel 2016 中，可以通过移动工作表来改变工作表的顺序，移动工作表通常包括以下三种方法：

①直接移动工作表。
②使用对话框。
③使用工具按钮。

### 2. 复制工作表

通过复制工作表可以为当前活动的工作表创建一个副本，以便对当前工作表中的数据进行备份。复制工作表与移动工作表的方法类似，主要包括以下三种方法：

①使用鼠标拖动工作表。
②使用对话框。
③使用工具按钮。

### 3. 重命名工作表

当一个工作簿中存在着多个工作表时，为了方便对工作表进行查找、移动或复制等操作，应该对使用的工作表进行重命名，可以通过以下三种方法对工作表进行重命名：

①双击标签法。
②使用工具命令。
③使用快捷菜单命令。

## 4.2.3　隐藏或显示工作表

当工作表中的数据过多时，为了避免对不需要进行修改的数据进行错误操作，可以将这些内容暂时隐藏起来，在需要查看时再将其恢复出来。

### 1. 隐藏工作表

在隐藏工作表的操作中，可以对工作表中的行、列和工作表进行单独隐藏。

（1）隐藏行

选择需要隐藏行所在的某个单元格，然后在"开始"选项卡的单击"单元格"选项组中的"格式"下拉按钮，在弹出的列表中选择"隐藏和取消隐藏"→"隐藏行"命令。

（2）隐藏列

选择需要隐藏列所在的某个单元格，然后在"开始"选项卡的单击"单元格"选项组中的"格式"下拉按钮，在弹出的列表中选择"隐藏和取消隐藏"→"隐藏列"命令。

（3）隐藏工作表

选择需要隐藏的工作表，然后在"开始"选项卡的单击"单元格"选项组中的"格式"下拉按钮，在弹出的列表中选择"隐藏和取消隐藏"→"隐藏工作表"命令，如图 4.2 所示。

图 4.2 "隐藏和取消隐藏"设置

### 2. 显示工作表

当隐藏工作表中的对象后，如果想将其显示出来，可以对其进行显示操作。

（1）取消隐藏行

选择需要操作的工作表，并按下【Ctrl+A】组合键，全选此工作表，然后在"开始"选项卡单击"单元格"选项组中的"格式"下拉按钮，在弹出的列表中选择"隐藏和取消隐藏"→"取消隐藏行"命令，即可将工作表中的所有行显示出来。

（2）取消隐藏列

选择需要操作的工作表，并按下【Ctrl+A】组合键，全选此工作表，然后在"开始"选项卡单击"单元格"选项组中的"格式"下拉按钮，在弹出的列表中选择"隐藏和取消隐藏"→"取消隐藏列"命令，即可将工作表中的所有列都显示出来。

（3）取消隐藏工作表

选择需要操作的工作簿，单击"单元格"选项组中的"格式"下拉按钮，在弹出的列表中选择"隐藏和取消隐藏"→"取消隐藏工作表"命令，在打开的"取消隐藏"对话框中选择需要取消隐藏的工作表，然后单击"确定"按钮，即可将指定的工作表显示出来。

### 3. 保护工作表

选中需保护的工作表，单击"文件"选项卡，在左侧窗格中单击"信息"命令，在中间窗格单击"保护工作簿"按钮，在下拉列表中单击"保护当前工作表"选项，弹出"保护工作表"对话框，在"取消工作表保护时使用的密码"文本框中输入密码，再单击"确定"按钮。在"确认密码"对话框中再次输入密码，单击"确定"按钮。

### 4. 设置页面版式

**（1）页面设置**

在需要进行页面设置的工作表中，单击"页面布局"选项卡，在"页面设置"组中通过单击某个按钮可以进行相应的设置。例如，页边距、纸张方向和纸张大小等，如图4.3所示。

图4.3 "页面设置"

**（2）设置页眉页脚**

打开需要编辑的工作簿，单击"插入"选项卡，在"文本"组中单击"页眉和页脚"，可以进行相应的设置，如图4.4所示。

图4.4 "页眉和页脚"设置

### 5. 打印工作表

为避免浪费纸张，在进行打印输出前，应先进行打印预览。在确认内容和格式无误后，才可开始打印工作表。

切换到需要打印的工作表，单击"文件"选项卡，在左侧窗格中单击"打印"命令，在"份数"框中设置打印份数，在"页数"框中设置打印范围，相关参数设置完成后单击"打印"按钮即可。

## 4.3 数据的输入与编辑

### 4.3.1 输入数据

#### 1. 输入数值型数据

在Excel 2016中，数值型数据是使用最普遍的数据类型，由数字、符号等内容组成。数值型数据包括输入数字和设置数据格式。

单击到"开始"选项卡，在"数字"组中单击右下角箭头按钮，打开"设置单元格格式"对话框，在"数字"标签中即可设置分类，包括"常规""数值""货币""会计专用""日期""时间""百分比""分数""科学记数""文本""特殊""自定义"等。例如，输入数值型数据，可以选择"数值"分类。

### 2. 输入字符型数据

字符型数据是由字母、汉字或其他字符开头的数据。例如，在单元格中输入标题、姓名等，可以通过如下几种方式在单元格中输入字符型数据。

①选择单元格，直接输入数据，然后按下【Enter】键即可。

②选择单元格，在编辑栏中单击，然后输入数据，再按下【Enter】键或单击编辑栏中的"输入"按钮即可。

③双击单元格，当单元格内显示光标时输入数据，然后按下【Enter】键，此方法通常用于修改数据时使用。

### 3. 输入符号

选中要输入符号的单元格，单击"插入"选项卡"符号"组中的"符号"按钮，在"符号"对话框的"字体"框中选择符号类型，再选中要插入的符号，单击"确定"按钮。

### 4. 利用记忆功能输入数据

记忆式输入是指在输入单元格数据时，系统自动根据用户已经输入过的数据提出建议，以减少录入工作。

在输入数据时，如果所输入数据的起始字符与该列其他单元格中的数据起始字符相符，Excel 2016 会自动将符合的数据作为建议显示出来，可以根据具体情况选择操作。

### 5. 填充数据

自动填充是指将用户选择的起始单元格中的数据，复制或按序列规律延伸到所在行或列的其他单元格中。在实际应用中，工作表中的某一行或某一列的数据，经常是一些有规律的序列。对于这样的序列，可以通过使用 Excel 2016 中的自动填充功能填充数据。

（1）填充相同数据

首先，在某个单元格内输入数据。例如，输入"计算机"，然后选中该单元格，将指针移至所选单元格右下角，待指针变为黑色十字"+"时；按下鼠标左键不放，并向下或向右拖动，在弹出的"自动填充选项"中选择"复制单元格"，则所拖动的单元格中自动填充了"计算机"。

（2）填充序列数据

选择输入有序的数据单元格，将鼠标指针移至所选单元格右下角，待指针改变形状为黑十字"+"时，按下鼠标左键并横向或纵向拖动鼠标到需要填充的范围，然后松开鼠标左键，在"自动填充选项"中选择"填充序列"，即可自动填充具有规律的数据。

### 6. 复制与移动数据

（1）复制数据

选中要复制的单元格或单元格区域，在"开始"选项卡的"剪贴板"组中单击"复制"按钮，将选中的内容复制到剪贴板中。选中目标单元格或单元格区域，再单击"剪贴板"组中的"粘贴"按钮。

（2）移动数据

选中要移动的单元格或单元格区域，在"开始"选项卡的"剪贴板"组中单击"剪切"

按钮，将选中的内容剪切到剪贴板中。选中目标单元格或单元格区域，再单击"剪贴板"组中的"粘贴"按钮。

## 4.3.2 设置单元格

### 1. 插入行、列、单元格

在 Excel 2016 操作中，有时需要在已有数据的工作表中插入数据。在"开始"选项卡的"单元格"组中，选择"插入"下拉列表中的"插入单元格"插入需要的单元格，然后再输入需要的数据。另外，"插入工作表行""插入工作表列""插入工作表"操作类似。

### 2. 删除行、列、单元格

删除单元格的操作与插入单元格的操作类似，同时可以进行删除单个单元格、删除整行或整列操作。

选择需要删除的单元格，在"开始"选项卡的"单元格"组中，单击"删除"下拉列表中的"删除单元格"，即可将选择的单元格删除，下方的单元格将向上移动。另外，"删除工作表行""删除工作表列""删除工作表"操作类似。

### 3. 设置行高与列宽

（1）调整单元格高度。

当单元格的高度不能满足字符的字号大小时，就需要调整单元格的高度，使其适合于字符的大小。

调整单元格高度可以通过以下三种方法调整单元格的高度。

①使用"行高"对话框。

②自动调整行高。

③使用鼠标调整行高。

（2）调整单元格列宽。

调整单元格列宽与调整其行高的方法基本相同。选择要调整列宽的单元格或单元格区域，然后在"开始"选项卡的"单元格"选项组中单击"格式"下拉按钮，在弹出的列表中选择"列宽"命令，在打开的"列宽"对话框中输入调整列宽的值，最后单击"确定"按钮即可。

### 4. 合并单元格

在 Excel 2016 中，可以根据需要将多个相邻的单元格合并为一个单元格。选择要合并的单元格区域，在"开始"选项卡的"对齐方式"选项组中单击"合并后居中"下拉按钮，在弹出的列表中选择"合并单元格"命令，即可将所选单元格区域合并为一个单元格。

### 5. 拆分单元格

选中合并后的单元格，在"开始"选项卡的"对齐方式"选项组中单击"合并后居中"下拉按钮，在弹出的下拉列表框中单击"取消单元格合并"选项。

第 4 章 Excel 2016 电子表格处理

#### 6. 设置数据格式

在单元格中输入数据后，用户可对其设置相应的格式。例如，字体、字号等，使制作出来的表格在形式上更加美观。

（1）设置文本格式

设置文本格式可以使工作表更加美观，也可以使工作表中的某些数据更加醒目、突出。设置文本格式的内容包括设置文本字体、字号、字形以及其他特殊文本效果。

选中需要设置文本格式的单元格或单元格区域，在"开始"选项卡中的"字体"组中可设置相应的文本格式。

（2）设置数字格式

通过应用不同的数字格式，可以更改数字的外观而不会更改数字内容。数字格式并不影响 Excel 用于执行计算的实际单元格值。

在 Excel 2016 中，单击"开始"选项卡的"数字"选项组的右下角按钮，即可打开"设置单元格格式"对话框，在"数字"标签中显示了可用数字的类型摘要。

（3）对齐设置

对齐是指单元格的内容相对单元格上、下、左、右的显示位置。可以根据实际需要对单元格进行合适的对齐设置，使表格看起来更整齐、美观。

在默认情况下，工作表中的文本对齐方式为左对齐，数字为右对齐，逻辑值和错误值为居中对齐。用户可以通过如下两种方法设置单元格的对齐方式：

①使用"对齐方式"组中的工具按钮。

②使用"设置单元格格式"对话框：选中需要设置对齐方式的单元格或单元格区域，右击，在"设置单元格格式"对话框中，选择"对齐"标签，设置需要的对齐方式即可。

#### 7. 设置文本自动换行

打开需要编辑的工作簿，选中要设置自动换行的单元格或单元格区域，再单击"对齐方式"组中的"自动换行"按钮，返回工作表，可看到所选单元格区域中的内容进行了自动换行。

#### 8. 设置表格的边框和背景

对表格进行美化操作时，除了设置数据格式之外，还可对其设置边框和背景，使整个表格更有层次感。

（1）设置单元格边框

在默认情况下，Excel 2016 中的单元格线条并不是表格的边框线，而是网格线，在打印文件时并不会显示出来。用户可以自行添加表格边框，使打印出来的表格具有实际的边框线。添加表格边框的方法有以下几种：

①使用工具按钮添加边框。

②绘制边框。

③使用"设置单元格格式"对话框中的"边框"标签。

打开需要编辑的工作簿，选中要添加边框的单元格或单元格区域。在"开始"选项卡的"字体"组中单击右下角按钮，在弹出的"设置单元格格式"对话框中选择"边框"标签，进行样式、颜色、预设及边框的设置。

（2）设置单元格背景

默认情况下单元格背景为白色，为美化表格或突出单元格中的内容，可为单元格设置背景色。选中要设置背景的单元格或单元格区域，打开"设置单元格格式"对话框，在"填充"标签中进行相应设置即可。

（3）设置图片背景

打开需要编辑的工作簿，在"页面布局"选项卡的"页面设置"组中单击"背景"按钮。在"插入图片"中选择"从文件"，选择合适的图片，返回工作表，即可查看设置背景后的效果。

## 4.3.3　使用条件格式

使用条件格式，不仅可以将工作表中的数据筛选出来，还可以在单元格中添加颜色以突出显示其中的数据。

### 1.　设置条件格式

选中要设置条件格式的单元格或单元格区域，在"开始"选项卡的"样式"组中单击"条件格式"按钮，在弹出的下拉列表中设置需要的条件，在弹出的"重复值"对话框中设置条件和显示方式，然后单击"确定"按钮。则符合条件的单元格的格式将发生变化。

使用条件格式功能时，可突出显示单元格，可利用数据条、色阶和图标集等规则对单元格数据进行标识，以便快速识别一系列数值中存在的差异。

### 2.　清除设置的条件格式

选中设置了包含条件格式的单元格区域，单击"条件格式"按钮，在下拉菜单中单击"清除规则"选项，再单击"清除所选单元格的规则"选项即可。

### 3.　利用样式美化 Excel 表格

同 Word 一样，Excel 也提供了多种简单、新颖的单元格样式和表格样式，用户可直接套用到表格中，以提高工作效率。

（1）套用单元格样式

样式是格式设置选项的集合，使用单元格样式可以达到一次应用多种格式，并且达到单元格的格式完全一致的效果。

选择要应用样式的单元格或单元格区域，单击"开始"选项卡中的"样式"选项组，在弹出的列表中选择需要的样式即可，如图 4.5 所示。

（2）套用工作表样式

在 Excel 2016 中，程序自带了一些比较常见的工作表样式，这些自带样式可以直接套用，给工作带来了很大的方便。

选中需要套用表格样式的单元格区域，在"开始"选项卡的"样式"组中单击"套用表格样式"按钮，在弹出的下拉列表中选择一种表格样式，弹出"套用表格样式"对话框，选择合适的表格样式，单击"确定"按钮。

第 4 章　Excel 2016 电子表格处理

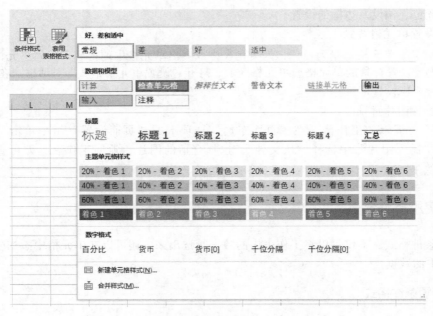

图 4.5 "单元格样式"设置

### 4.3.4 使用公式计算数据

公式是在制作电子表格时常用的内容，以下介绍公式含义、公式的运算符号、输入公式的方法等内容。

#### 1. 输入公式

公式是指使用运算符和函数，对工作表数据以及普通常量进行运算的方程式。在工作表中，可以使用公式和函数对表格中原始数据进行处理。通过公式以及在公式中调用函数，除了可以进行简单的数据计算外，还可以完成较为复杂的财务、统计及科学计算等。一个完整的公式由以下几部分组成：

①等号"="：相当于公式的标记，表示之后的字符为公式。

②运算符：表示运算关系的符号，如加号"+"等。

③函数：一些预定义的计算关系，可将参数按特定的顺序或结构进行计算，如求和函数SUM等。

④单元格引用：参与计算的单元格或单元格区域，如单元格A1等。

⑤常量：参与计算的常数，如数字3等。

⑥公式所用的运算符：在Excel 2016中，运算符是指在公式中用于进行计算的加、减、乘、除，以及其他运算符等。运算符可以分为算术运算符、比较运算符、文本运算符和引用运算符。在公式中使用不同类型的运算符，产生的结果截然不同。

⑦输入公式：选择需要输入公式的单元格，然后输入"="作为公式的开始，再输入公式中的其他元素，如"=5+25"，单击"输入"按钮或按【Enter】键，计算结果即可显示在所选的单元格中，在编辑栏中显示公式内容。

### 2. 修改公式

在输入公式后，如果要对公式进行修改，可以采用以下两种常用的方法。

（1）双击公式所在的单元格，将光标移动要修改对象的位置，删除不需要的内容，或输入补充的内容。

（2）选择公式所在的单元格，在编辑栏中对公式进行修改。

### 3. 复制公式

如果要在多个单元格中使用相同的公式，可以通过复制公式的方法快速完成操作。

使用剪贴板或快捷键进行公式的复制。选中要复制的公式所在的单元格，按下【Ctrl+C】组合键，或在"开始"选项卡的"剪贴板"组中单击"复制"按钮；选中要显示计算结果的单元格，再按下【Ctrl+V】组合键，或在"开始"选项卡的"剪贴板"组中单击"粘贴"按钮，所选单元格区域将显示相应的计算结果。

### 4. 填充公式

复制公式时，除使用剪贴板或快捷键外，还可以通过填充功能填充公式。

选中包含要复制的公式所在的单元格，将鼠标指针指向该单元格的右下角，待指针呈黑十字"+"时，按下鼠标左键不放并向下拖动，当拖动到目标单元格后释放鼠标即可。

## 4.3.5 公式中的单元格引用

在使用公式进行数据计算时，除了可以直接使用常量数据之外，还可以引用单元格。例如：公式"=A1+B3-69"中，引用了单元格"A1"和"B3"，同时还使用了常量"69"。

引用单元格是通过特定的单元格符号来标识工作表上的单元格或单元格区域，指明公式中所使用的数据位置。通过单元格的引用，可以在公式中使用工作表中不同单元格的数据，或者在多个公式中使用同一单元格的数值，还可以引用同一工作簿不同工作表的单元格、不同工作簿的单元格，甚至其他应用程序中的数据。

### 1. 相对引用、绝对引用和混合引用

在 Excel 2016 中有三种不同的引用类型：绝对引用、相对引用和混合引用。它们之间既有区别，又有联系。

（1）相对引用

单元格的相对引用是指在生成公式时，对单元格或单元格区域的引用基于它们与公式单元格的相对位置。使用相对引用后，系统将会记住建立公式的单元格和被引用的单元格的相对位置关系，在粘贴这个公式时，新的公式单元格和被引用的单元格仍保持这种相对位置。

（2）绝对引用

单元格的绝对引用是指在生成公式时，对单元格或单元格区域的引用是单元格的绝对位置。不论包含公式的单元格处在什么位置，公式中所引用的单元格位置都不会发生改变。

（3）混合引用

混合引用是指行采用相对引用而列采用绝对引用，或是列采用相对引用而行采用绝对引

第 4 章 Excel 2016 电子表格处理

用。例如，绝对引用列采用\$A1、\$B1 等形式；绝对引用行采用 A\$1、B\$1 等形式。

### 2．引用单元格

在了解了单元格引用方法后，就可以在公式中对单元格进行引用。

①引用同一工作表中的单元格：直接在公式中输入引用单元格的地址或使用鼠标框选引用单元格或单元格区域。

②引用同一工作簿中其他工作表的单元格：在单元格引用的前面加上工作表的名称和感叹号"！"。

③引用其他工作簿中的单元格：'工作簿存储地址【工作簿名称】工作表名称'！单元格地址。

## 4.3.6  函数、图表概念

### 1．函数

Excel 2016 中所提供的函数其实是一些预定义的公式，它们使用一些称为参数的特定数值按特定的顺序或结构进行计算，可以直接用它们对某个区域内的数值进行一系列处理。例如，分析、处理日期值和时间值等。

（1）函数的概念

函数是由 Excel 内部定义的、完成特定计算的公式。例如，求单元格 A1 到 H1 中一系列数字之和，可以输入函数 "=SUM(A1:H1)"，而不是输入公式 "=A1+B1+C1+…+H1"。使用函数时，可以在单元格中直接输入函数，也可以使用函数向导插入函数。每个函数都由下面三种元素构成。

①"="：表示后面跟着函数（公式）。

②函数名（如 SUM）：表示将执行的操作。

③变量（如 A1:H1）：表示函数将作用的值的单元格地址。变量通常是一个单元格区域，还可以表示为更为复杂的内容。

（2）函数的分类

在 Excel 中提供了几百个预定义的函数供用户使用，其中分为 11 大类型，如数学和三角函数、文本函数、财务函数、逻辑函数、统计函数、日期和时间函数等。常用的函数包括：数学和三角函数、逻辑函数、文本函数、日期和时间函数、统计函数等。

函数是按照特定的语法顺序进行运算的。函数的语法是以函数名开始的，在函数名后面是括号，括号之间代表着该函数的参数。函数的输入包括手工输入、使用函数向导输入、使用函数列表输入和编辑栏函数按钮输入等方式。

### 2．图表

图表是工作表数据的图形表示，它比数据本身更加易于表现数据之间的关系，更加直观、更容易理解。在 Excel 2016 中图表可以直观地表现工作表中的数据，使用图表对数据进行统计可以更加明显地表现出数据的趋势。

图表将工作表单元格的数值显示为条形、折线、柱形、饼形或其他形状。当生成图表时，图表中自动表示出工作表中的数值。图表与生成它们的工作表数据相链接，当修改工作表数据时，图表也会更新。

可以使用图表工具按钮创建图表，也可以通过"插入图表"对话框创建图表。选择数据单元格区域，或者选择其中的一个单元格。在"插入"选项卡的"图表"选项组中单击相应的图表类型下拉按钮，在弹出的图表列表中选择需要的图表样式即可，如图 4.6 所示。

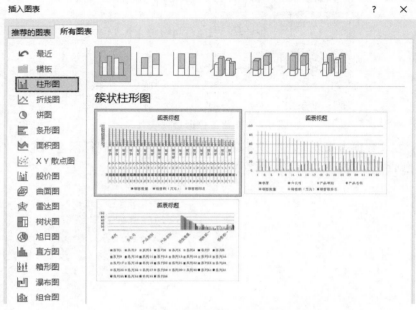

图 4.6　"插入图表"对话框

## 4.3.7　数据透视表

数据透视表是一种可以快速汇总大量数据的交互式功能，通过直观的方式显示数据汇总的结果，为 Excel 用户的数据查询和分类提供方便。

创建数据透视表，首先需要选择相应的单元格区域，然后单击"插入"选项卡中的"数据透视表"下拉按钮，在弹出的下拉菜单中选择"数据透视表"命令。在打开的"创建数据透视表"对话框中进行相应的设置即可。

【例 4.1】打开工作簿文件 EXC.XLSX，对工作表"产品销售情况表"内数据清单的内容建立数据透视表，行标签为"分公司"，列标签为"产品名称"，求和项为"销售额（万元）"，并置于现工作表的 J6：N20 单元格区域，工作表名不变，保存 EXC.XLSX 工作簿。

【操作步骤】

步骤 1：打开 EXC.XLSX 文件，在有数据的区域内单击任意一个单元格，在"插入"功能区的"表格"组中单击"数据透视表"按钮，在弹出的下拉列表中选择"数据透视表"；如图 4.7 所示。

弹出"创建数据透视表"对话框，在"请选择要分析的数据"选项下选"选择一个表或区域"单选按钮，在"表/区域"文本框中输入"产品销售情况表!$A$1：$G$37"；在"选择放置数据透视表的位置"选项下选中"现有工作表"单选按钮，在"位置"文本框中输入"J6：N20"，单击"确定"按钮，如图 4.8 所示。

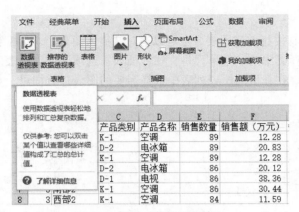

图 4.7 打开"数据透视表"

步骤 2：在"数据透视表字段"任务窗格中拖动"分公司"到行标签，拖动"产品名称"到列标签，拖动"销售额（万元）"到数值，如图 4.9 所示。

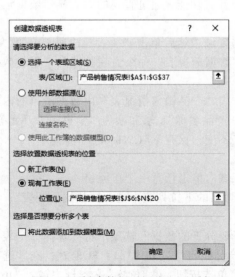

图 4.8 "创建数据透视表"对话框

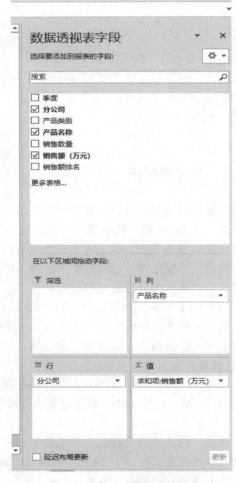

图 4.9 建立"数据透视表"

步骤 3：完成数据透视表的建立。保存工作簿 EXC.XLSX。最终结果如图 4.10 所示。

| 求和项:销售额（万元） | 列标签 | | | |
|---|---|---|---|---|
| 行标签 | 电冰箱 | 电视 | 空调 | 总计 |
| 北部1 | | 99.458 | | 99.458 |
| 北部2 | | | 24.702 | 24.702 |
| 北部3 | 46.545 | | | 46.545 |
| 东部1 | | 51.975 | | 51.975 |
| 东部2 | | | 52.392 | 52.392 |
| 东部3 | 44.46 | | | 44.46 |
| 南部1 | | 37.675 | | 37.675 |
| 南部2 | | | 71.862 | 71.862 |
| 南部3 | 48.906 | | | 48.906 |
| 西部1 | | 62.886 | | 62.886 |
| 西部2 | | | 31.602 | 31.602 |
| 西部3 | 59.064 | | | 59.064 |
| 总计 | 198.975 | 251.994 | 180.558 | 631.527 |

图 4.10 完成数据透视表的建立

### 4.3.8 排序

使用 Excel 的排序功能对表格中的数据进行排序，能直观地查看数据以及更好的管理数据。在对数据记录进行排序时，Excel 将利用指定的排序顺序重新排列行、列或单元格。排序时可按单个字段也可按多个字段进行排序。

#### 1. 单条件排序

按照单个字段进行排序的具体操作方法是：选择排序列中的任意单元格，根据具体情况可执行以下操作。若按升序排序，则选择"数据"选项卡，然后单击"排序和筛选"选项组中的"升序"按钮。若按降序排序，则单击"排序和筛选"选项组中的"降序"按钮。

#### 2. 多条件排序

如果对排序的要求比较高，即需要对多个字段进行排序，可以通过"排序"对话框对排序条件进行设置。

#### 3. 按自定义序列进行排序

在"开始"选项卡的"编辑"选项组中单击"排序和筛选"下拉按钮，在弹出的下拉列表中选择"自定义排序"命令。

在打开的"排序"对话框中单击"次序"下三角按钮，在弹出的列表中选择"自定义序列"命令，在打开的"自定义序列"对话框中输入自定义的序列，在输入的序列之间按下【Enter】键进行分隔，然后单击"添加"按钮。最后单击"确定"按钮，即可创建新的序列，并在"排序"对话框中的"次序"列表中显示自定义的序列，如图 4.11 所示。

图 4.11 按"自定义序列"排序

### 4.3.9　筛选

若要将符合一定条件的数据记录显示或放置在一起，可以使用 Excel 提供的数据筛选功能。使用数据筛选功能可以从庞大的数据中选择某些符合条件的数据，并隐藏无用的数据，从而减少数据量，易于查看。Excel 2016 提供了两种数据筛选方式：用于简单筛选的"自动筛选"和进行复杂筛选的"高级筛选"。

#### 1．单条件筛选

在进行筛选的数据清单中选择任意单元格，在"数据"选项卡的"排序和筛选"选项组中单击"筛选"按钮，这时在数据标题行字段的右边将出现下拉按钮，单击标题行字段的下拉按钮，会弹出相应的下拉菜单，在列表中可对数据进行筛选。

#### 2．多条件筛选

多条件筛选是将符合多个指定条件的数据筛选出来，其方法是在单个筛选条件的基础上添加其他筛选条件。

#### 3．自定义筛选

用户可以在创建筛选功能后，进行自定义自动筛选设置。单击标题字段的下拉按钮，单击"数字筛选""自定义筛选"命令，打开"自定义自动筛选方式"对话框，在该对话框中可以设置按照多个条件进行筛选，如图 4.12 所示。

图 4.12　选择"自定义筛选"

### 4. 高级筛选

当涉及复杂的筛选条件时，通过"自动筛选"功能往往不能满足筛选需求。用户可以使用高级筛选功能，设置多个条件对数据进行筛选操作。

在执行数据记录的高级筛选之前，需要设定筛选条件。可以通过输入或复制的方式，在工作表单元格中设定需要的筛选条件。高级筛选条件可以包括单列中的多个字符、多列中的多个条件和通过公式结果生成的条件。

### 5. 取消筛选

当用户不需要对数据进行筛选时，可以取消工作表的筛选，取消自动筛选和高级筛选的操作如下。

（1）取消自动筛选

在"数据"选项卡的"排序和筛选"选项组中单击"筛选"按钮。

（2）取消高级筛选

在"数据"选项卡的"排序和筛选"选项组中单击"清除"按钮。

【例 4.2】打开工作簿文件 EXC.XLSX，对工作表"'计算机动画技术'成绩单"内数据清单的内容进行自动筛选，条件是：计算机、信息、自动控制系，且总成绩 80 分及以上的数据，工作表名不变，保存 EXC.XLSX 工作簿。

【解题步骤】

步骤 1：打开 EXC.XLSX 文件，在有数据的区域内单击任意一个单元格，在"数据"选项卡的"排序和筛选"选项组中，单击"筛选"按钮，如图 4.13 所示。

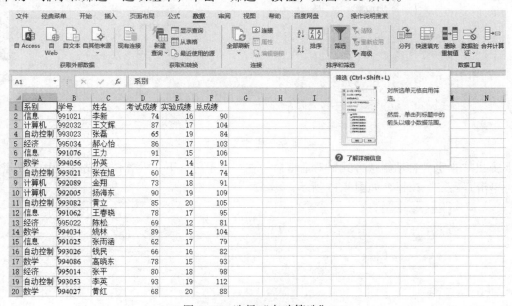

图 4.13　选择"自动筛选"

此时，数据列表中每个字段名的右侧将出现一个下三角按钮，如图 4.14 所示。

步骤 2：单击 A1 单元格中的下三角按钮，在弹出的下拉列表中取消勾选"全选"复选框，勾选"计算机""信息""自动控制系"复选框，单击"确定"按钮，如图 4.15 所示。

| | A | B | C | D | E | F |
|---|---|---|---|---|---|---|
| 1 | 系别 | 学号 | 姓名 | 考试成绩 | 实验成绩 | 总成绩 |
| 2 | 信息 | 991021 | 李新 | 74 | 16 | 90 |
| 3 | 计算机 | 992032 | 王文辉 | 87 | 17 | 104 |
| 4 | 自动控制 | 993023 | 张磊 | 65 | 19 | 84 |
| 5 | 经济 | 995034 | 郝心怡 | 86 | 17 | 103 |
| 6 | 信息 | 991076 | 王力 | 91 | 15 | 106 |
| 7 | 数学 | 994056 | 孙英 | 77 | 14 | 91 |
| 8 | 自动控制 | 993021 | 张在旭 | 60 | 14 | 74 |
| 9 | 计算机 | 992089 | 金翔 | 73 | 18 | 91 |
| 10 | 计算机 | 992005 | 扬海东 | 90 | 19 | 109 |
| 11 | 自动控制 | 993082 | 黄立 | 85 | 20 | 105 |
| 12 | 信息 | 991062 | 王春晓 | 78 | 17 | 95 |
| 13 | 经济 | 995022 | 陈松 | 69 | 12 | 81 |
| 14 | 数学 | 994034 | 姚林 | 89 | 15 | 104 |
| 15 | 信息 | 991025 | 张雨涵 | 62 | 17 | 79 |
| 16 | 自动控制 | 993026 | 钱民 | 66 | 16 | 82 |
| 17 | 数学 | 994086 | 高晓东 | 78 | 15 | 93 |
| 18 | 经济 | 995014 | 张平 | 80 | 18 | 98 |
| 19 | 自动控制 | 993053 | 李英 | 93 | 19 | 112 |
| 20 | 数学 | 994027 | 黄红 | 68 | 20 | 88 |

图 4.14　进入"自动筛选"　　　　　　　　图 4.15　按条件筛选

步骤 3：单击 F1 单元格中的下三角按钮，在弹出的下拉列表中选择"数字筛选"下的"自定义筛选"，如图 4.16 所示。

图 4.16　自定义筛选

弹出"自定义自动筛选方式"对话框后，在"显示行"下，设置"总成绩"大于或等于 80，单击"确定"按钮，如图 4.17 所示。

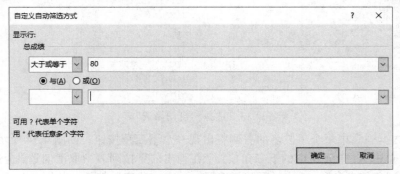

图 4.17　"自定义自动筛选方式"对话框

步骤 4: 保存 EXC.XLSX 工作簿。最终结果如图 4.18 所示。

| | A | B | C | D | E | F |
|---|---|---|---|---|---|---|
| 1 | 系别 | 学号 | 姓名 | 考试成绩 | 实验成绩 | 总成绩 |
| 2 | 信息 | 991021 | 李新 | 74 | 16 | 90 |
| 3 | 计算机 | 992032 | 王文辉 | 87 | 17 | 104 |
| 4 | 自动控制 | 993023 | 张磊 | 65 | 19 | 84 |
| 6 | 信息 | 991076 | 王力 | 91 | 15 | 106 |
| 9 | 计算机 | 992089 | 金翔 | 73 | 18 | 91 |
| 10 | 计算机 | 992005 | 扬海东 | 90 | 19 | 109 |
| 11 | 自动控制 | 993082 | 黄立 | 85 | 20 | 105 |
| 12 | 信息 | 991062 | 王春晓 | 78 | 17 | 95 |
| 16 | 自动控制 | 993026 | 钱民 | 66 | 16 | 82 |
| 19 | 自动控制 | 993053 | 李英 | 93 | 19 | 112 |

图 4.18 "自动筛选"结果

【例 4.3】打开工作簿文件 EXC.XLSX,对工作表"产品销售情况表"内数据清单的内容按主要关键字"分公司"的降序次序和次要关键字"季度"的升序次序进行排序,对排序后的数据进行高级筛选(在数据清单前插入四行,条件区域设在 A1: G3 单元格区域,请在对应字段列内输入条件,条件为:产品名称为"空调"或"电视"且销售额排名在前 20 名,工作表名不变,保存 EXC.XLSX 工作簿。

【解题步骤】

步骤 1: 打开 EXC.XLSX 文件,单击数据区域任意一个单元格,在"数据"选项卡的"排序和筛选"选项组中,单击"排序"按钮,弹出"排序"对话框,设置"主要关键字"为"分公司";设置"次序"为"降序";单击"添加条件"按钮,设置"次要关键字"为"季度",设置"次序"为"升序",单击"确定"按钮,如图 4.19 所示。

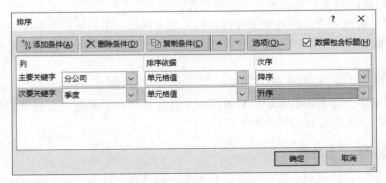

图 4.19 排序

步骤 2: 选中第一行,右击,在弹出的快捷菜单中选择"插入",反复此操作三次即可在数据清单前插入四行。选中单元格区域 A5: G5,按【Ctrl+C】键,单击单元格 A1,按【Ctrl+V】键;在 D2 单元格中输入"空调",在 D3 单元格中输入"电视",在 G2 和 G3 单元格中分别输入"<=20",如图 4.20 所示。

| | A | B | C | D | E | F | G |
|---|---|---|---|---|---|---|---|
| 1 | 季度 | 分公司 | 产品类别 | 产品名称 | 销售数量 | 销售额(万元) | 销售额排名 |
| 2 | | | | 空调 | | | <=20 |
| 3 | | | | 电视 | | | <=20 |
| 4 | | | | | | | |

图 4.20 高级筛选

步骤 3：在"数据"选项卡的"排序和筛选"选项组中单击"高级"按钮，弹出"高级筛选"对话框，在"列表区域"中输入"$A$5：$G$41"，在"条件区域"中输入"$A$1：$G$3"，单击"确定"按钮，如图 4.21 所示。

步骤 4：保存 EXC.XLSX 工作簿，最终结果如图 4.22 所示。

图 4.21　"高级筛选"对话框

| | A | B | C | D | E | F | G |
|---|---|---|---|---|---|---|---|
| 1 | 季度 | 分公司 | 产品类别 | 产品名称 | 销售数量 | 销售额（万元） | 销售额排名 |
| 2 | | | | 空调 | | | <=20 |
| 3 | | | | 电视 | | | <=20 |
| 4 | | | | | | | |
| 5 | 季度 | 分公司 | 产品类别 | 产品名称 | 销售数量 | 销售额（万元） | 销售额排名 |
| 13 | 2 | 西部1 | D-1 | 电视 | 42 | 18.73 | 12 |
| 14 | 3 | 西部1 | D-1 | 电视 | 78 | 34.79 | 2 |
| 18 | 1 | 南部2 | K-1 | 空调 | 54 | 19.12 | 11 |
| 19 | 2 | 南部2 | K-1 | 空调 | 63 | 22.30 | 7 |
| 20 | 3 | 南部2 | K-1 | 空调 | 86 | 30.44 | 4 |
| 21 | 1 | 南部2 | D-1 | 电视 | 64 | 17.60 | 17 |
| 28 | 2 | 东部2 | K-1 | 空调 | 79 | 27.97 | 6 |
| 29 | 3 | 东部2 | K-1 | 空调 | 45 | 15.93 | 20 |
| 30 | 1 | 东部2 | D-1 | 电视 | 67 | 18.43 | 14 |
| 32 | 3 | 东部2 | D-1 | 电视 | 66 | 18.15 | 16 |
| 39 | 1 | 北部1 | D-1 | 电视 | 86 | 38.36 | 1 |
| 40 | 2 | 北部1 | D-1 | 电视 | 73 | 32.56 | 3 |
| 41 | 3 | 北部1 | D-1 | 电视 | 64 | 28.54 | 5 |

图 4.22　完成"高级筛选"设置

## 4.3.10　分类汇总

在数据管理过程中，有时需要进行数据统计汇总工作，以便用户进行决策判断。这时可以使用 Excel 提供的分类汇总功能完成这项工作。

汇总是指对数据库中的某列数据进行求和、求平均值、求最大值、最小值等计算。分类汇总是指根据数据库中的某一列数据将所有记录分类，然后对每一类记录进行分类汇总。

### 1.　创建分类汇总

在数据清单中，应先按汇总字段对数据清单进行排序。对数据进行分类汇总时，可分为两种情况：简单分类汇总和多级分类汇总。

### 2.　显示或隐藏汇总数据

在显示分类汇总结果的同时，分类汇总表的左侧将自动显示一些分级显示的按钮，使用这些分级显示按钮可以控制数据的显示。

例如，单击各个汇总前面的 2 级"折叠细节"按钮 ，即可隐藏各分公司中各条记录的详细内容。此时再单击"北部 1 汇总"前面的 2 级"展开细节"按钮，即可显示北部 1 中各条记录的详细内容，如图 4.23 所示。

### 3.　清除分类汇总

在 Excel 2016 中，可以清除创建好的分类汇总，而不影响数据清单中的数据记录。在含有分类汇总的数据清单中选择任意单元格，单击"数据"选项卡的"分级显示"选项组中的"分类汇总"按钮，在打开的"分类汇总"对话框中单击"全部删除"按钮，即可删除分类汇总。

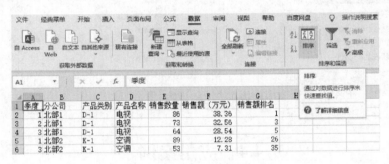

图 4.23　显示或隐藏汇总数据

【例 4.4】打开工作簿文件 EXC.XLSX，对工作表"产品销售情况表"内数据清单的内容按主要关键字"分公司"的降序次序和次要关键字"产品名称"的降序次序进行排序，完成对各分公司销售额总和的分类汇总，汇总结果显示在数据下方，工作表名称不变，保存EXC.XLSX 工作簿。

【解题步骤】

步骤 1：打开 EXC.XLSX 文件，单击数据区域任意一个单元格，在"数据"选项卡的"排序和筛选"选项组中，单击"排序"按钮，如图 4.24 所示。

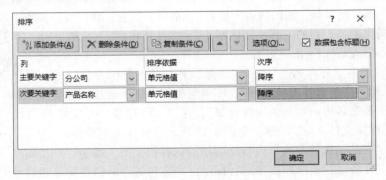

图 4.24　进入"排序"

弹出"排序"对话框后，设置"主要关键字"为"分公司"，设置"次序"为"降序"；单击"添加条件"按钮，设置"次要关键字"为"产品名称"，设置"次序"为"降序"，单击"确定"按钮，如图 4.25 所示。

图 4.25　"排序"对话框

步骤 2：在"数据"选项卡的"分级显示"选项组中，单击"分类汇总"按钮，弹出"分类汇总"对话框，设置"分类字段"为"分公司"，"汇总方式"为"求和"，勾选"选定汇总项"中的"销售额（万元）"复选框，再勾选"汇总结果显示在数据下方"复选框，单击"确定"按钮，如图 4.26 所示。

步骤 3：保存 EXC.XLSX 工作簿，最终结果如图 4.27 所示。

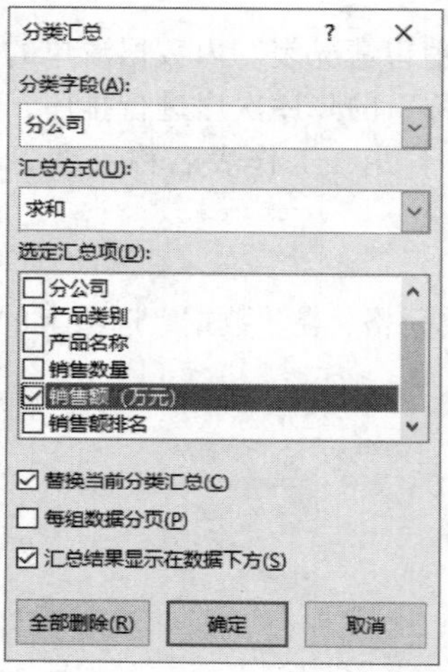

图 4.26　"分类汇总"对话框

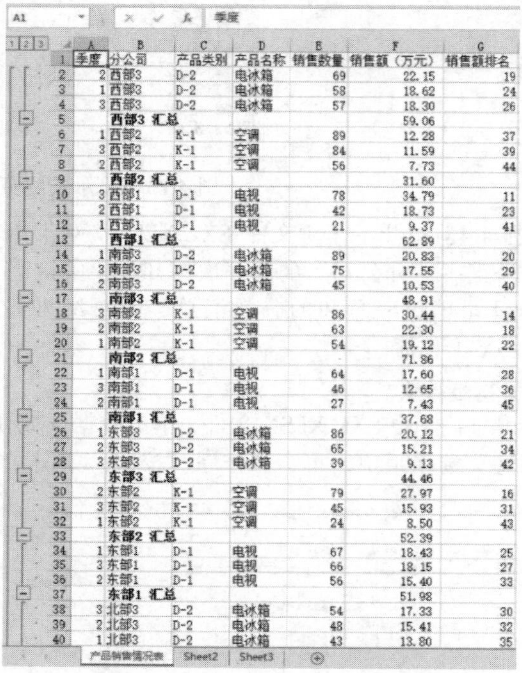

图 4.27　完成"分类汇总"

# 4.4　应用案例

## 一、操作要求

1. 打开 EXCEL.XLSX 文件，如图 4.28 所示，完成下列操作。

（1）将 Sheet1 工作表中的 A1：G1 单元格合并为一个单元格，内容水平居中；计算"上月销售额"和"本月销售额"列的内容（销售额=单价×数量，数值型，保留小数点后 0 位）；计算"销售额同比增长"列的内容（同比增长=（本月销售额−上月销售额）/本月销售额，百分比型，保留小数点后 1 位）。

（2）选取"产品型号"列、"上月销售量"列和"本月销售量"列内容，建立"簇状柱形图"，图表标题为"销售情况统计图"，图例置底部；将图表插入到表的 A14：E27 单元格区域内，将工作表命名为"销售情况统计表"，保存 EXCEL.XLSX 文件。

2. 打开工作簿文件 EXC.XLSX，如图 4.29 所示，完成下列操作。

对工作表"产品销售情况表"内数据清单的内容按主要关键字"产品名称"的降序次序和次要关键字"分公司"的降序次序进行排序，完成对各产品销售额总和的分类汇总，汇总结果显示在数据下方，工作表名不变，保存 EXC.XLSX 工作簿。

| A | B | C | D | E | F | G |
|---|---|---|---|---|---|---|
| 产品销售情况统计表 | | | | | | |
| 产品型号 | 单价（元） | 上月销售量 | 上月销售额(万元) | 本月销售量 | 本月销售额（万元） | 销售额同比增长 |
| P-1 | 654 | 123 | | 156 | | |
| P-2 | 1652 | 84 | | 93 | | |
| P-3 | 1879 | 145 | | 178 | | |
| P-4 | 2341 | 66 | | 131 | | |
| P-5 | 780 | 101 | | 121 | | |
| P-6 | 394 | 79 | | 97 | | |
| P-7 | 391 | 105 | | 178 | | |
| P-8 | 289 | 86 | | 156 | | |
| P-9 | 282 | 91 | | 129 | | |
| P-10 | 196 | 167 | | 178 | | |

图 4.28　EXCEL.XLSX 文件

| 季度 | 分公司 | 产品类别 | 产品名称 | 销售数量 | 销售额（万元） | 销售额排名 |
|---|---|---|---|---|---|---|
| 1 | 西部2 | K-1 | 空调 | 89 | 12.28 | 26 |
| 1 | 南部3 | D-2 | 电冰箱 | 89 | 20.83 | 9 |
| 1 | 北部2 | K-1 | 空调 | 89 | 12.28 | 26 |
| 1 | 东部3 | D-2 | 电冰箱 | 86 | 20.12 | 10 |
| 1 | 北部1 | D-1 | 电视 | 86 | 38.36 | 1 |
| 3 | 南部2 | K-1 | 空调 | 86 | 30.44 | 4 |
| 1 | 西部2 | K-1 | 空调 | 84 | 11.59 | 28 |
| 2 | 东部2 | K-1 | 空调 | 79 | 27.97 | 6 |
| 1 | 西部1 | D-1 | 电视 | 78 | 34.79 | 2 |
| 3 | 南部3 | D-2 | 电冰箱 | 75 | 17.55 | 18 |
| 2 | 北部1 | D-1 | 电视 | 73 | 32.56 | 3 |
| 2 | 西部3 | D-2 | 电冰箱 | 69 | 22.15 | 8 |
| 1 | 东部3 | D-1 | 电视 | 67 | 18.43 | 14 |
| 3 | 东部3 | D-1 | 电视 | 66 | 18.15 | 16 |
| 2 | 东部3 | D-2 | 电冰箱 | 65 | 15.21 | 23 |
| 1 | 南部1 | D-1 | 电视 | 64 | 17.60 | 17 |
| 3 | 北部1 | D-1 | 电视 | 64 | 28.54 | 5 |
| 2 | 南部2 | K-1 | 空调 | 63 | 22.30 | 7 |
| 1 | 西部3 | D-2 | 电冰箱 | 58 | 18.62 | 13 |
| 3 | 西部3 | D-2 | 电冰箱 | 57 | 18.30 | 15 |
| 2 | 东部1 | D-1 | 电视 | 56 | 15.40 | 22 |
| 2 | 西部2 | K-1 | 空调 | 56 | 7.73 | 33 |
| 1 | 南部2 | K-1 | 空调 | 54 | 19.12 | 11 |
| 3 | 北部3 | D-2 | 电冰箱 | 54 | 17.33 | 19 |
| 2 | 北部2 | K-1 | 空调 | 53 | 7.31 | 35 |
| 2 | 北部3 | D-2 | 电冰箱 | 48 | 15.41 | 21 |
| 3 | 南部1 | D-1 | 电视 | 46 | 12.65 | 25 |
| 2 | 南部3 | D-2 | 电冰箱 | 45 | 10.53 | 29 |
| 3 | 东部2 | K-1 | 空调 | 45 | 15.93 | 20 |
| 1 | 北部3 | D-2 | 电冰箱 | 44 | 13.80 | 24 |
| 2 | 西部1 | D-1 | 电视 | 42 | 18.73 | 12 |

图 4.29　EXC.XLSX 文件

## 二、操作步骤

### 1.（1）解题步骤

步骤 1：打开 EXCEL.XLSX 文件，选中 Sheet1 工作表的 A1：G1 单元格，在"开始"选项卡的"对齐方式"选项组中，单击"合并后居中"下三角按钮，在弹出的下拉列表中选择"合并后居中"选项，如图 4.30 所示。

图 4.30　合并后居中

步骤 2：在 D3 单元格中输入"=B3*C3"后按【Enter】键；选中 D3 单元格，将鼠标指针移动到该单元格右下角的填充柄上，当鼠标变为黑十字"+"时，按住鼠标左键，拖动单元格填充柄到要填充的单元格中，如图 4.31 所示。

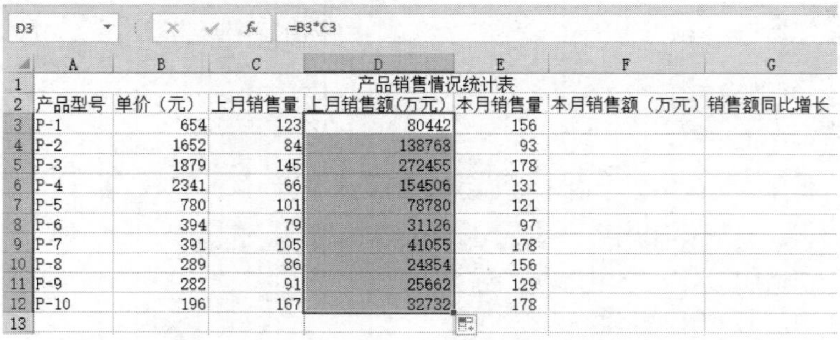

98

图 4.31　利用公式计算"上月销售额"

步骤 3：选中单元格区域 D3：D12，右击，在弹出的菜单中选择"设置单元格格式"命令，弹出"设置单元格格式"对话框，在"数字"标签下的"分类"组中选择"数值"，在"小数位数"微调框中调整小数位数为"0"，单击"确定"按钮，如图 4.32 所示。

图 4.32　设置单元格格式对话框"数字"选项

步骤 4：按上述同样的方法计算"本月销售额"并设置单元格格式，如图 4.33 所示。

图 4.33　利用公式计算"本月销售额"

步骤 5：选中单元格区域 G3：G12，右击，从弹出的下拉列表中选择"设置单元格格式"命令，弹出"设置单元格格式"对话框，在"数字"选项卡的"分类"选项组中选择"百分比"，在"小数位数"微调框中调整小数位数为"1"，单击"确定"按钮，如图 4.34 所示。

图 4.34　设置"销售额同比增长"数据格式

步骤 6：在 G3 单元格中输入"=(F3-D3)/F3"后按【Enter】键，选中 G3 单元格，将鼠标指针移动到该单元格右下角的填充柄上，当鼠标变为黑十字"+"时，按住鼠标左键，拖动单元格填充柄到要填充的单元格中，如图 4.35 所示。

| | A | B | C | D | E | F | G | H |
|---|---|---|---|---|---|---|---|---|
| 1 | | | | 产品销售情况统计表 | | | | |
| 2 | 产品型号 | 单价（元） | 上月销售量 | 上月销售额（万元） | 本月销售量 | 本月销售额（万元） | 销售额同比增长 | |
| 3 | P-1 | 654 | 123 | 80442 | 156 | 102024 | 21.2% | |
| 4 | P-2 | 1652 | 84 | 138768 | 93 | 153636 | 9.7% | |
| 5 | P-3 | 1879 | 145 | 272455 | 178 | 334462 | 18.5% | |
| 6 | P-4 | 2341 | 66 | 154506 | 131 | 306671 | 49.6% | |
| 7 | P-5 | 780 | 101 | 78780 | 121 | 94380 | 16.5% | |
| 8 | P-6 | 394 | 79 | 31126 | 97 | 38218 | 18.6% | |
| 9 | P-7 | 391 | 105 | 41055 | 178 | 69598 | 41.0% | |
| 10 | P-8 | 289 | 86 | 24854 | 156 | 45084 | 44.9% | |
| 11 | P-9 | 282 | 91 | 25662 | 129 | 36378 | 29.5% | |
| 12 | P-10 | 196 | 167 | 32732 | 178 | 34888 | 6.2% | |
| 13 | | | | | | | | |

图 4.35　利用公式计算"销售额同比增长"

（2）解题步骤

步骤 1：按住【Ctrl】键的同时选中单元格区域 A2：A12，C2：C12，E2：E12，如图 4.36 所示。

步骤 2：在"插入"选项卡的"图表"选项组中，单击"柱形图"按钮，在弹出的列表中选择"簇状柱形图"，如图 4.37 所示。

图 4.36　选择不连续的列

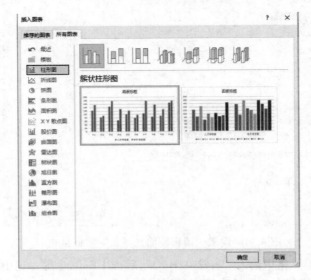

图 4.37　插入图表

步骤 3：在"图表设计"→"图表布局"选项组中，单击"添加图表元素"→"图表标题"选项，在弹出的下拉列表中选择"居中覆盖"，把图表标题命名为"销售情况统计图"，如图 4.38 所示。

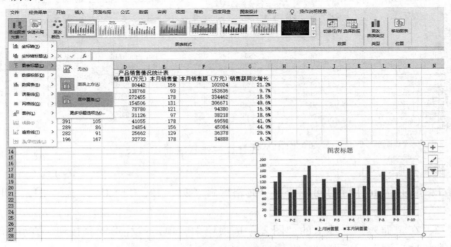

图 4.38　建立图表

步骤 4：在"图表设计"→"图表布局"选项组中，单击"添加图表元素"→"图例"命令，在弹出的下拉列表中选择"底部"，如图 4.39 所示。

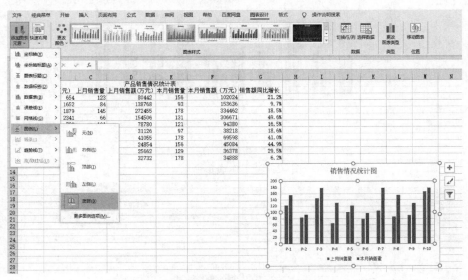

图 4.39　在底部显示图例

步骤 5：拖动图表，使左上角在 A14 单元格，调整图表区大小使其在 A14：E27 单元格区域内，如图 4.40 所示。

图 4.40　移动图表

步骤 6：双击 Sheet1 工作表重命名为"销售情况统计表"，如图 4.41 所示。

步骤 7：单击快速访问工具栏中的"保存"按钮，保存 EXCEL.XLSX 工作簿，最终结果如图 4.42 所示。

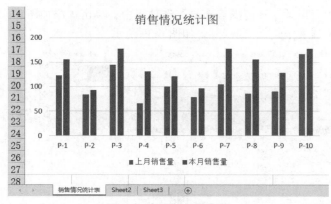

图 4.41　工作表重命名

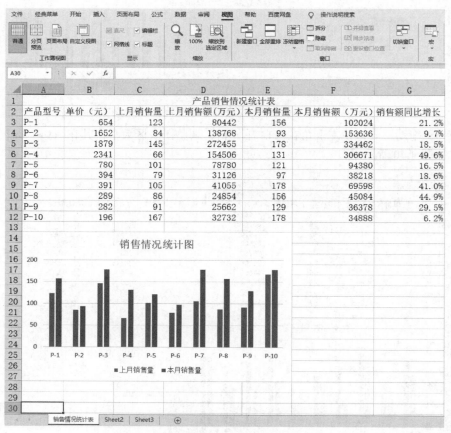

图 4.42　最终结果

**2．解题步骤**

步骤 1：打开 EXC.XLSX 文件，将光标置于数据区，在"数据"选项卡的"排序和筛选"选项组中，单击"排序"按钮，弹出"排序"对话框，设置"主要关键字"为"产品名称"，设置"次序"为"降序"；单击"添加条件"按钮，设置"次要关键字"为"分公司"，设置"次序"为"降序"，单击"确定"按钮，如图 4.43 所示。

图 4.43　排序

步骤 2：在"数据"选项卡的"分级显示"选项组中，单击"分类汇总"按钮，弹出"分类汇总"对话框，设置"分类字段"为"产品名称"，"汇总方式"为"求和"，勾选"选定汇总项"中的"销售额（万元）"复选框，再勾选"汇总结果显示在数据下方"复选框，单击"确定"按钮，如图 4.44 所示。

步骤 3：单击快速访问工具栏中的"保存"按钮，保存 EXC.XLSX 工作簿，最终结果如图 4.45 所示。

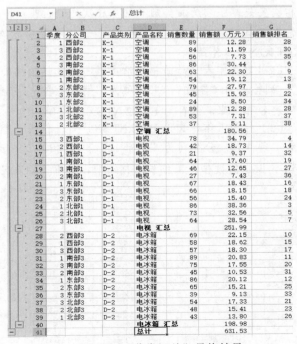

图 4.44　分类汇总　　　　　图 4.45　"分类汇总"最终结果

# 本 章 小 结

本章主要介绍了 Excel 2016 电子表格的基本操作，通过应用案例使学生掌握表格处理软件方面的相关技能。

## 随堂练习题 4

1. 打开下列工作簿文件 EXCEL.XLSX，完成以下操作。

（1）将 Sheet1 工作表的 A1：D1 单元格合并为一个单元格，内容水平居中。

（2）计算"分配回县/考取比率"列内容（分配回县/考取比率＝分配回县人数/考取人数，百分比，保留小数点后两位）。

（3）使用条件格式将"分配回县/考取比率"列内大于或等于 50% 的值设置为红色、加粗。

（4）选取"时间"和"分配回县/考取比率"两列数据，建立"带平滑线和数据标记的散点图"图表，设置图表样式为"样式 4"，图例位置靠上，图表标题为"分配回县/考取散点图"。

（5）将图表插入到表的 A12：D27 单元格区域内，将工作表命名为"回县比率表"。

| | A | B | C | D |
|---|---|---|---|---|
| 1 | 某县大学升学和分配情况表 | | | |
| 2 | 时间 | 考取人数 | 分配回县人数 | 分配回县/考取比率 |
| 3 | 2004 | 232 | 152 | |
| 4 | 2005 | 353 | 162 | |
| 5 | 2006 | 450 | 239 | |
| 6 | 2007 | 586 | 257 | |
| 7 | 2008 | 705 | 280 | |
| 8 | 2009 | 608 | 310 | |
| 9 | 2010 | 769 | 321 | |
| 10 | 2011 | 776 | 365 | |

2. 打开下列工作簿文件 EXC.XLSX，分别完成以下操作。

（1）对工作表"产品销售情况表"内数据清单的内容按主要关键字"分公司"的升序次序和次要关键字"产品类别"的降序次序进行排序，完成对各分公司销售量平均值的分类汇总，各平均值保留小数点后 0 位，汇总结果显示在数据下方，工作表名称不变，保存为 EXC1.XLSX 工作簿。

（2）对工作表"产品销售情况表"内数据清单的内容建立数据透视表，行标签为"分公司"，列标签为"季度"，求和项为"销售数量"，并置于现工作表的 I8：M22 单元格区域，工作表名称不变，保存为 EXC2.XLSX 工作簿。

（3）打开工作簿文件 EXC.XLSX，对工作表"产品销售情况表"内数据清单的内容建立筛选，条件是：分公司为"西部 1"和"南部 2"，产品为"空调"和"电视"，销售额均在 10 万元以上的数据，工作表名称不变，保存 EXC3.XLSX 工作簿。

| | A | B | C | D | E | F | G |
|---|---|---|---|---|---|---|---|
| 1 | 季度 | 分公司 | 产品类别 | 产品名称 | 销售数量 | 销售额（万元） | 销售额排名 |
| 2 | 1 | 西部2 | K-1 | 空调 | 89 | 12.28 | 26 |
| 3 | 1 | 南部3 | D-2 | 电冰箱 | 89 | 20.83 | 9 |
| 4 | 1 | 北部3 | K-1 | 空调 | 89 | 12.28 | 26 |
| 5 | 1 | 东部3 | D-2 | 电冰箱 | 86 | 20.12 | 10 |
| 6 | 1 | 北部1 | D-1 | 电视 | 86 | 38.36 | 1 |
| 7 | 3 | 南部2 | K-1 | 空调 | 86 | 30.44 | 4 |
| 8 | 3 | 西部2 | K-1 | 空调 | 84 | 11.59 | 28 |
| 9 | 2 | 东部2 | K-1 | 空调 | 79 | 27.97 | 6 |
| 10 | 3 | 西部1 | D-1 | 电视 | 78 | 34.79 | 2 |
| 11 | 3 | 南部3 | D-2 | 电冰箱 | 75 | 17.55 | 18 |
| 12 | 1 | 北部1 | D-1 | 电视 | 73 | 32.56 | 3 |
| 13 | 2 | 西部3 | D-2 | 电冰箱 | 69 | 22.15 | 8 |
| 14 | 1 | 东部1 | D-1 | 电视 | 67 | 18.43 | 14 |
| 15 | 3 | 东部1 | D-1 | 电视 | 66 | 18.15 | 16 |
| 16 | 2 | 东部3 | D-2 | 电冰箱 | 65 | 15.21 | 23 |
| 17 | 1 | 南部1 | D-2 | 电冰箱 | 64 | 17.60 | 17 |
| 18 | 3 | 北部1 | D-1 | 电视 | 64 | 28.54 | 5 |
| 19 | 2 | 南部2 | K-1 | 空调 | 63 | 22.30 | 7 |
| 20 | 1 | 西部3 | D-2 | 电冰箱 | 58 | 18.62 | 13 |
| 21 | 3 | 南部3 | D-2 | 电冰箱 | 57 | 18.30 | 15 |
| 22 | 2 | 东部1 | D-1 | 电视 | 56 | 15.40 | 22 |
| 23 | 2 | 东部2 | K-1 | 空调 | 56 | 7.73 | 33 |
| 24 | 1 | 南部2 | D-2 | 电冰箱 | 54 | 15.41 | 11 |
| 25 | 3 | 北部3 | D-2 | 电冰箱 | 54 | 17.33 | 19 |
| 26 | 3 | 北部2 | K-1 | 空调 | 54 | 7.31 | 35 |
| 27 | 2 | 北部3 | D-2 | 电冰箱 | 48 | 15.41 | 21 |
| 28 | 3 | 南部3 | D-1 | 电视 | 46 | 12.65 | 29 |
| 29 | 3 | 南部3 | D-2 | 电冰箱 | 46 | 10.53 | 29 |
| 30 | 3 | 东部2 | K-1 | 空调 | 45 | 15.93 | 20 |
| 31 | 1 | 北部1 | D-2 | 电冰箱 | 43 | 13.80 | 24 |
| 32 | 2 | 西部1 | D-1 | 电视 | 42 | 18.73 | 12 |

3. 打开下列工作簿文件 EXCEL.XLSX，完成以下操作。

（1）将 Sheet1 工作表的 A1∶G1 单元格合并为一个单元格，内容水平居中。

（2）根据提供的工资浮动率计算工资的浮动额，再计算浮动后工资。

（3）为"备注"列添加信息，如果员工的浮动额大于 800 元，在对应的备注列内填入"激励"，否则填入"努力"（利用 IF 函数）。

（4）设置"备注"列的单元格样式为"40%-强调文字颜色 2"。

（5）选取"职工号""原来工资"和"浮动后工资"列的内容，建立"堆积面积图"，设置图表样式为"样式 28"，图例位于底部，图表标题为"工资对比图"，位于图的上方。

（6）将图插入到表的 A14∶G33 单元格区域内，将工作表命名为"工资对比表"。

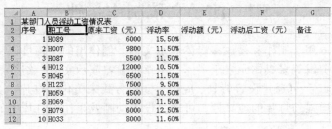

**→ PowerPoint 2016 演示文稿制作**

## 5.1 演示文稿制作基础

PowerPoint 2016 用于制作和播放多媒体演示文稿，创作出的文稿可以集文字、图形、图像、声音以及视频剪辑等多媒体元素于一体。本章将学习演示文稿、幻灯片的基本操作。完成幻灯片内容的编辑后,可通过设置背景、应用主题等方式来美化幻灯片，以达到赏心悦目的效果。此外，为了增强幻灯片的趣味性，可通过设置动画效果让幻灯片中的各种对象呈现动态演示效果。

### 1. PowerPoint 2016 的视图模式

视图是 PowerPoint 文档在计算机屏幕中的显示方式,PowerPoint 2016 包括五种显示方式，分别是普通视图、幻灯片浏览视图、备注页视图、阅读视图和大纲视图。选择"视图"选项卡，在"演示文稿视图"选项组中可以选择视图显示方式。

（1）普通视图

普通视图是 PowerPoint 文档的默认视图，是主要的编辑视图，可以用于撰写或设计演示文稿。在该视图中，左窗格中包含"大纲"和"幻灯片"两个标签，并在下方显示备注窗格，状态栏显示了当前演示文稿的总页数和当前显示的页数，用户可以使用垂直滚动条上的"上一张幻灯片"和"下一张幻灯片"在幻灯片之间切换。

（2）幻灯片浏览视图

幻灯片浏览视图可以显示演示文稿中的所有幻灯片的缩图、完整的文本和图片。在该视图中，可以调整演示文稿的整体显示效果，也可以对演示文稿中的多个幻灯片进行调整，主要包括添加幻灯片的背景和配色方案，添加或删除幻灯片，复制幻灯片，以及排列幻灯片。但是在该视图中不能编辑幻灯片中的具体内容。

（3）备注页视图

如果需要以整页格式查看和使用备注，可以使用备注页视图。在这种视图下，一页幻灯片将被分成两部分，其中上半部分用于展示幻灯片的内容，下半部分则是用于建立备注。

（4）阅读视图

阅读视图可以将演示文稿作为适应窗口大小的幻灯片放映查看,单击页面,即可翻到下一页。

（5）大纲视图

在 PowerPoint 2013 和更高版本中，无法再从"普通"视图访问"大纲"视图。

### 2. 演示文稿的基本操作

在 PowerPoint 2016 中，创建的幻灯片都保存在演示文稿中。因此，首先应该了解和熟悉演示文稿的基本操作，包括演示文稿的新建、保存、打开和关闭等。

（1）新建演示文稿

在制作演示文稿之前，首先需要创建一个新的演示文稿。新建演示文稿主要有以下几种方式：

①启动 PowerPoint 2016 后，软件将出现开始欢迎界面，如图 5.1 所示，单击"新建"下的"空白演示文稿"。

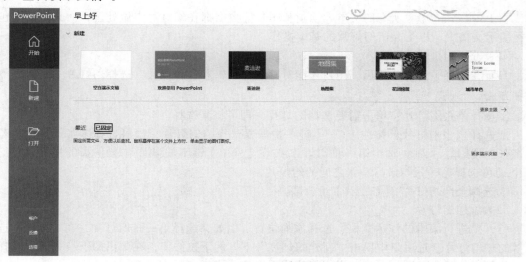

图 5.1　PowerPoint 2016 开始界面

②选择"文件"选项卡，在窗口左侧选择"新建"命令，然后单击"空白演示文稿"按钮。

③打开文件夹，在空白处右击，在弹出的菜单中选择"新建"命令，然后在其子菜单中选择"Microsoft Office PowerPoint 演示文稿"命令，即可新建一个演示文稿。

（2）保存演示文稿

在制作演示文稿的过程中，需要一边制作一边进行保存，这样可以避免因为意外情况而丢失正在制作的文稿，主要包括以下三种保存方法。

①保存新建的演示文稿。

②保存已有的演示文稿。

③另存为演示文稿。

（3）打开演示文稿

对于已经存在并编辑好的演示文稿，用户在下一次需要查看或者编辑时，需要先打开该演示文稿。打开演示文稿的方法有以下几种：

①启动 PowerPoint 后，选择"文件"选项卡，选择"最近"选项，可以显示最近使用过的文件名称，选择所需的文件即可打开该演示文稿。

②选择"文件"选项卡，再选择"打开"命令，弹出"打开"对话框，选择所需的演示文稿后，单击"打开"按钮即可。

③进入演示文稿所在的文件夹，双击该文件即可打开演示文稿。

（4）关闭演示文稿

当用户不再对演示文稿进行编辑操作时，就需要关闭此演示文稿，以减少所占用的系统内存。关闭演示文稿主要有以下几种方法：

①选择"文件"选项卡，单击左侧的"关闭"命令。

②单击文件窗口右上角的"关闭"按钮。

③按下【Ctrl+F4】组合键。

### 3. 幻灯片的基本操作

在 PowerPoint 中，所有的文本、动画和图片等数据都在幻灯片中做处理，而幻灯片则包含在演示文稿中。以下介绍幻灯片的基本操作。

（1）选择幻灯片

只有在选择了幻灯片之后，用户才能对其进行编辑和各种操作。选择幻灯片主要有以下几种方法。

①选择单张幻灯片：单击需要选择幻灯片，即可将其选择。

②选择多张幻灯片：按住【Ctrl】键单击需要选择的幻灯片，即可选择多张幻灯片。若为多张连续幻灯片，则可选中第一张幻灯片,按住【Shift】键不放,再单击要选择的最后一张幻灯片,即可选择第一张与最后一张之间的幻灯片。

③选择全部幻灯片：【Ctrl+A】组合键。

（2）添加幻灯片

打开要进行编辑的演示文稿，选择添加位置。例如，选择第一张幻灯片，在"开始"选项卡的"幻灯片"选项组中单击"新建幻灯片"下方的下拉按钮，在弹出的下拉列表中选择需要的幻灯片版式，则可在第一张幻灯片后面添加一张指定版式的新幻灯片。

（3）删除幻灯片

在演示文稿编辑中，对于无用的幻灯片，可以将其删除，这样能够减小演示文稿的容量。删除幻灯片的方法有以下几种。

①选择需要删除的幻灯片，直接按下【Delete】键，即可将该幻灯片删除；

②右击需要删除的幻灯片，在弹出的菜单中选择"删除幻灯片"命令，即可删除该幻灯片。

（4）复制幻灯片

①选择需要复制的幻灯片，例如，第一张幻灯片，切换到"开始"选项卡，再单击"剪贴板"选项组中的"复制"按钮进行复制。

②选中目标位置前的幻灯片，例如，第二张幻灯片，再单击"剪贴板"选项组中的"粘贴"按钮。

（5）移动幻灯片

①选择需要移动的幻灯片，例如第三张幻灯片，按住鼠标左键将其向上拖动，到第二张幻灯片顶部。

②到达合适的位置后，释放鼠标左键，则原位置的幻灯片将被移动到新的位置，原本第三张幻灯片变为第二张。

（6）更改幻灯片版式

选中需要更换版式的幻灯片，在"开始"选项卡的"幻灯片"选项组中单击"版式"按钮，在弹出的下拉列表中选择需要的版式即可。

### 4. 编辑幻灯片内容

演示文稿是由多张幻灯片组成的，要想制作出生动的演示文稿，就需要在幻灯片中进行编辑加工。例如，输入文本、插入表格、图片等对象。

（1）输入与编辑文本内容

①输入文本内容。

打开 PowerPoint 2016，将自动新建一个演示文稿，在幻灯片中出现占位符，单击占位符，即可在其中插入闪烁的光标，而文字也随即消失。

在光标处直接输入文字，完成后在占位符外侧单击即可。使用同样的方法在下面的占位符中输入文字。

②编辑文本内容。

输入文本后将其选中，在"开始"选项卡中，通过"字体"选项组可对其设置字体、字号等字符格式，通过"段落"选项组可对其设置对齐方式、项目符号、编号和缩进等格式，其方法和 Word 类似。

（2）插入图形与图像

为了在演示过程中对内容进行更加清晰的介绍，可以通过插入图形或图片的形式，通过图文并茂的方式让观看者对演示内容有更好地了解和更深的记忆。

①插入图片、屏幕截图、相册。

打开需编辑的演示文稿，选中要插入图片的幻灯片，在"插入"选项卡的"图像"选项组中单击"图片"按钮，在"此设备""联机图片"中选择需要的图片，也可以从"屏幕截图""相册"中选择合适的图片，单击"插入"按钮，所需图片插入到幻灯片中，根据需要调整位置和大小即可。

③插入艺术字。

打开需编辑的演示文稿，选中要插入艺术字的幻灯片，单击"插入"选项卡的 "文本"选项组中的"艺术字"按钮，在弹出的对话框中选择需要的艺术字样式，幻灯片中出现一个艺术字文本框,直接在占位符中输入艺术字内容，根据需要调整位置和大小即可。

④插入 SmartArt 图形。

在 PowerPoint 中可以插入 SmartArt 图形，其中包括列表图、流程图、循环图、层次结构图、关系图、矩阵图、棱锥图和图片等。

新建一个幻灯片，单击"插入"选项卡的"插图"选项组中的"SmartArt"按钮，打开"选择 SmartArt 图形"对话框，在对话框左侧可以选择 SmartArt 图形的类型，中间选择该类型中的一种布局方式，右侧则会显示该布局的说明信息。

（3）插入媒体剪辑

一个好的演示文稿除了有文字和图片外，还少不了在其中加入一些多媒体对象。例如视频片段、声音特效等。加入这些内容可以让演示文稿更加生动活泼、丰富多彩。

单击"插入"选项卡的"媒体"选项组，选择"音频""视频"等。

①插入声音。在演示文稿中可以单独插入声音。插入声音同样也分为剪辑管理中的声音和计算机中的声音文件。除此之外，用户在 PowerPoint 中也可以录制声音。

②插入视频。在演示文稿中可以插入影片，让演示文稿更具吸引力。影片主要分为剪辑管理器中的影片和计算机中的影片文件。

# 5.2    美化幻灯片

幻灯片的内容编辑完成后，为了让其更加赏心悦目，可对其进行相应的美化操作。例如，设置背景、应用主题样式等。

### 1. 设置背景样式

打开需要编辑的演示文稿，单击"设计"选项卡，在"自定义"选项组中单击"设置背景格式"按钮，打开"设置背景格式"对话框，在其中可以设置背景样式的填充方式。

### 2. 应用主题

打开需要编辑的演示文稿，单击"设计"选项卡，在"主题"选项组的列表框中选择需要的主题样式。

如果要为某一张幻灯片设置主题，可以选择该张幻灯片，右击选择的主题，在弹出的菜单中选择"应用于选定幻灯片"，这时将只对选定的幻灯片应用指定的主题。应用主题样式后，切换到"幻灯片浏览"视图模式下查看设置后的效果。

### 3. 插入超链接

在放映幻灯片前，可在演示文稿中插入超链接，从而实现放映时从幻灯片中某一位置跳转到其他位置的效果。

（1）添加超链接

①打开需要编辑的演示文稿，在指定幻灯片上选择要添加链接的对象（如文本），单击"插入"选项卡的"链接"组中的"链接"按钮，打开"插入超链接"对话框。

②在对话框的"链接到"栏中选择链接位置，如"本文档中的位置"，选择链接的目标位置，单击"确定"按钮。

③返回幻灯片，可见所选文本的下方出现下画线，且文本颜色发生变化。

④当放映到该幻灯片时，单击该文本可跳转到目标位置。

（2）插入动作按钮

①打开需要编辑的演示文稿，选中要添加动作按钮的幻灯片，单击"插入"选项卡的"链接"组中的"动作"按钮。

②当鼠标指针是黑色十字"+"时，在添加动作按钮的位置按住鼠标左键不放并拖动，绘制动作按钮。

③在"操作设置"对话框中，根据需要选择设置"单击鼠标"和"鼠标悬停"的相关参数。

### 4. 设置动画效果

为了丰富演示文稿的播放效果，用户可以为幻灯片的某些对象设置一些特殊的动画效果，在PowerPoint中可以为文本、形状、声音、图像和图表等对象设置动画效果,使演示文稿变得更加生动。

（1）添加单个动画效果

打开需要编辑的演示文稿，在幻灯片中选择要设置动画的对象，单击"动画"选项卡的"动画"选项组中的"其他"下三角按钮，在其下拉菜单中可以预览动画样式，包括"进入"、"强调"、"退出"和"动作路径"等。选择一种动画效果，如"飞入"效果，单击"预览"按钮，可以预览动画效果。

（2）为同一对象添加多个动画效果

①在幻灯片中选择要设置动画的对象，例如，图片。单击"动画"选项卡的"动画"选项组中的"其他"下三角按钮，在其下拉菜单中可以预览动画样式。选择一种动画效果，如"飞入"效果。

②保持图片的选中状态，在"动画"选项卡的"高级动画"选项组中单击"添加动画"按钮，选择需要添加的第 2 个动画效果。

③保持图片的选中状态，再次单击"添加动画"按钮，选择需要添加的第 3 个动画效果，为选中的对象添加了 3 个动画效果。

（3）编辑动画效果

添加动画效果后，还可对这些效果进行相应的编辑操作。还包括选择动画效果、使用动画刷复制动画效果、调整动画效果的播放顺序和删除动画效果等操作。

### 5. 设置幻灯片切换效果

幻灯片的切换效果是指幻灯片播放过程中，从一张幻灯片切换到另一张幻灯片的时间效果、速度及声音等。对幻灯片设置切换效果后，可丰富放映时的动态效果。

（1）设置切换方式

选中需要设置切换方式的幻灯片，单击"切换"选项卡，在"切换到此幻灯片"选项组的列表框中选择切换方式，例如"擦除"。在"切换到此幻灯片"组中单击"效果选项"按钮，在下拉列表中选择方向，例如"自左侧"。

（2）设置切换声音与持续时间

选中要设置切换声音的幻灯片，单击"切换"选项卡，在"计时"选项组的"声音"下拉列表中设置切换声音，在"持续时间"微调框中设置切换效果的播放时间。

（3）删除切换效果

①删除切换方式：选中要删除切换方式的幻灯片，单击"切换"选项卡，在"切换到此幻灯片"选项组中单击"无"选项即可。

②删除切换声音：选中要删除切换声音的幻灯片，单击"切换"选项卡，在"计时"选项组的"声音"下拉列表中单击"无声音"选项即可。

# 5.3  放映演示文稿

在放映演示文稿前，可以对放映方案进行设置，可以根据不同场合需要选择不同的放映方式，并可通过自定义放映的形式，有选择地放映演示文稿中的部分幻灯片。

### 1. 设置放映方式

在放映演示文稿过程中，演讲者可能会对放映方式有不同的要求，则可以对幻灯片放映进行一些特殊设置。

打开需要设置的演示文稿，单击"幻灯片放映"选项卡的"设置"选项组中的"设置幻灯片放映"按钮，打开"设置放映方式"对话框，在对话框中设置放映类型、放映选项、放映范围和换片方式等参数，单击"确定"按钮。

第 5 章 PowerPoint 2016 演示文稿制作

### 2. 隐藏不放映的幻灯片

选择需要隐藏的幻灯片，单击"幻灯片放映"选项卡的"设置"选项组中的"隐藏幻灯片"按钮即可隐藏该幻灯片。被隐藏的幻灯片在其编号的四周出现一个边框，边框中还有一个斜对角线，表示该幻灯片已经被隐藏，当用户在播放演示文稿时，会自动跳过该张幻灯片而播放下一张幻灯片。

### 3. 开始放映演示文稿

演示文稿编辑完毕，并对放映做好各项设置后，即可开始放映演示文稿。在放映过程中需进行换页等各种控制，并可将鼠标用作绘图笔进行标注。

（1）选择幻灯片放映

当设置好幻灯片的放映方式后，就可以开始放映幻灯片了。以下三种放映方式可以选择。

①单击"幻灯片放映"选项卡的"开始放映幻灯片"选项组中的"从头开始"按钮，即可从第一张开始放映幻灯片。

②单击"幻灯片放映"选项卡的"开始放映幻灯片"选项组中的"从当前幻灯片开始"按钮，即可从当前选择的幻灯片开始放映。

③单击"幻灯片放映"选项卡的"开始放映幻灯片"选项组中的"自定义幻灯片放映"按钮，即可自定义幻灯片放映。

● 单击"自定义放映"命令；
● 打开"自定义放映"对话框，单击"新建"按钮；
● 打开"定义自定义放映"对话框，可以设置幻灯片放映名称，然后在左侧列表框中选择要添加到自定义放映中的幻灯片，单击"添加"按钮，设置好后单击"确定"按钮；
● 返回到"自定义放映"对话框中，可以看到刚才设置的自定义放映名称；
● 单击"放映"按钮可以直接放映自定义设置的幻灯片；
● 单击"关闭"按钮可以返回编辑窗口。

（2）控制放映过程

①打开需要播放的演示文稿，单击"幻灯片放映"选项卡的"开始放映幻灯片"选项组中的"从头开始"按钮，将开始播放幻灯片。

②在幻灯片的任意区域右击，在弹出的菜单中选择"上一张"或"下一张"命令，可以播放上一张或下一张幻灯片。

③选择"定位至幻灯片"命令，在弹出的子菜单中可以选择要播放的幻灯片。

④选择"暂停"命令可以停止播放，暂停播放后选择"继续"命令可以继续播放幻灯片。

（3）在放映时添加标注

在幻灯片放映过程中，右击，在弹出的菜单中选择"指针选项"命令，在其子菜单中可以选择添加墨迹注释的笔形，再选择"墨迹颜色"命令，在其子菜单中选择一种颜色，设置好后，按住鼠标左键在幻灯片中拖动，即可书写或绘图。

### 4. 演示者视图放映

在放映带有演讲者备注的演示文稿时，可使用演示者视图进行放映，演示者可在一台计算机上查看带有演讲者备注的演示文稿，而观众可在其他监视器上观看不到带备注的演示文稿。

### 5. 创建自动运行的演示文稿

在放映演示文稿的过程中，如果没有时间控制播放流程，可对幻灯片设置放映时间或旁白，从而创建自动运行的演示文稿。

（1）设置幻灯片放映时间

①手动设置。

在演示文稿中选中要设置放映时间的某张幻灯片，在"切换"选项卡的"计时"选项组中的"换片方式"栏中勾选"设置自动换片时间"复选框，在右侧的微调框中设置当前幻灯片的播放时间，用相同的方法，对其他幻灯片设置相应的放映时间即可。

②排练计时。

单击"幻灯片放映"选项卡的"设置"选项组中的"排练计时"按钮，将会自动进入放映排练状态，其右上角将显示"录制"工具栏，在该工具栏中可以显示预演时间。

在放映屏幕中单击，可以排练下一个动画效果或下一张幻灯片出现的时间，鼠标停留的时间就是下一张幻灯片显示的时间。排练结束后将显示提示对话框，询问是否保留排练的时间。单击"是"按钮确认后，此时会在幻灯片浏览视图中每张幻灯片的左下角显示该幻灯片的放映时间。

（2）录制幻灯片演示

①选择需要录制旁白的幻灯片，单击"幻灯片放映"选项卡的"设置"选项组中的"录制"下三角按钮，在弹出的菜单中可以选择"从头开始"还是"从当前幻灯片开始"录制。

②选择"从当前幻灯片开始"命令，弹出"录制幻灯片演示"对话框，选择"旁白、墨迹和激光笔"复选框。

③单击"开始录制"按钮，进入幻灯片放映状态，开始录制旁白，使用鼠标在幻灯片中单击以切换到下一张幻灯片，按下【Esc】键将停止录制旁白，回到 PowerPoint 窗口中，录制的幻灯片右下方会出现一个声音图标。

④单击"预览"按钮，即可播放录制的声音效果。

# 5.4　应用案例

## 一、操作要求

打开演示文稿 yswg.pptx，按照下列要求完成对此文稿的编辑并保存。

（1）使用"穿越"主题修饰全文，全部幻灯片切换方案为"擦除"，效果选项为"自左侧"。

（2）将第二张幻灯片版式改为"两栏内容"，将第三张幻灯片的图片移到第二张幻灯片右侧内容区，图片动画效果设置为"轮子"，效果选项为"3 轮辐图案"。

将第三张幻灯片版式改为"标题和内容"，标题为"公司联系方式"，标题设置为"黑体""加粗""59 磅字"。内容部分插入 3 行 4 列表格，表格的第一行 1～4 列单元格依次输入"部门"、"地址"、"电话"和"传真"，第一列的 2 行，3 行单元格内容分别是"总部"和"中国分部"。其他单元格按第一张幻灯片的相应内容填写。

删除第一张幻灯片，并将第二张幻灯片移为第三张幻灯片。

## 二、解题步骤

（1）解题步骤

步骤1：通过打开 yswg.pptx 文件，选中第一张幻灯片，在"设计"选项卡的"主题"选项组中，选择"穿越"主题修饰全文，如图5.2所示。

图 5.2 "穿越"主题修饰

步骤2：在"切换"选项卡的"切换到此幻灯片"选项组中，单击"擦除"按钮，如图5.3所示。

图 5.3 选择"擦除"切换方式

单击"效果选项"按钮，在弹出的下拉列表框中选择"自左侧"，如图5.4所示。

图 5.4 设置切换效果

步骤3：按上述同样的方式设置剩余全部幻灯片，如图5.5所示。

图 5.5　其余幻灯片设置切换效果

（2）解题步骤

步骤 1：选中第二张幻灯片，在"开始"选项卡的"幻灯片"选项组中，单击"版式"按钮，选择"两栏内容"选项，如图 5.6 所示。

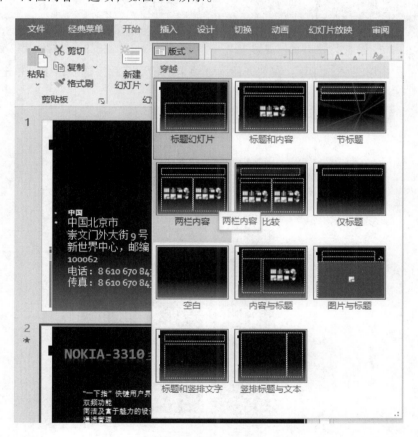

图 5.6　设置"版式"

步骤 2：右击第三张幻灯片的图片，在弹出的快捷菜单中选择"剪切"命令，在第二张幻灯片内容区域，右击，在弹出的快捷菜单中选择"粘贴"命令，如图 5.7 所示。

步骤 3：选中第二张幻灯片的图片，在"动画"选项卡的"动画"选项组中，单击"其他"下三角按钮，在展开的效果样式库中选择"轮子"。单击"效果选项"按钮，在弹出的下拉列表中选择"3 轮辐图案"，如图 5.8 所示。

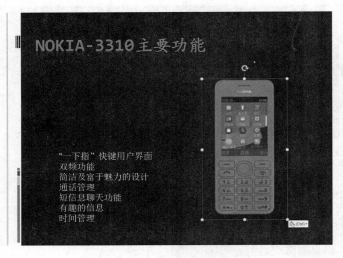

图 5.7　图片的"剪切"　　　　　　　　图 5.8　设置图片"动画效果"

步骤 4：选中第三张幻灯片，在"开始"选项卡的"幻灯片"选项组中，单击"版式"按钮，选择"标题和内容"选项，如图 5.9 所示。

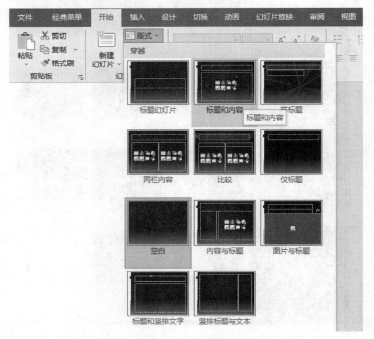

图 5.9　设置"标题和内容"版式

步骤 5：在第三张幻灯片的"单击此处添加标题单"中输入"公司联系方式"。

步骤 6：选中幻灯片主标题，在"开始"选项卡的"字体"选项组中，单击"字体"按钮，弹出"字体"对话框，在"字体"选项卡中，设置"中文字体"为"黑体"，设置"字体样式"为"加粗"，设置"大小"为"59"，单击"确定"按钮，如图 5.10 所示。

步骤 7：在"单击此处添加文本"中单击"插入表格"按钮，弹出"插入表格"对话框，设置"列数"为"4"，设置"行数"为"3"，单击"确定"按钮，如图 5.11 所示。

图 5.10  "字体"设置 | 图 5.11  "插入表格"对话框

步骤 8：按照要求，在第一行 1～4 列单元格依次输入"部门"、"地址"、"电话"和"传真"，第一列的 2 行，3 行单元格内容分别是"总部"和"中国分部"，其他单元格按第一张幻灯片的相应内容填写，如图 5.12 所示。

图 5.12  编辑第三张幻灯片

步骤 9：在普通视图下选中第一张幻灯片，右击，在弹出的快捷菜单中选择"删除幻灯片"命令，删除幻灯片，如图 5.13 所示。

步骤 10：在普通视图下，按住鼠标左键，拖曳第二张幻灯片到第三张幻灯片即可。

步骤 11：单击快速访问工具栏中的"保存"按钮，保存 yswg.pptx。最终结果如图 5.14 所示。

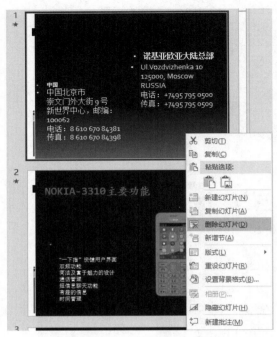

图 5.13　删除第一张幻灯片

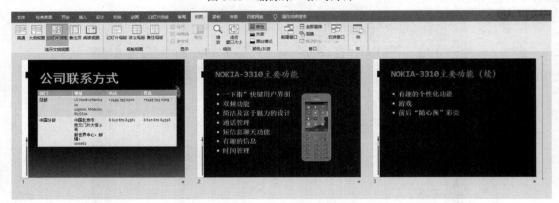

图 5.14　完成演示文稿

# 本 章 小 结

　　本章主要介绍了 PowerPoint 2016 演示文稿制作，通过应用案例使学生掌握演示文稿处理软件方面的相关操作技能。

# 随堂练习题

　　1. 打开演示文稿 yswg.pptx，按照下列要求完成对此文稿的编辑并保存。

　　（1）在最后一张幻灯片前插入一张版式为"仅标题"的新幻灯片，标题为"领先同行业的技术"。

（2）在位置（水平：3.6 cm，自：左上角，垂直：10.7 cm，自：左上角）插入样式为"填充-蓝色，强调文字颜色2，暖色粗糙棱台"的艺术字"Maxtor Storage for the world"，且文字均居中对齐。

（3）艺术字的文字效果为"转换-跟随路径-上弯弧"，艺术字宽度为18 cm。

（4）将该幻灯片向前移动，作为演示文稿的第一张幻灯片，并删除第五张幻灯片。

（5）将最后一张幻灯片的版式更换为"垂直排列标题与文本"。

（6）第二张幻灯片的内容区文本动画设置为"进入""飞入"，效果选项为"自右侧"。

（7）第一张幻灯片的背景设置为"水滴"纹理，且隐藏背景图形。

（8）全文幻灯片切换方案设置为"棋盘"，效果选项为"自顶部"。

（9）放映方式为"观众自行浏览"。

2. 打开演示文稿 yswg.pptx，按照下列要求完成对此文稿的修饰并保存。

（1）在幻灯片的标题区中输入"中国的 DXF100 地效飞机"，文字设置为"黑体""加粗"、54 磅字，红色（RGB 模式：红色 255，绿色 0，蓝色 0）。

（2）插入版式为"标题和内容"的新幻灯片，作为第二张幻灯片。第二张幻灯片的标题内容为"DXF100 主要技术参数"，文本内容为"可载乘客 15 人，装有两台 300 马力航空发动机"。

（3）第一张幻灯片中的飞机图片动画设置为"进入""飞入"，效果选项为"自右侧"。

（4）第二张幻灯片前插入一个版式为"空白"的新幻灯片，并在位置（水平：5.3 cm，自：左上角，垂直：8.2 cm，自：左上角）插入样式为"填充-蓝色，强调文字颜色2，粗糙棱台"的艺术字"DXF100 地效飞机"，文字效果为"转换-弯曲-倒 V 形"。

（5）第二张幻灯片的背景预设颜色为"雨后初晴"，类型为"射线"，并将该幻灯片移为第一张幻灯片。

（6）全部幻灯片切换方案设置为"时钟"，效果选项为"逆时针"。

（7）放映方式为"观众自行浏览"。

3. 打开演示文稿 yswg.pptx，按照下列要求完成对此文稿的修饰并保存。

（1）使用"暗香扑面"主题修饰全文，全部幻灯片切换方案为"百叶窗"，效果选项为"水平"。

（2）在第一张"标题幻灯片"中，主标题字体设置为"Times New Roman"、47 磅字；副标题字体设置为"Arial Black""加粗"、55 磅字。

（3）主标题文字颜色设置成蓝色（RGB 模式：红色 0，绿色 0，蓝色 230）。副标题动画效果设置为"进入""旋转"，效果选项为文本"按字/词"。

（4）幻灯片的背景设置为"白色大理石"。

（5）第二张幻灯片的版式改为"两栏内容"，原有信号灯图片移入左侧内容区，将第四张幻灯片的图片移动到第二张幻灯片右侧内容区，删除第四张幻灯片。

（6）第三张幻灯片标题为"Open-loop Control"，47 磅字，然后移动它成为第二张幻灯片。

# 第6章

→ 计算机网络基础

## 6.1　计算机网络概述

计算机网络是将若干台独立的计算机通过传输介质相互物理地连接，并通过网络软件逻辑地相互联系到一起，实现信息交换、资源共享、协同工作和在线处理等功能的计算机系统。计算机网络不仅可以传输数据，更可以传输图像、声音、视频等多种媒体形式的信息，在人们的日常生活和各行各业中发挥着重要的作用。计算机网络已广泛应用于政治、经济、军事、科学以及社会生活的方方面面。

### 6.1.1　计算机网络的定义

什么是计算机网络？不同的时期，从不同的角度出发有各种不同的理解。现在一般认为，计算机网络是一种地理上分散的、具有独立功能的多台计算机通过通信设备和线路连接起来，再配有相应的网络软件（网络协议、网络操作系统等）的情况下实现资源共享的系统。

1970年，美国信息处理学会联合会从共享资源角度出发，把计算机网络定义为"以能够相互共享资源（硬件、软件和数据等）的方式连接起来，并各自具备独立功能的计算机系统的集合"。这里的计算机可以是大型计算机、小型计算机和微机等。

目前，公认的计算机网络定义是：计算机网络（Computer Network）是利用通信线路和通信设备，把分布在不同地理位置的具有独立功能的多台计算机、终端及其附属设备互相连接，按照网络协议进行数据通信，利用功能完善的网络软件实现资源共享的计算机系统的集合。计算机网络是计算机技术与通信技术结合的产物。

### 6.1.2　计算机网络的拓扑结构

在研究计算机网络组成结构的时候，可以采用拓扑学中一种研究与大小形状无关的点、线特性的方法，即抛开网络中的具体设备，把工作站、服务器等网络单元抽象为"节点"，把网络中的电缆等通信介质抽象为"线"。这样，从拓扑学的观点看计算机网络就变成了点和线组成的几何图形，我们称之为网络的拓扑结构。

网络中的节点有两类，一类是只转接和交换信息的转接节点，包括节点交换机、集线器和终端控制器等；另一类是访问节点，包括主计算机和终端等，它们是信息交换的源节点和目标节点。

网络拓扑结构是计算机网络节点和通信链路所组成的几何形状。计算机网络有很多种拓扑结构，最常用的网络拓扑结构有：总线型结构、环状结构、星状结构、树状结构、网状结构和混合型结构。以下介绍常见的网络拓扑结构。

### 1. 总线型结构

总线型结构采用一条单根的通信线路（总线）作为公共的传输通道，所有的节点都通过相应的接口直接连接到总线上，并通过总线进行数据传输。例如，在一根电缆上连接了组成网络的计算机或其他共享设备（如打印机等），如图 6.1 所示。由于单根电缆仅支持一种信道。因此，连接在电缆上的计算机和其他共享设备共享电缆的所有容量。连接在总线上的设备越多，网络发送和接收数据就越慢。

总线型网络使用广播式传输技术，总线上的所有节点都可以发送数据到总线上，数据沿总线传播。但是因为所有节点共享同一条公共通道，所以，在任何时候只允许一个站点发送数据。当一个节点发送数据并在总线上传播时，数据可以被总线上的其他所有节点接收。各站点在接收数据后，分析目的物理地址再决定是否接收该数据。粗、细同轴电缆以太网就是这种结构的典型代表。总线型拓扑结构具有如下特点：

（1）结构简单、灵活，易于扩展，共享能力强，便于广播式传输。

（2）网络响应速度快，但负荷重时性能迅速下降，局部站点故障不影响整体，可靠性较高，但是总线出现故障，则将影响整个网络。

（3）易于安装，费用低。

### 2. 环状结构

环状结构是各个网络节点通过环接口连在一条首尾相接的闭合环状通信线路中，如图 6.2 所示。每个节点设备只能与它相邻的一个或两个节点设备直接通信，如果要与网络中的其他节点通信，那么数据需要依次经过两个通信节点之间的每个设备。

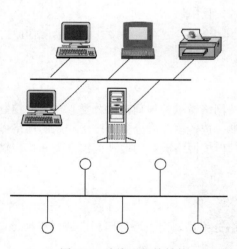

图 6.1 总线型拓扑结构

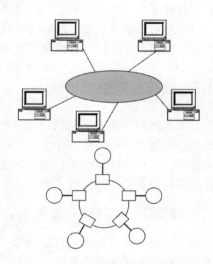

图 6.2 环状拓扑结构

环状网络既可以是单向的也可以是双向的。单向环状网络的数据绕着环向一个方向发送，数据所到达的环中的每个设备都将数据接收，经再生放大后将其转发出去，直到数据到达目标节点为止。

双向环状网络中的数据能在两个方向上进行传输，因此设备可以和两个邻近节点直接通信。如果一个方向的环中断了，数据还可以在相反的方向在环中传输，最后到达其目标节点。

环状结构有两种类型，即单环结构和双环结构。令牌环（Token Ring）是单环结构的典型代表，光纤分布式数据接口（FDDI）是双环结构的典型代表。环状拓扑结构具有如下特点：

（1）在环状网络中，各工作站间无主从关系，结构简单，信息流在网络中沿环单向传递，延迟固定，实时性较好。

（2）两个节点之间仅有唯一的路径，简化了路径选择，但可扩充性差。

（3）单环结构可靠性差，任何线路或节点的故障，都有可能引起全网故障，且故障检测困难。

### 3. 星状结构

星状结构的每个节点都由一条点对点链路与中心节点（公用中心交换设备，如交换机、集线器等）相连，如图 6.3 所示。星状网络中的一个节点如果向另一个节点发送数据，首先将数据发送到中央设备，然后由中央设备将数据转发到目标节点。信息的传输是通过中心节点的存储转发技术实现的，并且只能通过中心节点与其他节点通信。星状网络是局域网中最常用的拓扑结构。星状拓扑结构具有如下特点。

（1）结构简单，便于管理和维护，易实现结构化布线，结构易扩充，易升级。

（2）通信线路专用，电缆成本高。

（3）星状结构的网络由中心节点控制与管理，中心节点的可靠性基本上决定了整个网络的可靠性。

（4）中心节点负担重，易成为信息传输的瓶颈，且中心节点一旦出现故障，会导致全网瘫痪。

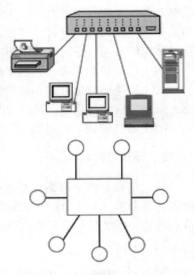

图 6.3　星状拓扑结构

## 6.1.3　计算机网络的分类

计算机网络可以有不同的分类方法。例如，按网络覆盖的地理范围分类，按网络控制方式分类，按网络的拓扑结构分类，按网络协议分类，按传输介质分类，按所使用的网络操作系统分类，按传输技术分类和按使用范围分类等。但按网络覆盖的地理范围分类和按传输技术分类是其中最重要的分类方法。

### 1. 局域网、城域网和广域网

按照网络覆盖的地理范围的大小，可以将网络分为局域网、城域网和广域网三种类型。这也是网络最常用的分类方法。

（1）局域网

局域网（Local Area Network，LAN）是将较小地理区域内的计算机或数据终端设备连接在一起的通信网络。局域网覆盖的地理范围比较小，一般在几十米到几千米之间。常用于组建一个办公室、一栋楼、一个楼群、一个校园或一个企业的计算机网络。局域网可以由一个建筑物内或相邻建筑物的几百台至上千台计算机组成，也可以小到连接一个房间内的几台计算机、打印机和其他设备。局域网主要用于实现短距离的资源共享。图 6.4 所示的是一个由几台计算机和打印机组成的典型局域网。

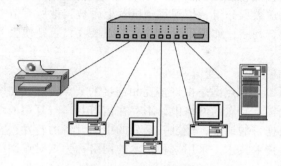

图 6.4　局域网示例

（2）城域网

城域网（Metropolitan Area Network，MAN）是一种大型的 LAN，覆盖范围介于局域网和广域网之间，一般为几千米至几万米，城域网的覆盖范围在一个城市内，将位于一个城市之内不同地点的多个计算机局域网连接起来实现资源共享。城域网所使用的通信设备和网络设备的功能要求比局域网高，以便有效地覆盖整个城市的地理范围。一般在一个大型城市中，城域网可以将多个学校、企事业单位、公司和医院的局域网连接起来共享资源。图 6.5 所示的是不同建筑物内的局域网组成的城域网。

（3）广域网

广域网（Wide Area Network，WAN）是在一个广阔的地理区域内进行数据、语音、图像信息传输的计算机网络。由于远距离数据传输的带宽有限，因此广域网的数据传输速率比局域网要慢得多。广域网可以覆盖一个城市、一个国家甚至于全球。因特网是广域网的一种，但它不是一种具体独立性的网络，它将同类或不同类的物理网络（局域网、广域网与城域网）互联，并通过高层协议实现不同类网络间的通信。如图 6.6 所示为一个简单的广域网。

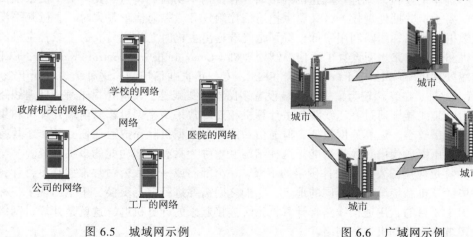

图 6.5　城域网示例　　　　　　　　　图 6.6　广域网示例

## 2. 广播式网络与点对点网络

根据所使用的传输技术，可以将网络分为广播式网络和点对点网络。

（1）广播式网络

在广播式网络中仅使用一条通信信道，该信道由网络上的所有节点共享。在传输信息时，任何一个节点都可以发送数据分组，传到每台机器上，被其他所有节点接收。这些机器根据数据包中的目的地址进行判断，如果是发给自己的则接收，否则便丢弃。总线型以太网就是典型的广播式网络。

（2）点对点网络

与广播式网络相反，点对点网络由许多互相连接的节点构成，在每对机器之间都有一条专用的通信信道，因此在点对点的网络中，不存在信道共享与复用的情况。当一台计算机发送数据分组后，它会根据目的地址，经过一系列的中间设备的转发，直至到达目的节点，这种传输技术称为点对点传输技术，采用这种技术的网络称为点对点网络。

## 6.2　计算机网络的发展

计算机网络出现于 20 世纪 50 年代，到目前为止，已经历了一个从简单到复杂、从低级到高级的发展过程。计算机网络发展历史虽然不长，但速度很快。

1946 年世界上第一台电子计算机问世后的十多年内，计算机数量很少，价格很昂贵。早期的所谓计算机网络主要是为了解决这一矛盾而产生的，其形式是将一台计算机经过通信线路与若干台终端直接连接。这是一种简单的计算机联机系统，也被称为终端——计算机网络或称为面向终端的计算机网络。

在 20 世纪 60 年代，这种面向终端的计算机网络获得了很大的发展，其中许多网络至今仍在使用。比如，美国的 SABRE1 系统，是一个用于联机预订飞机票的专用实时系统，由美国航空公司与 IBM 公司于 20 世纪 50 年代初开始联合研究，60 年代投入使用。它由一台中央计算机与 2 000 个全美范围的终端组成。另外，在其他商用、军用网络中，这种面向终端的网络也起了很大作用。

当这种简单的联机系统连接大量的终端时，存在两个明显的缺点：其一，主机系统负荷过重，它既要承担数据处理任务，又要承担通信控制任务，在通信量很大时，主机几乎没有时间处理数据；其二，线路利用率低，特别是终端远离主机时尤为明显。为了减轻主机的负担，在主机和通信线路之间设置了通信控制处理机（Communication Control Processor，CCP），或称为前端处理机（Front End Processor，FEP），专门负责通信控制。这种结构出现于 20 世纪 60 年代。此外，在终端较为集中的区域设置多路器或集线器，大量终端先通过低速线路连到集线器上，集线器则通过高速线路与主计算机相连。常采用小型机作为前端处理机和集线器，其内存容量较小，运算速度较低，但通信功能强。小型机除完成通信任务外，还具有信息处理、信息压缩、代码转换等功能。这种结构又被称为具有通信功能的多机系统。

随着计算机应用的发展和硬件价格的下降，一个部门或一个大公司常常拥有多台计算机系统，这些计算机系统分布在不同的地点，它们之间需要进行信息交换，于是出现了一种以传输信息为主要目的，用通信线路将计算机系统连接起来的计算机群，这就是计算机网络的低级形式，被称为计算机通信网络。

随着计算机通信网络的迅速发展和广泛应用，用户对网络的要求也越来越高，不仅要求计算机之间能传输信息，还希望共享网内计算机的资源或调用网内的几个计算机系统共同完成某项工作。这种以共享资源为主要目的的计算机网络使得用户使用网络中的资源就像使用本地计算机的资源一样方便，这种网络就是所谓的计算机-计算机网络，简称计算机网络。

正如大多数计算机技术一样，网络技术的发展依赖于其他许多技术的发展，其中有两个重要的技术：一个是低成本的计算机硬件，另一个是管理硬件的计算机软件。反过来，其他技术也依赖计算机网络以提高生产率，实现软件、硬件资源的共享。这种相互依赖性正是促进网络发展的重要因素。

20世纪80年代以来，我国的计算机网络应用的发展非常迅速。在1989年初，我国开通了第一个公用分组交换网CHINAPAC（简称CNPAC），其网络管理中心设在北京电报局，这标志着我国计算机网络的技术和应用进入了高速发展时期。除广域网外，从20世纪80年代起，国内局域网的应用也以惊人的速度在发展，许多部门、企业、学校都安装了局域网。局域网的价格便宜，其所有权和使用权都属于本单位，因此非常便于开发、管理和维护。

另外，我国的计算机网络的研究工作也取得了许多可喜的成果。在计算机网络的标准化方面，我国也很重视，1988年制定了与国际标准化组织（International Organization for Standardization，ISO）的开放系统互连参考模型相对应的国家标准GB9387—1988《信息处理系统　开放系统互连　基本参考模型》，这对制定后续的其他标准起到了指导性的作用。

所以，计算机网络最早出现于20世纪50年代，是通过通信线路将远方终端资料传送给主计算机处理，形成一种简单的联机系统。随着计算机技术和通信技术的不断发展，计算机网络也经历了从简单到复杂，从单机到多机的发展过程，其演变过程主要可分为面向终端的计算机网络、计算机通信网络、计算机互联网络和高速互联网络四个阶段。

# 6.3　网络体系结构、通信标准和协议

## 6.3.1　标准化组织

### 1. 对标准的需要

有人认为，在计算机之间建立通信，就是怎样确保数据由一台计算机流向另一台计算机的问题。其实不然，由于各种计算机总是不尽相同。因此，它们之间的数据传输要比想象中复杂得多。电脑公司设计制造各种型号的计算机，以适应不同的需求，总体上都遵循一般的原理，但实现细节上必然受到人们主观思想和观念的影响。不同的计算机有各自不同的体系结构、使用不同的语言、采用不同的数据存储格式、以不同的速率进行通信等。彼此间如此不兼容，通信也就非常困难。

这种不兼容导致了一个基本的问题：那就是计算机怎样实现通信呢？进行交流的不同国家的每个人讲不同的语言，所以需要翻译。而且，他们必须共同遵守一个协议，这个协议规定了他们以怎样的方式、规则进行沟通。同样，计算机之间互相通信，也需要协议。协议具有多样性，协议成为一个所有人都必须遵循的标准协议。不同的群体有不同的目标，为了实现各自的目标，他们对协议有不同的设想。因此，出现了许多不同的标准。

### 2. 制定标准的机构

这些机构的作用在于在飞速发展的通信领域中确立行业规范。然而，为了规范通信技术的各个不同方面，出现了数以百计的标准。这使得不同类型的设备之间不相兼容的问题日益严重。下面列出的标准组织在计算机网络和数据通信领域有重要的地位。

第 6 章 计算机网络基础

（1）美国国家标准协会

美国国家标准协会（American National Standards Institute，ANSI）是一个非政府部门的私人机构。其成员包括制造商、用户和其他相关企业。它有将近一千个会员，而且本身也是国际标准化组织。ANSI 标准广泛存在于各个领域。例如，我们熟悉的美国标准信息交换码（ASCII），则是被用来规范计算机内的信息存储的。

（2）国际电子技术委员会

国际电子技术委员会（International Electrotechnical Commission，IEC）是一个为办公设备的互联、安全以及数据处理制定标准的非政府机构。该组织参与了图像专家联合组（JPEG），为图像压缩制定标准。

（3）国际电信联盟

国际电信联盟（ITU）其前身是国际电报电话咨询委员会（CCITT）。ITU 是一家联合国机构，共分为三个部门。ITU–R 负责无线电通信；ITU–D 是发展部门；ITU–T 负责电信。ITU的成员包括各种各样的科研机构、工业组织、电信组织、电话通信方面的权威人士及 ISO。ITU 已经制定了许多网络和电话通信方面的标准。

（4）电子工业协会

电子工业协会（Electronic Industries Association，EIA）的成员包括电子公司和电信设备制造商，它也是 ANSI 的成员。EIA 的首要课题是设备间的电气连接和数据的物理传输。最广为人知的标准是 RS–232（或称 EIA–232），已成为大多数个人计算机、调制解调器和打印机等设备通信的规范。

（5）Internet 工程特别任务组

Internet 工程特别任务组（Internet Engineering Task Force，IETF）是一个国际性团体。其成员包括网络设计者、制造商、研究人员以及所有对因特网的正常运转和持续发展感兴趣的个人或组织。分为几个工作组，分别处理因特网的应用、实施、管理、路由、安全和传输服务等不同方面的技术问题。这些工作组同时也承担着对各种规范加以改进发展，使之成为因特网标准的任务。

（6）电气和电子工程师协会

电气和电子工程师协会（Institute of Electrical and Electronic Engineers，IEEE）由计算机和工程学专业人士组成。创办了许多刊物，定期举行研讨会，还有一个专门负责制定标准的下属机构。IEEE 在通信领域最著名的研究成果可能就是 IEEE 802 局域网标准。IEEE 802 标准定义了总线网络和环状网络的通信协议。

（7）国际标准化组织

国际标准化组织（International Organization for Standardization，ISO）是一个世界性组织，包括了许多国家的标准团体。例如，美国的 ANSI。ISO 最有意义的工作就是它对开放系统的研究。在开放系统中，任意两台计算机可以进行通信，而不必理会各自有不同的体系结构。具有七层协议结构的开放系统互连模型（OSI）就是一个众所周知的例子。

## 6.3.2　开放系统和开放系统互连模型

前面提到协议可以使不兼容的系统互相通信。如果是给定的两个系统，定义协议将非常方便。但随着各种不同类型的系统不断涌现，其难度也越来越大。允许任意两个具有不同基本体系结构的系统进行通信的一套协议集，称为一个开放系统。ISO 一直致力于允许多种设备相互通信的研究，并制定了开放系统互连模型。如果发展完善的话，OSI 将允许任意两台连接的计算机实现通信。

OSI 模型是一个七层模型，如图 6.7 所示。每一层实现特定的功能，并且只与上下两层直接通信。高层协议偏重于处理用户服务和各种应用请求，低层协议偏重于处理实际的信息传输。

分层协议的目的在于把各种特定的功能分离开来，并使其实现对其他层次来说是透明的。这种分层结构使各个层次的设计和测试相对独立。例如，数据链路层和物理层分别实现不同的功能，物理层为前者提供服务，数据链路层不必理会服务是如何实现的。因此，物理层实现方式的改变将不会影响数据链路层。这一原理同样适用于其他连续的层次。以下介绍 OSI 模型的七层功能。

（1）物理层（Physical Layer）

物理层负责在网络上传输数据比特流。这与数据通信的物理或电气特性有关。例如，传输介质是铜质电缆、光纤还是卫星？数据怎样由 A 点传到 B 点？物理层以比特流的方式传送来自数据链路层的数据，而不去理会数据的含义或格式。同样，它接收数据后，不加分析，直接传给数据链路层。

（2）数据链路层（Data Link Layer）

数据链路层负责监督相邻网络节点的信息流动。使用检错或纠错技术来确保正确的传输。当数据链路检测到错误时，请求重发，或是根据情况纠正。数据链路层还要解决流量控制的问题：流量太大，网络会出现阻塞；太小了，又会使发送方和接收方等待时间过长。

另外，数据链路层还管理数据格式。数据通常被组合成帧加以传输。帧是按某种特定格式组织起来的字节集合。数据链路层用唯一的比特组合对将要发送的每一帧的开始和结束进行标识，对接收进来的每一帧进行判断，然后把无错的帧送往上一层，即网络层。

图 6.7 ISO 的 OSI 分层协议模型

（3）网络层（Network Layer）

网络层管理路由策略。例如，在双向的环状网络中，每两个节点间有两条路径。一个更加复杂的拓扑结构可能有很多路由可供选择，哪一条才是最快、最便宜或最安全的呢？哪些路才是宽阔、没有阻塞的呢？是让整个报文采用同一路由，还是把报文分组后分别传送呢？

网络层控制着通信子网（Communications Subnet）。所谓通信子网就是实现路由和数据传输所必需的传输介质和交换组件的集合。网络层是针对子网的最高层次。这一层也可能包含计费软件，网络使人们能够互相通信，但对于大多数服务，用户必须付费。其费用取决于传输数据的数量，也可能与使用网络的时段有关。网络层记录这些信息，并负责计费。

（4）运输层（Transport Layer）

运输层是处理端到端通信的最低层（更低层处理网络本身）。运输层负责选择通信使用的网络。一台计算机可能连接着好几个网络，其速度、费用和通信类型各不相同。到底选择哪一个取决于很多因素。例如，传输的信息是很长的连续数据流，还是分为多次间歇传送。电话网络比较适用于前者，一旦建立连接，其线路将一直保持到传输完毕。

另一种方法是把数据划分成多个小的分组（数据子集），再分别传送。在这种情况下，两点间不需要稳定的连接。每一分组通过网络被独立地传输。因此，当分组到达目的地时，必须重新进行组装，然后才能送往上层用户。但问题是：如果各个分组经过不同的路由，那就无法保证分组会按发送顺序到达目的地，甚至无法保证它们都会到达。所以，接收方不仅要对分组重新排序，还得验证所有的分组是否都已收到。

（5）会话层（Session Layer）

会话层允许不同主机上的应用程序进行会话，或建立虚连接。举例来说，某个用户登录到一个远程系统，并与之交换信息。会话层管理这一进程，控制哪一方有权发送信息，哪一方必须接收信息，这其实是一种同步机制。

会话层也处理差错恢复。例如，若一个用户正在网络上发送一个大文件的内容，而网络忽然坏了。当网络重新工作时，用户是否必须从该文件的起始处开始重传呢？回答是否定的，因为会话层允许用户在一个长的信息流中插入检查点。如果网络崩溃了，只需将最后一个检查点以后丢去的数据重传即可。

用户层次上的单一事务机制也是由会话层来实现的。一个常见的例子就是从数据库中删除一个记录。尽管在用户看来，这只是一个单一操作，但实际上它可能包括以下几个步骤。首先找到这个记录，然后修改指针和地址，可能还需修改索引或散列表，最后完成删除动作。如果是通过网络访问数据库，在真正开始删除前，会话层必须确保所有低级操作已经完成。如果这些数据操作只是简单地按照接收顺序依次执行的话，网络一旦发生故障，就将危及数据的完整性。可能只是改变了部分指针，也有可能删去了记录，而没有删去指向它的指针。

（6）表示层（Presentation Layer）

表示层以用户可理解的格式为上层用户提供必要的数据。举例来说，有两台计算机使用不同的数字和字符格式。表示层负责在这两种不同的数据格式之间进行转换，用户将感觉不到这种差别。数据与信息之间的差异是表示层需要解决的问题，毕竟，在网络的支持下，用户可以交换信息，而不是原始的比特流。他们不必理会各种数据格式，而只需关心信息的内容和含义。

表示层也提供数据的安全措施。在把数据交给低层传送前，可以先对数据进行加密。另一端的表示层负责在收到数据后解密，用户根本不知道数据曾经改变过。对于侵权问题严重的广域网来说，这一技术特别重要。

（7）应用层（Application Layer）

应用层直接与用户和应用程序打交道。必须注意的是它并不等同于一个应用程序。应用层为用户提供电子邮件、文件传输、远程登录和资源定位等服务。例如，一方的应用层似乎能够直接传送文件给另一方的应用层，而不管低层的网络和计算机体系结构是否相同。

另外，应用层也定义了一些协议集，以支持通过全屏幕文字编辑器方式来模拟各种不同类型的终端。因为对于光标控制，不同的终端使用不同的控制序列。例如，要移动光标，可能只需按方向键，也可能需要按某种组合键。理想情况下，希望这些差别对于用户来说是透明的。

总的来说，下面三层主要处理网络通信的细节问题，它们一起向上层用户提供服务。上面四层主要针对端到端的通信，定义用户间的通信协议，不关心数据传输的低层实现细节，如图 6.8 所示。

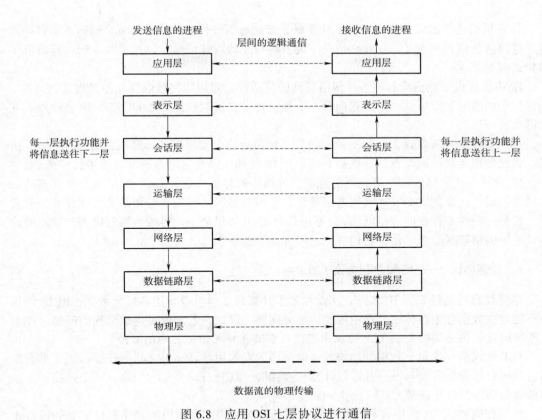

图 6.8   应用 OSI 七层协议进行通信

# 6.4   TCP/IP

TCP/IP（Transmission Control Protocol/Internet Protocol）即传输控制协议/网际协议，是互联网最基本的协议。简单地说，就是由底层的 IP 协议和 TCP 协议组成的。

在互联网没有形成之前，各个地方已经建立了很多小型的网络，称为局域网。互联网就是将全球各地的局域网连接起来而形成的一个"网之间的网（即网际网）"。然而，在连接之前的各式各样的局域网却存在不同的网络结构和数据传输规则，将这些小的网连接起来后各网之间要通过什么样的规则来传输数据呢？这就像世界上有很多个国家，各个国家的人说各自的语言，世界上任意两个国家的人要怎样才能互相沟通呢？如果全世界的人都能够说同一种语言（即世界语），这个问题不就解决了吗？TCP/IP 协议正是互联网上的"世界语"。

TCP/IP 协议的开发工作始于 20 世纪 70 年代，是用于互联网的第一套协议。下面介绍 TCP/IP 协议的相关内容。

### 1.  通信协议 1——网际协议（IP）

互联网上使用的一个关键的低层协议是网际协议，通常称 IP 协议。我们利用一个共同遵守的通信协议，从而使互联网成为一个允许连接不同类型的计算机和不同操作系统的网络。要使两台计算机彼此之间进行通信，必须使两台计算机使用同一种"语言"。通信协议正像两台计算机交换信息所使用的共同语言，规定了通信双方在通信中所应共同遵守的约定。

计算机的通信协议精确地定义了计算机在彼此通信过程中的所有细节。例如，每台计算机发送的信息格式和含义，在什么情况下应发送规定的特殊信息，以及接收方的计算机应作出什么应答等。

IP 协议提供了能适应各种各样网络硬件的灵活性，对底层网络硬件几乎没有任何要求，任何一个网络只要可以从一个地点向另一个地点传送二进制数据，就可以使用 IP 协议加入互联网。

如果希望能在互联网上进行交流和通信，则每台连上互联网的计算机都必须遵守 IP 协议。为此使用互联网的每台计算机都必须运行 IP 软件，以便时刻准备发送或接收信息。

IP 协议对于网络通信有着重要的意义：网络中的计算机通过安装 IP 软件，使许多的局域网络构成了一个庞大而又严密的通信系统，从而使互联网看起来好像是真实存在的，但实际上它是一种并不存在的虚拟网络，只不过是利用 IP 协议把全世界所有愿意接入互联网的计算机局域网络连接起来，使得它们彼此之间都能够通信。

### 2. 通信协议 2——传输控制协议（TCP）

尽管计算机通过安装 IP 软件，从而保证了计算机之间可以发送和接收数据，但 IP 协议还不能解决数据分组在传输过程中可能出现的问题。因此，若要解决可能出现的问题，连上互联网的计算机还需要安装 TCP 协议来提供可靠的并且无差错的通信服务。

TCP 协议被称作是一种端到端协议。这是因为它为两台计算机之间的连接起到了重要作用。当一台计算机需要与另一台远程计算机连接时，TCP 协议会让它们建立一个连接、发送和接收数据以及终止连接。

传输控制协议 TCP 协议利用重发技术和拥塞控制机制，向应用程序提供可靠的通信连接，使它能够自动适应网上的各种变化。即使在互联网暂时出现堵塞的情况下，TCP 也能够保证通信的可靠。

众所周知，互联网是一个庞大的国际性网络，网络上的拥挤和空闲时间总是交替不定的，加上传送的距离也远近不同。所以，传输数据所用时间也会变化不定。TCP 协议具有自动调整"超时值"的功能，能很好地适应互联网上各种各样的变化，确保传输数值的正确性。因此，从上面我们可以了解到：IP 协议只保证计算机能发送和接收分组数据，而 TCP 协议则可以提供一个可靠的、可流控的、全双工的信息流传输服务。

综上所述，虽然 IP 和 TCP 这两个协议的功能不尽相同，也可以分开单独使用，但它们是在同一时期作为一个协议来设计的，并且在功能上也是互补的。只有两者的结合，才能保证互联网在复杂的环境下正常运行。凡是要连接到互联网的计算机，都必须同时安装和使用这两个协议。因此，在实际中常把这两个协议统称为 TCP/IP 协议。

### 3. OSI 参考模型与 TCP/IP 参考模型的比较

要理解互联网，并不是一件非常容易的事，TCP/IP 协议的开发研制人员将互联网分为四个层次，也称为互联网分层模型或互联网分层参考模型。OSI 参考模型与 TCP/IP 参考模型的共同之处是：它们都采用了层次结构的概念，TCP/IP 参考模型与 OSI 参考模型的对应关系，如图 6.9 所示。

（1）主机–网络层

对应于网络的基本硬件，这也是互联网物理构成，即我们可以看得见的硬件设备，如个人计算机、互联网服务器、网络设备等，必须对这些硬件设备的电气特性进行规范，使这些设备都能够互相连接并兼容使用。定义了将数据组成正确帧的规程和在网络中传输帧的规程，帧是指一串数据，它是数据在网络中传输的单位。

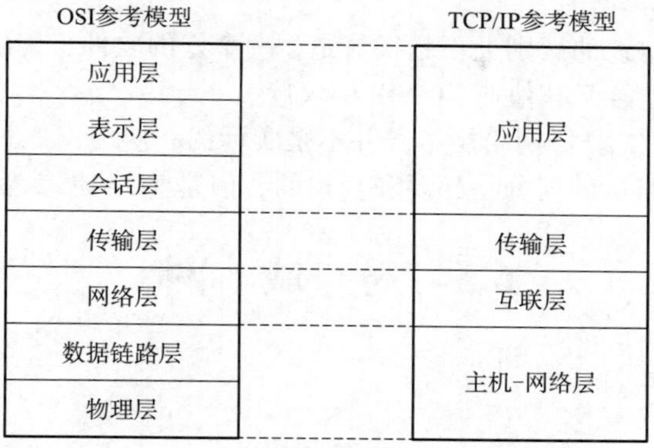

| OSI参考模型 | TCP/IP参考模型 |
|---|---|
| 应用层 | 应用层 |
| 表示层 | |
| 会话层 | |
| 传输层 | 传输层 |
| 网络层 | 互联层 |
| 数据链路层 | 主机-网络层 |
| 物理层 | |

图 6.9　TCP/IP 参考模型与 OSI 参考模型的对应关系

TCP/IP 参考模型的最低层，负责通过网络发送和接收 IP 数据包，允许主机连入网络时使用多种现成的与流行的协议。例如，局域网的以太网、令牌网、分组交换网的 X.25、帧中继、ATM 协议等。当一种物理网被用作传送 IP 数据包的通道时，就可以认为是这一层的内容，充分体现出 TCP/IP 协议的兼容性与适应性，也为 TCP/IP 的成功奠定了基础。

（2）互联层

定义了互联网中传输的"信息包"格式，以及从一个用户通过一个或多个路由器到最终目标的"信息包"转发机制。

相当 OSI 参考模型网络层无连接网络服务，负责将源主机的报文分组发送到目的主机，处理来自传输层的分组发送请求、接收的数据、互联的路由选择、流量控制与拥塞问题等，IP 协议是一种无连接的、提供"尽力而为"服务的网络层协议。

（3）传输层

为两个用户进程之间建立、管理和拆除可靠而又有效的端到端连接。主要功能是在互联网中源主机与目的主机的对等实体间建立用于会话的端到端连接，传输控制协议 TCP 是一种可靠的面向连接协议，用户数据报协议 UDP 是一种不可靠的无连接协议。

（4）应用层

定义了应用程序使用互联网的规程。网络终端协议（Telnet）、文件传输协议（FTP）、简单邮件传输协议（SMTP）、域名系统（DNS）、简单网络管理协议（SNMP）、超文本传输协议（HTTP）、TCP/IP 协议栈。

### 4. 对 OSI 参考模型和 TCP/IP 参考模型的评价

（1）对 OSI 参考模型的评价

①层次数量与内容选择不是很好，会话层很少用到，表示层几乎是空的，数据链路层与网络层有很多的子层插入。

②OSI 参考模型将"服务"与"协议"的定义结合起来，使得参考模型变得格外复杂，实现比较困难。

③寻址、流量控制与差错控制在每一层里都重复出现，降低系统效率。

第 6 章　计算机网络基础

④数据安全性、加密与网络管理在参考模型的设计初期被忽略。

⑤参考模型的设计更多是被通信的思想所支配，不太适合于计算机与软件的工作方式，严格按照层次模型编程的软件效率很低。

（2）对 TCP/IP 参考模型的评价

①在服务、接口与协议的区别上不是很清楚，一个好的软件工程应该将功能与实现方法区分开，参考模型不太适合于其他非 TCP/IP 协议族。

②TCP/IP 参考模型的主机–网络层本身并不是实际的一层。

③物理层与数据链路层的划分是必要和合理的，但是 TCP/IP 参考模型却没有做到这点。

# 6.5　局　域　网

## 6.5.1　局域网的定义

局域网并没有严格的定义，凡是小范围内的有限个通信设备互联在一起的通信网都可以称为局域网。这里的通信设备可以包括微型计算机、终端、外围设备、电话机、传真机等。按照这种说法，专用小型交换机（Private Branch exchange，PBX）也是一种局域网。本节研究的是计算机局部网络，简称为局域网。

随着计算机硬件价格的不断下降，微型计算机不仅价格便宜，而且功能上超过以前的小型机。为了共享硬件、软件和数据资源，微型计算机联网已是势在必行。在这种背景下，局域网的技术及应用得到了飞速的发展。局域网的种类很多，但不管是哪一种局域网都具有以下特点。

①有限的地理范围（一般在 10 m ～ 10 000 m 之内）。

②通常多个站共享一个传输介质（同轴电缆、双绞线、光纤等）。

③具有较高的数据传输速率，通常为 1 ～ 20 Mbit/s，高速局域网可达 1 000 Mbit/s。

④具有较低的时延。

⑤具有较低的误码率。

⑥有限的站数。

局域网种类很多，分类方法也不少。根据数据传输速率可分为局域网和高速局域网。高速局域网一般指的是在计算机机房内将主机与一些高速外设和另外的主机相连，其传输速率一般都在 50 Mbit/s 以上。也可以根据访问方法分类，但最主要的还是按网络拓扑结构进行分类，常用的拓扑结构有总线型、星状、环状和树状。

## 6.5.2　以太网

以太网是一种产生较早且使用相当广泛的局域网，由美国 Xerox（施乐）公司于 20 世纪 70 年代初期开始研究，1975 年推出了他们的第一个局域网。由于它具有结构简单、工作可靠、易于扩展等优点，因而得到了广泛的应用。1980 年美国 Xerox，DEC，Intel 三家公司联合提出了以太网规范，这是世界上第一个局域网的技术标准。后来的国际标准 IEEE 802.3 就是参照以太网的技术标准建立的，两者基本兼容。在 IEEE 802.3 标准中使用的是 CSMA/CD 协议。因此，术语 IEEE 802.3 和 CSMA/AD 有时会作为同义语使用。其实，"以太网"只是一个具体的局域网名称。现在，不少人就用"以太网"这个名词来表示所有的 CSMA/CD 协议网络。

### 1. 以太网的工作原理

以太网是一种总线型网络，一条传输线路由所有用户共享，每一个用户都可以在需要的时候使用这条传输线路，所有信息包都有一个带有目的地址的包头，所有的用户都收听到其他用户的传输，用户在听到包头中的地址后决定是否去接收该信息包。由于各节点可以随机地向公共总线发送信息，因此，信息可能会在总线上产生冲突而造成信息传送错误，采用 CSMA/CD（Carrier Sense Multiple Access/Collision Detected，载波侦听多路访问/冲突检测）方法就是为了减少冲突。

### 2. 几种以太网标准

以太网的产品有以下标准：10Base-5（粗同轴电缆），10Base-2（细同轴电缆），10Broad-36（宽带以太网），1Base-5（1 Mbit/s，双绞线），10Base-T（10 Mbit/s，双绞线），10Base-F（10 Mbit/s，光纤）等。

# 6.6 电 子 邮 件

## 6.6.1 Outlook 2010 的使用

使用 Outlook 发送和接收电子邮件之前，首先需要向其中添加电子邮件账户，这里的账户就是指个人申请的电子邮箱，申请好电子邮箱后还需要在 Outlook 中进行配置，才能正常使用。

### 1. 配置邮件账户

（1）首次启动 Outlook 2010，需创建电子邮件账户。

启动 Outlook 2010，在对话框中单击"下一步"→"是"→"下一步"按钮，打开"添加新账户"对话框，在对话框中进行"姓名""电子邮件地址""密码"等设置。单击"下一步"，系统自动配置电子邮件服务器设置。

（2）添加邮件账户

选择"文件"选项卡，在左窗格中单击"信息"命令，在中间窗格的"账户信息"栏中单击"添加账户"按钮。在"添加新账户"对话框中，选中"电子邮件账户"单选项，单击"下一步"按钮，在对话框中输入"姓名""电子邮件地址""密码"等信息，单击"下一步"按钮，即可完成添加。

### 2. 设置默认的邮件账户

若在 Outlook 中创建了多个邮件账户，则可将常用的账户设置为默认账户，方便使用。

（1）切换到"文件"选项卡，单击"信息"命令，在中间窗格单击"账户设置"按钮，在下拉列表中单击"账户设置"选项。

（2）在"电子邮件"选项卡的列表框中选择需设置为默认的邮件账户，单击"设为默认值"按钮。

第6章 计算机网络基础

（3）所选账户即成为默认账户，并显示在第一排，默认情况下从此账户发送电子邮件。

（4）单击"关闭"按钮，关闭"账户设置"对话框即可。

（5）通过"联系人"功能，可方便地记录亲人、朋友或同事的相关信息，以及向他们发送电子邮件，或者管理电话簿等操作。

### 3. 电子邮件的收发与管理

完成电子邮件账户的配置后，就可以通过 Outlook 收发电子邮件了。与普通邮件一样，电子邮件也需要有收信人、发信人的地址、信件等内容，但是电子邮件的收发比普通邮件更简便和快捷。

（1）创建和发送邮件

①新建邮件

选择"开始"选项卡，单击"新建"选项组中的"新建电子邮件"按钮，打开"未命名–邮件"窗口。然后，在该窗口中输入"收件人地址""主题"及要发送的邮件内容，即可创建电子邮件。

②直接对联系人发送邮件

在"联系人"界面中选中要发送邮件的多个联系人，在"开始"选项卡的"通信"选项组中单击"电子邮件"按钮，在打开的"邮件"撰写窗口中编辑邮件内容。编写完成后，单击"发送"按钮将邮件发送给联系人。

（2）接收和回复邮件

①接收邮件。

这里所讲的接收邮件是将 Internet 电子邮箱中的邮件接收到本地的 Outlook 中，接收邮件的方法通常包括三种方法：接收指定的账户邮件、接收所有账户邮件和自动接收邮件。

②查看并回复邮件。

接收到邮件后，可以通过双击邮件标题，即可以在打开的窗口中查看该邮件中的内容。查看邮件内容后，若要回复该内容，可以单击"响应"选项组中的"答复"按钮，在打开的回复窗口中输入要回复的内容，然后单击"发送"按钮即可。

（3）转发邮件

在"邮件"列表中选择要转发的邮件，单击"开始"选项卡的"响应"选项组中的"转发"按钮，打开"邮件"转发窗口，"主题"及邮件编辑区中已自动添加了内容，只需在"收件人"文本框中输入收件人地址，再单击"发送"即可。

（4）删除邮件

在"邮件"界面的邮件列表中选中要删除的邮件，然后在"开始"选项卡的"删除"组中单击"删除"按钮。

（5）清空"已删除邮件"文件夹

对邮件执行删除操作后，并未真正删除，只是将邮件转移到了"已删除邮件"文件夹中，若要彻底删除邮件，需清空"已删除邮件"文件夹。右击"已删除邮件"文件夹，在弹出的快捷菜单中单击"清空文件夹"命令，可一次性彻底删除"已删除邮件"文件夹中的所有邮件。

## 6.6.2 管理日常事务

Outlook 2010 还具有个人事务管理功能，通过该功能，用户可对日常生活和办公事务进行合理化管理。例如，管理日常约会、会议和任务等，从而给生活和工作带来极大的便利。

### 1. 制定约会或会议

①单击"日历"按钮，在"开始"选项卡的"新建"选项组中单击"新建约会"按钮。

②打开"约会"窗口，输入约会主题、地点、开始时间、结束时间及约会内容等信息，设置完成后在"约会"选项卡的"动作"选项组中单击"保存并关闭"按钮。

③返回 Outlook 窗口，在日历中即可查看约会信息，弹出浮动窗口显示起止时间。

### 2. 发布任务或任务要求

（1）发布任务

单击"任务"按钮展开"任务"界面，在"开始"选项卡的"新建"选项组中单击"新建任务"按钮。在打开的"任务"窗口中设置任务主题、开始时间、截止时间、状态、提醒时间和内容等信息，设置完成后单击"保存并关闭"按钮。

（2）发布任务要求

①单击"任务"按钮展开"任务"界面，在"开始"选项卡的"新建"选项组中单击"新建项目"按钮，在弹出的下拉列表中单击"任务要求"选项。

②打开"任务"窗口，在"收件人"文本框中输入收件人地址，设置任务主题、开始时间、截止时间和内容等信息，设置完成后单击"发送"按钮，将信息发送给其他人，以提醒在特定的时间完成任务。

# 本 章 小 结

本章介绍了计算机网络概念、计算机网络发展、网络体系结构、通信标准和协议、TCP/IP 协议、局域网和电子邮件，探讨了 OSI 与 TCP/IP 协议的区别。

# 随堂练习题

## 一、简答题

1. 简述 OSI 对计算机网络的体系结构的划分。
2. 简述 TCP/IP 协议的特点。
3. 简述以太网的工作原理。

## 二、实践题

1. 讨论 OSI 参考模型与 TCP/IP 参考模型的不同。
2. 向部门经理发一个 E-mail，并将文件夹下的一个 Word 文档 Sell.docx 作为附件一起发送，同时抄送给总经理。具体如下：

【收件人】zhangdeli@126.com

【抄送】wenjiangzhou@126.com

【主题】销售计划演示

【内容】"发去全年季度销售计划文档，在附件中，请审阅。"

第 6 章　计算机网络基础

## 第7章

→ 云计算与大数据概论

# 7.1 云 计 算

### 1. 云计算的简介

云计算并不是对某一项独立技术的称呼，而是对实现云计算模式所需要的所有技术的总称。云计算技术是硬件技术和网络技术发展到一定阶段而出现的一种新技术。云计算技术的内容很多，包括分布式计算技术、虚拟化技术、网络技术、服务器技术、数据中心技术、云计算平台技术和存储技术等。从广义上说，云计算技术几乎包括了当前信息技术中的绝大部分。

维基百科中对云计算的定义为：云计算是一种基于互联网的计算方式，通过这种方式，共享的软硬件资源和信息可以按需求提供给计算机和其他设备。

2012 年的国务院政府工作报告将云计算作为国家战略性新兴产业给出了定义：云计算是基于互联网的服务的增加、使用和交付模式，通常涉及通过互联网来提供动态、易扩展且是虚拟化的资源。云计算是传统计算机和网络技术发展融合的产物，它意味着计算能力也可以作为一种商品通过互联网进行流通。

云计算技术的出现改变了信息产业传统的格局。传统的信息产业企业既是资源的整合者又是资源的使用者，这种格局并不符合现代产业分工高度专业化的需求，同时也不符合企业需要灵敏地适应客户的需要。传统的计算资源和存储资源大小通常是相对固定的，在面对客户高波动性的需求时会非常的不敏捷，企业的计算和存储资源要么是被浪费，要么是面对客户峰值需求时力不从心。云计算技术使资源与用户需求之间成为一种弹性化的关系，资源的使用者和资源的整合者并不是一个企业，资源的使用者只需要对资源按需付费，从而敏捷地响应客户不断变化的资源需求，这一方法降低了资源使用者的成本，提高了资源的利用效率。

云计算时代基本的三种角色：资源的整合运营者、资源的使用者、终端客户。资源的整合运营者就像是发电厂负责资源的整合输出，资源的使用者负责将资源转变为满足客户需求的各种应用，终端客户为资源的最终消费者。

云计算这种新模式的出现被认为是信息产业的一大变革，吸引了大量企业重新布局。云计算技术作为一项涵盖面广且对产业影响深远的技术，未来将逐步渗透到信息产业和其他产业的方方面面，并将深刻改变产业的结构模式、技术模式和产品销售模式，进而深刻影响人们的生活。

### 2. 云计算技术分类

目前已出现的云计算技术种类非常多，对于云计算的分类可以有多种角度：从技术路线角度考虑，可以分为资源整合型云计算和资源切分型云计算；从服务对象角度考虑，可以分为公有云和私有云；按资源封装的层次来分，可分为基础设施即服务（Infrastructure as a Service, IaaS）、平台即服务（Platform as a Service, PaaS）和软件即服务（Software as a Service, SaaS）。

（1）按技术路线分类

资源整合型云计算：这种类型的云计算系统在技术实现方面大多体现为集群架构，通过将大量节点的计算资源和存储资源整合后输出。这类系统通常能实现跨节点弹性化的资源池构建，核心技术为分布式计算和存储技术。MPI, Hadoop, HPCC, Storm 等都可以被分类为资源整合型云计算系统。

资源切分型云计算：这种类型最为典型的就是虚拟化系统，这类云计算系统通过系统虚拟化实现对单个服务器资源的弹性化切分，从而有效地利用服务器资源，其核心技术为虚拟化技术。这种技术的优点是用户的系统可以不做任何改变接入采用虚拟化技术的云系统，是目前应用较为广泛的技术，特别是在桌面云计算技术的成功应用；缺点是跨节点的资源整合代价较大。KVM, VMware 是这类技术的代表。

（2）按服务对象分类

公有云：指服务对象是面向公众的云计算服务，公有云对云计算系统的稳定性、安全性和并发服务能力有更高的要求。

私有云：指主要服务于某一组织内部的云计算服务，其服务并不向公众开放。例如，企业、政府内部的云服务。

公有云与私有云的界限并不是特别清晰，有时服务于一个地区和团体的云也被称为公有云。所以，这种云计算分类方法并不是一种准确的分类方法，主要是在商业领域的一种称呼。

（3）按资源封装的层次分类

基础设施即服务：把单纯的计算和存储资源不经封装地直接通过网络以服务的形式提供给用户使用。这类云计算服务用户的自主性较大，就像是发电厂将发的电能直接送出去一样。这类云服务的对象往往是具有专业知识能力的资源使用者，传统数据中心的主机租用等作为IaaS 的典型代表。

平台即服务：计算和存储资源经封装后，以某种接口和协议的形式提供给用户调用，资源的使用者不再直接面对底层资源。平台即服务需要平台软件的支撑，可以认为是从资源到应用软件的一个中间件，通过这类中间件可以大大减小应用软件开发时的技术难度。这类云服务的对象往往是云计算应用软件的开发者，平台软件的开发需要使用者具有一定的技术能力。

软件即服务：将计算和存储资源封装为用户可以直接使用的应用，并通过网络提供给用户。SaaS 面向的服务对象为最终用户，用户只是对软件功能进行使用，无须了解任何云计算系统的内部结构，也不需要用户具有专业的技术开发能力。

云计算的服务层次是根据服务类型即服务集合来划分，与大家熟悉的计算机网络体系结构中层次的划分不同。在计算机网络中每个层次都实现一定的功能，层与层之间有一定关联。而云计算体系结构中的层次是可以分割的，即某一层次可以单独完成一项用户的请求，而不需要其他层次为其提供必要的服务和支持。在云计算服务体系结构中各层次与相关云产品对应。

### 3. 云计算是物联网发展的基础

物联网的发展依赖云计算系统的完善。上面提到按资源封装的层次分类，云计算的主要服务类型分为三个层次，从下到上依次为基础设施层、平台层和应用层，如图 7.1 所示。

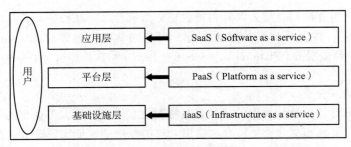

图 7.1　云计算服务形式

（1）基础设施层 IaaS，基础架构即服务。该层作用是将各种底层的计算和存储等资源作为服务提供给用户。具有代表性的产品有 Amazon EC2，IBM Blue Cloud 等。

（2）平台层 PaaS，平台即服务。该层作用是将一个应用的开发和部署平台作为服务提供给客户。比较著名的产品有 Force.com，Google App Engine 等。

（3）应用层 SaaS，软件即服务。该层作用是将应用主要以基于 Web 的方式提供给客户。具有代表性的经典产品有 Google Apps，Office Web Apps 等。

云计算服务已经成为智能交通领域发展的重要趋势。例如，利用云计算服务商提供的服务，智能交通系统可以直接调用交通云平台中的海量交通信息和数据分析结果，这种基于云计算服务的智能交通系统称为智能交通云。智能交通云是一种快速反应的交通信息管理模式，实现基于云计算的交通信息采集、分析、存储、调用、发布和反馈等功能。交通流量、密度、拥堵状况、最优路径等大量繁杂多变的交通信息通过网络传输到智能交通云平台。借助云计算的分布式存储、冗余存储和动态存储等技术，为用户提供实时交通数据、计算软件和交互平台，是今后基于物联网的智能交通系统发展的趋势。

# 7.2　大　数　据

## 1．大数据简介

计算和数据是信息产业不变的主题，在信息和网络技术迅速发展的推动下，人们的感知、计算、仿真、模拟、传播等活动产生了大量的数据，数据的产生不受时间、地点的限制，大数据的概念逐渐形成。大数据涵盖了计算和数据两大主题，是产业界和学术界的研究热点，被誉为未来十年的革命性技术。

（1）什么是大数据

大数据是一个比较抽象的概念，维基百科将大数据描述为：大数据是现有数据库管理工具和传统数据处理应用很难处理的大型、复杂的数据集，大数据的挑战包括采集、存储、搜索、共享、传输、分析和可视化等。

大数据的"大"是一个动态的概念。以前 10 GB 的数据是个天文数字，而目前在地球、物理、基因、空间科学等领域，TB 级的数据集已经很普遍。大数据系统需要满足以下三个特性。

①规模性（Volume）：需要采集、处理、传输的数据容量大。

②多样性（Variety）：数据的种类多、复杂性高。

③高速性（Velocity）：数据需要频繁地采集、处理并输出。

（2）数据的来源

大数据的数据来源很多，主要有信息管理系统、网络信息系统、物联网系统、科学实验系统等。其数据类型包括结构化数据、半结构化数据和非结构化数据。

①管理信息系统。企业内部使用的信息系统，包括办公自动化系统、业务管理系统等，是常见的数据产生方式。管理信息系统主要通过用户输入和系统的二次加工的方式生成数据，其产生的数据大多为结构化数据，存储在数据库中。

②网络信息系统。基于网络运行的信息系统是大数据产生的重要方式，电子商务系统、社交网络、社会媒体、搜索引擎等都是常见的网络信息系统。网络信息系统产生的大数据多为半结构化或无结构化的数据，网络信息系统与管理信息系统的区别在于管理信息系统是内部使用的，不接入外部的公共网络。

③物联网系统。通过传感器获取外界的物理、化学、生物等数据信息。

④科学实验系统。主要用于学术科学研究，其环境是预先设定的，数据既可以是由真实实验产生也可以是通过模拟方式获取仿真的。

（3）生产数据的三个阶段

数据库技术诞生以来，人们生产数据的方式经过了三个主要的发展阶段。

①被动式生成数据

数据库技术使得数据的保存和管理变得简单，业务系统在运行时产生的数据直接保存在数据库中，这个时候数据的产生是被动的，数据是随着业务系统的运行产生的。

②主动式生成数据

互联网的诞生尤其是 Web 2.0、移动互联网的发展大大加速了数据的产生，人们可以随时随地通过手机等移动终端生成数据，并开始主动地生成数据。

③感知式生成数据

感知技术尤其是物联网的发展，促使了数据生成方式发生了根本性的变化，遍布在城市各个角落的摄像头等数据采集设备，源源不断地自动采集、生成数据。

（4）大数据的特点

在大数据的背景下，数据的采集、分析、处理和传统方式有很大的不同，表现如下：

①数据产生方式

在大数据时代，数据的产生方式发生了巨大的变化，数据的采集方式由以往的被动采集数据转变为主动生成数据。

②数据采集密度

以往进行数据采集时的采样密度较低，获得的采样数据有限。在大数据时代，有了大数据处理平台的支撑，可以对需要分析事件的数据进行更加密集地采样，从而精确地获取事件的全局数据。

③数据源

以往从各个单一的数据源获取数据，获取的数据较为孤立，不同数据源之间的数据整合难度较大。在大数据时代，可以通过分布式计算、分布式文件系统、分布式数据库等技术对多个数据源获取的数据进行整合处理。

④数据处理方式

以往对数据的处理大多采用离线处理的方式，对已经生成的数据集中进行分析处理，不对实时产生的数据进行分析。在大数据时代，根据应用的实际需求对数据采取灵活的处理方式，对于较大的数据源、响应时间要求低的应用可以采取批处理的方式进行集中计算，而对于响应时间要求高的实时数据处理则采用流处理的方式进行实时计算，并且可以通过对历史数据的分析进行预测分析。

第7章 云计算与大数据概论

大数据需要处理的数据大小通常达到 PB 级（1 PB=1 024 TB），数据的类型多种多样，包括结构化数据、半结构化数据和非结构化数据。巨大的数据量和种类繁多的数据类型给大数据系统的存储和计算带来很大挑战，单节点的存储容量和计算能力成为瓶颈。分布式系统是对大数据进行处理的基本方法，分布式系统将数据切分后存储到多个节点上，并在多个节点上发起计算，解决单节点的存储和计算瓶颈问题。

### 2. 主要的大数据处理系统

大数据处理的数据源类型多种多样。如结构化数据、半结构化数据、非结构化数据等，数据处理的需求各不相同，有些场合需要对海量已有数据进行批量处理，有些场合需要对大量的实时生成的数据进行实时处理，有些场合需要在进行数据分析时进行反复迭代计算，有些场合需要对图数据进行分析计算。目前主要的大数据处理系统有数据查询分析计算系统、批处理系统、流式计算系统、迭代计算系统、图计算系统和内存计算系统。

（1）数据查询分析计算系统

大数据时代，数据查询分析计算系统需要具备对大规模数据进行实时或准实时查询的能力，数据规模的增长已经超出了传统关系型数据库的承载和处理能力。目前主要的数据查询分析计算系统包括 HBase，Hive，Cassandra，Dremel，Shark，Hana 等。

（2）批处理系统

MapReduce 是被广泛使用的批处理计算模式，它对具有简单数据关系、易于划分的大数据采用"分而治之"的并行处理思想。将数据记录的处理分为 Map 和 Reduce 两个简单的抽象操作，提供了一个统一的并行计算框架。批处理系统将复杂的并行计算的实现进行封装，大大降低了开发人员的并行程序设计难度。Hadoop 和 Spark 是典型的批处理系统。但 MapReduce 的批处理模式不支持迭代计算。

（3）流式计算系统

流式计算具有很强的实时性，需要对应用源源不断产生的数据进行实时处理，使数据不积压、不丢失，常用于处理电信、电力等行业应用及互联网行业的访问日志等。Facebook 的 Scribe，Apache 的 Flume，Twitter 的 Storm，Yahoo 的 S4，UCBerkeley 的 Spark Streaming 等是常用的流式计算系统。

（4）迭代计算系统

针对 MapReduce 不支持迭代计算的缺陷，人们对 Hadoop 的 MapReduce 进行了大量改进，HaLoop，iMapReduce，Twister，Spark 是典型的迭代计算系统。

（5）图计算系统

社交网络、网页链接等包含具有复杂关系的图数据，这些图数据的规模巨大，需要由专门的系统进行存储和计算。常用的图计算系统有 Google 公司的 Pregel，Pregel 的开源版本 Giraph，Microsoft 的 Trinity，Berkeley AMPLab 的 GraphX 以及高速图数据处理系统 PowerGraph 等。

（6）内存计算系统

随着内存价格的不断下降，服务器可配置内存容量的不断增长，使用内存计算完成高速的大数据处理已成为大数据处理的重要发展方向。目前常用的内存计算系统有分布式内存计算系统 Spark、全内存式分布式数据库系统 HANA 和 Google 的可扩展交互式查询系统 Dremel。

### 3. 大数据处理的基本流程

大数据的处理流程可以定义为在适合工具的辅助下，对广泛异构的数据源进行抽取和集成，结果按照一定的标准统一存储，利用合适的数据分析技术对存储的数据进行分析，从中提取有益的知识，并利用恰当的方式将结果展示给终端用户。

（1）数据抽取与集成

由于大数据处理的数据来源类型丰富，大数据处理的第一步是对数据进行抽取和集成，从中提取出关系和实体，经过关联和聚合等操作，按照统一定义的格式对数据进行存储。现有的数据抽取和集成方法有三种：基于物化或 ETL 方法的引擎（Materialization or ETL Engine）、基于联邦数据库或中间件方法的引擎（Federation Engine or Mediator）和基于数据流方法的引擎（Stream Engine）。

（2）数据分析

数据分析是大数据处理流程的核心步骤，通过数据抽取和集成环节，已经从异构的数据源中获得了用于大数据处理的原始数据，用户可以根据自己的需求对这些数据进行分析处理。例如，数据挖掘、机器学习、数据统计等，数据分析可以用于决策支持、商业智能、推荐系统和预测系统等。

（3）数据解释

大数据处理流程中用户最关心的是数据处理结果，正确的数据处理结果只有通过合适的展示方式，才能被终端用户正确理解。因此，数据处理结果的展示非常重要，可视化和人机交互是数据解释的主要技术。我们在开发调试程序的时候经常通过打印语句的方式来呈现结果，这种方式非常灵活、方便，但只有熟悉程序的人才能很好地理解打印结果。

使用可视化技术，可以将处理结果通过图形的方式直观地呈现给用户，标签云（Tag Cloud）、历史流（History Flow）、空间信息流（Spatial Information Flow）等是常用的可视化技术，用户可以根据自己的需求灵活地使用这些可视化技术。人机交互技术可以引导用户对数据进行逐步的分析，使用户参与到数据分析的过程中，深刻地理解数据分析结果。

#### 4. 数据中心

（1）数据中心的发展历史

①数据中心的定义。

数据中心是用于存放计算机系统和与之配套的网络、存储等设备的综合系统，数据中心需要具备冗余的数据通信连接、环境控制设备、监控设备以及各种安全装置。

Google 在其发布的 *The Datacenter as a Computer* 一书中，将数据中心定义为：多功能的建筑物，能容纳多个服务器以及通信设备，这些设备被放置在一起是因为它们具有相同的对环境的要求以及物理安全上的需求，并且这样放置便于维护，而并不仅仅是一些服务器的集合。

②数据中心的发展历程。

● 第一阶段——巨型机时代

20 世纪 60 年代以前，计算机使用大量的真空管作为计算部件，部件之间需要大量的线缆连接，计算机的操作和维护很复杂，其总功率很大，需要专门的供电和制冷系统，计算机的体积庞大，需要一两百平方米的房间来存放，而且当时的计算机主要用于军事用途，单独存放巨型计算机的房间就是今天"数据中心"的雏形。

在第二次世界大战期间，美军为了研制新型武器，在马里兰州的阿伯丁设立了"弹道研究实验室"。但是研制新型机所需的计算量让研究人员大为头疼，200 名计算快手不停地计算，但是效率还是很低，他们迫切需要一种新型的计算器来完成这些繁重的计算。当他们正在为这一问题头疼的时候，宾夕法尼亚大学莫尔电机学院的莫克利博士提出了试制第一台电子计算机的设想。

● 第二阶段——微型计算机/个人计算机时代

到了 20 世纪 70 年代到 80 年代，小型计算机产业发展迅速，计算机朝着体积更小、性能更强的方向发展。1988 年 CRAY Y-MP 巨型计算机的面市推动了高性能数据中心的发展，当时美国国家大气研究中心的计算中心就采用了这种机型。很多企业开始使用小型化的计算机来进行公司业务操作和数据处理，业务流程和业务数据与计算机的融合加深，许多公司开始将多台计算机放置在一个房间方便维护、管理。

到了 20 世纪 90 年代，个人计算机时代来临，随着 Linux 和 Windows 操作系统的出现，个人计算机的使用快速普及，个人计算机开始出现在计算机房中，并用价格昂贵的网络设备通过 C/S 模式的分时操作系统供多用户共享计算机资源。性能快速提升的数据中心在不断小型化的同时，开始通过网络为多用户提供共享资源和计算服务，现代数据中心的雏形开始显现。

● 第三阶段——互联网时代。

20 世纪 90 年代中期，随着互联网浪潮的到来，数据中心出现了真正的大发展，很多公司都需要高速、稳定的互联网连接以保障企业的网络业务，这个时期很多公司修建了大规模的互联网数据中心（Internet Data Center，IDC）。

● 第四阶段——云计算、大数据时代。

巨型机、微型机和互联网是数据中心发展历程中的关键性节点。在巨型机时代，计算是集中式进行的，所有计算均在巨型机上进行，科学家们根据具体的计算任务进行操作，巨型机的主要功能是科学计算。到了微型计算机/个人计算机时代，企业的业务系统等应用部署在了计算机上，应用系统在数据中心处于核心地位。在互联网时代，应用系统是数据中心的服务器核心，这个阶段应用系统在设计的时候一般固定运行在若干台托管的服务器上，当业务系统的压力发生变化时，无法动态、实时地对服务器集群规模进行调整。云计算、大数据时代对于数据中心的安全性、稳定性、集群管理、能耗问题、环境影响等方面提出了更高的要求。

③数据中心的组成。

数据中心主要由基础设施、硬件设施、基础软件、管理支撑软件构成，各部分的主要组成如下：

● 基础设施。机房、装修、供电（强电和 UPS）、散热、布线、安防等部分。

● 硬件设施。机柜、服务器、网络设备、网络安全设备、存储设备、灾备设备等。

● 基础软件。操作系统、数据库软件、防病毒软件等。

● 管理支撑软件。机房管理软件、集群管理软件、云平台软件、虚拟化软件等。

（2）数据中心的选址

数据中心的选址是数据中心建设的早期重要工作，数据中心的使用年限往往会超过 20 年，数据中心的建设、运行、维护涉及对于地质条件、气候环境、电力供给、网络带宽、人力资源等条件，需要综合考虑诸多因素。

①地质环境。

大型数据中心在选址时一般倾向选择建设在地质条件比较稳定，地震、沉降等自然灾害较少的地区，减少自然灾害等不可抗力对数据中心运行的影响概率。

②气候条件。

气候条件对于数据中心的建设、运行成本有直接影响，建设在寒冷地区的数据中心与建设在炎热地区的数据中心相比,用于制冷的电力成本大幅降低,同时其制冷系统的建设级别和造价相对较低。

③电力供给。

数据中心是电力消耗的大户。在美国数据中心的能耗已经超过美国全国用电量的 1.5%,2012 年全球数据中心的总能耗已超过 300 亿瓦,相当于 30 座核电站的发电量。单个数据中心的能耗已经上升到千万瓦的级别,数据中心在选址时必须要考虑当地的电力供应能力和电力成本。

④网络带宽。

网络带宽是数据中心为用户提供服务的核心资源,网络带宽直接影响用户的请求响应及时性,是数据中心选址考虑的重要因素,需要选择网络带宽条件较好的骨干网节点城市。

⑤水源条件。

目前先进的数据中心的冷却系统,经常采用水冷系统进行蒸发冷却,用水量巨大。

⑥人力资源。

数据中心在选址时需要选择在能够提供必要的数据中心建设、维护、运营等人力的地区。

# 7.3　云计算与大数据的发展

### 1. 云计算与大数据的发展历程

早在 1958 年,人工智能之父 John McCarthy 发明了函数式语言 LISP,LISP 语言后来成为 MapReduce 的思想来源。1960 年 John McCarthy 预言:"今后计算机将会作为公共设施提供给公众",这一概念与现在所定义的云计算已非常相似,但当时的技术条件决定了这一设想只是一种对未来技术发展的预言。

云计算是网络技术发展到一定阶段必然出现的新的技术体系和产业模式。1984 年 SUN 公司提出"网络就是计算机"这一具有云计算特征的论点;2006 年 Google 公司 CEO Eric Schmidt 提出云计算概念;2008 年云计算概念全面进入中国,2009 年中国首届云计算大会召开,此后云计算技术和产品迅速地发展起来。

随着社交网络、物联网等技术的发展,数据正在以前所未有的速度增长和积累,互联网数据中心(Internet Data Center,IDC)的研究数据表明,全球的数据量每年增长 50%,两年翻一番,这意味着全球近两年产生的数据量将超过之前全部数据的总和。2008 年 *Nature* 杂志推出了大数据专刊,2011 年 *Science* 杂志推出大数据专刊,讨论科学研究中的大数据问题。2012 年大数据的关注度和影响力快速增长,成为当年达沃斯世界经济论坛的主题,美国政府启动大数据发展计划。中国计算机学会于 2012 年成立了大数据专家委员会,并发布了大数据技术白皮书。云计算、大数据两个关键词近年来的网络关注度越来越高,云计算和大数据是信息技术未来的发展方向。

网络技术在云计算和大数据的发展历程中发挥了重要的推动作用。可以认为信息技术的发展经历了硬件发展推动和网络技术推动两个阶段。早期主要以硬件发展为主要动力,在这个阶段,硬件的技术水平决定着整个信息技术的发展水平,硬件的每一次进步都有力地推动着信息技术的发展,从电子管技术到晶体管技术再到大规模集成电路,这种技术变革成为产业发展的核心动力。但网络技术的出现逐步地打破了单纯的硬件能力决定技术发展的格局,通信带宽的发展为信息技术的发展提供了新的动力,在这一阶段通信带宽成为信息技术发展的决定性力量之一，云计算、大数据技术的出现正是这一阶段的产物，其广泛应用并不是单纯靠某一个人发明，而是由于技术发展到现在的必然产物，生产力决定生产关系的规律在这里依然是成立的。

当前移动互联网的出现并迅速普及，更是对云计算、大数据的发展起到了推动作用。移动客户终端与云计算资源的结合大大拓展了移动应用的思路，云计算资源得以在移动终端上实现随时、随地、随身资源服务。移动互联网再次拓展了以网络化资源交付为特点的云计算技术的应用能力，同时也改变了数据的产生方式，推动了全球数据的快速增长，推动了大数据技术和应用的发展。

云计算是一种全新的领先信息技术，结合 IT 技术和互联网实现超级计算和存储的能力，而推动云计算兴起的动力是高速互联网和虚拟化技术的发展，更加廉价且功能强劲的芯片及硬盘、数据中心的发展。云计算作为下一代企业数据中心，其基本形式为大量连接在一起的共享 IT 基础设施，不受本地和远程计算机资源的限制，可以很方便地访问云中的"虚拟"资源，使用户和云服务提供商之间可以像访问网络一样进行交互操作。具体来讲，云计算的兴起有以下几个因素。

（1）高速互联网技术发展

网络用于信息发布、信息交换、信息收集、信息处理。网络内容不再像早年那样是静态的，门户网站随时在更新着网站中的内容，网络的功能、网络速度也在发生巨大的变化，网络成为人们学习、工作和生活的一部分。网站只是云计算应用和服务的缩影，云计算强大的功能正在移动互联网、大数据时代崭露头角。云计算能够利用现有的 IT 基础设施在极短时间内处理大量的信息以满足动态网络的高性能需求。

（2）资源利用率需求

能耗是企业特别关注的问题。大多数企业服务器的计算能力使用率很低，但同样需要消耗大量的能源进行数据中心降温。引入云计算模式后可以通过整合资源或采用租用存储空间、租用计算能力等服务来降低企业运行成本和节省能源。同时，利用云计算将资源集中，统一提供可靠服务，以减少企业成本，提升企业灵活性，企业可以把更多的时间用于服务客户和进一步研发新的产品上。

（3）简单与创新需求

在实际的业务需求中，越来越多的个人用户和企业用户都在期待着使用计算机操作能简单化，能够直接通过购买软件或硬件服务而不是软件或硬件实体，为自己的学习、生活和工作带来更多的便利，能在学习场所、工作场所、住所之间建立便利的文件或资料共享的纽带。而对资源的利用可以简化到通过接入网络，就可以实现自己想要实现的一切，这就需要在技术上有所创新，利用云计算来提供这一切，将人们需要的资料、数据、文档、程序等全部放在云端实现同步。

（4）其他需求

连接设备、实时数据流、SOA 的采用以及搜索、开放协作、社会网络和移动商务等的移动互联网应用急剧增长，数字元器件性能的提升也使 IT 环境的规模大幅度提高，从而进一步加强了由统一的云进行管理的需求。个人或企业希望按需计算或服务，能在不同的地方实现项目、文档的协作处理，能在繁杂的信息中方便地找到自己需要的信息等需求也是云计算兴起的原因之一。

人类历史不断地证明生产力决定生产关系，技术的发展历史也证明了技术能力决定技术的形态。硬件驱动的时代诞生了 IBM，Microsoft，Intel 等企业。20 世纪 50 年代最早的网络开始出现，信息产业的发展驱动力中开始出现网络的力量，但当时网络性能很弱，网络并不是推动信息产业发展的主要动力，处理器等硬件的影响还占绝对主导因素。随着网络的发展，网络通信带宽逐步加大，从 20 世纪 80 年代的局域网，到 20 世纪 90 年代的互联网，网络逐渐成为推动信息产业发展的主导力量，这个时期诞生了百度，Google，Amazon 等公司。直到云计算的出现才标志着网络已成为信息产业发展的主要驱动力，此时技术的变革即将出现。

### 2. 为云计算与大数据发展作出贡献的科学家

在云计算与大数据的发展过程中不少科学家作出了重要的贡献。

（1）超级计算机之父——西摩·克雷（Seymour Cray）

在人类解决计算和存储问题的历程中，西摩·克雷被称为超级计算机之父。1958 年，西摩·克雷设计建造了世界上第一台基于晶体管的超级计算机，成为计算机发展史上的重要里程碑。同时也对精简指令（RISC）高端微处理器的产生作出了重大的贡献。1972 年，他创办了克雷研究公司，公司的宗旨是只生产超级计算机。此后的十余年中，克雷先后创造了 Cray-1，Cray-2 等机型。作为高性能计算机领域中最重要的人物之一，他亲手设计了 Cray 全部的硬件与操作系统，Cray 机已成为从事高性能计算学者们永远的记忆。

（2）云计算之父——约翰·麦卡锡（John McCarthy）

1951 年，约翰·麦卡锡获得普林斯顿大学数学博士学位，他因在人工智能领域的贡献而在 1971 年获得图灵奖，麦卡锡真正广为人知的称呼是"人工智能之父"，因为他在 1955 年的达特茅斯会议上提出了"人工智能"这个概念，使人工智能成为一门新的学科。1958 年发明了 LISP 语言，而 LISP 语言中的 MapReduce 在几十年后成为 Google 云计算和大数据系统中最为核心的技术。正是由于他提前半个多世纪就预言了云计算这种新的模式，因此被称为"云计算之父"。

（3）大数据之父——吉姆·格雷（Jim Gray）

云计算和大数据是密不可分的两个概念，云计算时代网络的高度发展，每个人都成为数据产生者，物联网的发展更是使数据的产生呈现出随时、随地、自动化、海量化的特征，大数据不可避免地出现在了云计算时代。吉姆·格雷生于 1944 年，在著名的加州大学伯克利分校计算机科学系获得博士学位，是声誉卓著的数据库专家，1998 年度的图灵奖获得者，2007 年 1 月 11 日在美国国家研究理事会计算机科学与通信分会上，他明确地阐述了科学研究第四范式，认为依靠对数据分析挖掘也能发现新的知识，这一认识吹响了大数据前进的号角，计算应用于数据的观点在当前的云计算大数据系统中得到了大量的体现。

# 7.4 云计算与大数据的相关技术

云计算与大数据相比，云计算更像是对一种新的技术模式的描述，而不是对某一项技术的描述，而大数据则较为确切地与一些具体的技术相关联。目前新出现的一些技术，例如，Hadoop，HPCC，Storm 都较为确切地与大数据相关，同时并行计算技术、分布式存储技术、数据挖掘技术这些传统的计算机学科在大数据条件下又再次萌发出生机，并在大数据时代找到了新的研究内容。

大数据其实是对面向数据计算技术中数据量的形象描述，通常也被称为海量数据。云计算整合的资源主要是计算和存储资源，云计算技术的发展也清晰地呈现出两大主题——计算和数据。伴随这两大主题，出现了云计算和大数据这两个热门概念，任何概念的出现都不是偶然的，取决于当时的技术发展状况。

目前提到云计算时，会将云存储作为单独的一项技术来对待，只是把网络化的存储笼统地称为云存储。事实上在面向数据的时代，不管是出现了云计算的概念还是大数据的概念，存储都不是一个独立存在的系统。特别是在集群条件下，计算和存储都是分布式的，如何让计算"找"到自己需要处理的数据，是云计算系统需要具备的核心功能。面向数据要求计算是面向数据的，那么数据的存储方式将会深刻地影响计算实现的方式。这种在分布式系统中实现计算和数据有效融合，从而提高数据处理能力，简化分布式程序设计难度，降低系统网络通信压力，从而使系统能够有效地面对大数据处理的机制，称为计算和数据的协作机制。在这种协作机制中计算如何找到数据，并启动分布式处理任务的问题，是需要重点研究的课题，这一问题被称为计算和数据的位置一致性问题。

面向数据也可以更准确地称为"面向数据的计算"，面向数据要求系统的设计和架构是围绕数据为核心展开的，面向数据也是云计算系统的一个基本特征，而计算与数据的有效协作是面向数据的核心要求。回顾计算机技术的发展历程，可以清晰地看到计算机技术从面向计算逐步转变到面向数据的过程。从面向计算到面向数据是技术发展的必然趋势，并不能把云计算的出现归功于任何个人和企业。

在计算机技术的早期由于硬件设备体积庞大、价格昂贵，这一阶段数据的产生还是"个别"人的工作。这个时期的数据生产者主要是科学家或军事部门，他们更关注计算机的计算能力，计算能力的高低决定了研究能力和一个国家军事能力的高低。另外，人类早期知识的发现主要依赖于经验、观察和实验，需要的计算和产生的数据都是很少的。当人类知识积累到一定的程度后，知识逐渐形成理论体系。计算机的出现为人类发现新的知识提供了重要工具。计算机早期的作用主要是计算，现在人类在一年内所产生的数据可能已经超过人类过去几千年产生的数据总和。可以利用海量数据加上高速计算发现新的知识，计算和数据的关系在面向数据时代变得十分紧密，也使计算和数据的协作问题面临巨大的技术挑战。

# 7.5 云计算与大数据技术是物联网发展的助推器

### 1. 云计算、大数据和物联网

云计算和物联网出现的时间非常接近，以至于有一段时间云计算和物联网两个名词总是同时出现在各类媒体上。物联网的出现得益于移动通信网络和大数据计算能力的发展，大量传感器数据的收集需要良好的网络环境，特别是部分图像数据的传输，更是对网络的性能有较高的要求。在物联网技术中传感器的大量使用使数据的生产实现自动化，数据生产的自动化也是推动当前大数据技术发展的动力之一。

物联网（Internet of Things，IoT）就是"物物相连的互联网"。包含两层意思：第一，物联网的核心和基础仍然是互联网，是在互联网基础上延伸和扩展的一种网络；第二，其用户端延伸和扩展到任何物品与物品之间进行信息交换和通信。因此，物联网的定义是通过 RFID 装置、红外感应器、全球定位系统、激光扫描器等信息传感设备，按约定的协议，把任何物品与互联网相连接，进行信息交换和通信，以实现智能化识别、定位、跟踪、监控和管理的一种网络。物联网概念可以认为是对一类应用的称呼，物联网与云计算技术、大数据处理能力的关系实际是应用与平台的关系。

物联网系统需要大量的存储资源来保存数据，同时也需要计算资源来处理和分析数据，当前物联网传感器连接呈现出以下特点：连接的传感器种类多样、连接的传感器数量众多、连接的传感器地域广大。这些特点都会导致物联网系统会在运行过程中产生大量的数据，物联网的出现使数据的产生实现自动化，大量的传感器数据不断地在各个监控点产生，特别是现在信息采样的空间密度和时间密度不断增加，视频信息的大量使用，这些因素也是目前导致大数据概念出现的原因之一。换言之，物联网的实质就是大数据的具体应用，而云计算是应用的展示。

**2. 云计算、大数据助力物联网**

物联网的产业链可以细分为标识、感知、处理和信息传送四个环节，每个环节的关键技术分别为 RFID、传感器、智能芯片和电信运营商的无线传输网络。大数据处理最终以云计算的形式提供，云计算的出现使物联网在互联网基础之上延伸和发展成为可能。物联网中的物，在云计算平台中，相当于是带上传感器的云终端，与上网笔记本电脑、手机等终端功能相同。这也是物联网在云计算日渐成熟的今天，重新被激活的原因之一。新的平台必定造就新的物联网，云计算、大数据技术将给物联网带来以下深刻变革。

（1）解决服务器节点的不可靠性问题，最大限度降低服务器的出错率。

近年来，随着物联网从局域网走向城域网，其感知信息也呈指数型增长，同时导致服务器端的服务器数目呈线性增长。服务器数目多了，节点出错的概率肯定也随之变大，更何况服务器并不便宜。节点不可信问题使得一般的中小型公司要想独自撑起一片属于自己的天空，那是难上加难。

而在云计算模式中，因为"云"有成千上万、甚至上百万台服务器，即使同时宕掉几台，"云"中的服务器也可以在很短的时间内，利用冗余备份、热拔插、RAID 等技术快速恢复服务。

（2）低成本的投入换来高收益，让限制访问服务器次数的瓶颈成为历史。

服务器相关硬件资源的承受能力都有一定范围，当服务器同时响应的数量超过自身的限制时，服务器就会崩溃。而随着物联网领域的逐步扩大，物的数量呈几何级增长，而物的信息也呈爆炸性增长，随之而来的访问量空前高涨。

因此，为了让服务器能安全可靠地运行，只有不断增加服务器的数量和购买更高级的服务器，或者限制同时访问服务器的数量。然而这两种方法都存在致命的缺点：服务器的增加，虽能通过大量的经费投入解决一时的访问压力，但设备的浪费却是巨大的。而采用云计算技术，可以动态地增加或减少云模式中服务器的数量并提高质量，这样做不仅可以解决访问的压力，还经济实惠。

（3）让物联网从局域网走向城域网甚至是广域网，在更广的范围内进行信息资源共享。

局域网中的物联网就像是一个超市，物联网中的物就是超市中的商品，商品离开这个超市到另外的超市，尽管它还存在，但服务器端内该商品的信息会随着它的离开而消失。其信息共享的局限性不言而喻。

但通过云计算技术，物联网的信息直接存放在互联网的"云"上，而每个"云"有几百万台服务器分布在全国甚至是全球的各个角落，无论这个物走到哪儿，只要具备传感器芯片，"云"中最近的服务器就能收到它的信息，并对其信息进行定位、分析、存储、更新。用户的地理位置也不再受限制，只要通过互联网就能共享物体的最新信息。

（4）将云计算与大数据挖掘技术相结合，增强物联网的数据处理能力。

伴随着物联网应用的不断扩大，业务应用范围从单一领域发展到各行各业，信息处理方式从分散到集中，产生了大量的业务数据。

第 7 章 云计算与大数据概论

运用云计算技术，由云模式下的几百万台计算机集群提供强大的计算能力，并通过庞大的计算机处理程序自动将任务分解成若干个较小的子任务，快速地对海量业务数据进行分析、处理、存储、挖掘，在短时间内提取出有价值的信息，为物联网的商业决策服务。这也是将云计算技术与大数据挖掘技术相结合给物联网带来的一大竞争优势。

任何技术从萌芽到成型，再到成熟，都需要经历一个过程。云计算技术作为一项有着广泛应用前景的新兴前沿技术，也面临着一些问题。

①标准化问题。

虽然云平台解决的问题一样，架构一样，但基于不同的技术、应用，其细节很可能完全不同，从而导致平台与平台之间可能无法互通。目前在 Google，EMC，Amazon 等云平台上都存在许多云技术打造的应用程序，却无法跨平台运行。这样一来，物联网的网与网之间的局限性依旧存在。

②安全问题。

物联网从专用网到互联网，虽然信息分析、处理得到了质的提升，但同时网络安全性也遇到了前所未有的挑战。互联网上的各种病毒、木马以及恶意入侵程序让架于云计算平台上的物联网处于非常尴尬的境地。

云计算作为互联网全球统一化的必然趋势，目前云计算的应用还处在探索测试阶段，但随着物联网界对云计算技术的关注以及云计算技术的日趋成熟，云计算技术在物联网中的广泛应用指日可待。

# 本 章 小 结

本章阐述了云计算与大数据概念、发展及相关技术，提出云计算与大数据技术是物联网发展的助推器，使我们面对云计算与大数据技术的快速发展能以不变应万变。

# 随堂练习题

## 一、简答题

1. 简述云计算具备的特点。
2. 简述云计算技术的分类方法。
3. 简述主要的大数据处理系统。
4. 简述大数据处理的基本流程

## 二、实践题

1. 在互联网上检索有关云计算技术发展的最新研究成果，并写出综述。
2. 讨论在面向大数据时代的计算和数据的关系。

第8章

→ 物联网概述

# 8.1　物联网的背景

国际电信联盟（International Telecommunications Union，ITU）正式提出"物联网"这一概念以来，物联网在全球范围内迅速获得认可，并成为信息产业革命第三次浪潮和第四次工业革命的核心支撑。物联网技术的发展创新，深刻改变着传统产业形态和社会生活方式，催生了大量新产品、新服务、新模式。

## 8.1.1　物联网的概念

物联网（Internet of Things，IoT）是将各种信息传感设备与互联网结合起来而形成的一个巨大网络。其含义有两层意思：第一，物联网的核心和基础仍然是互联网，是在互联网基础上延伸和扩展的网络；第二，其用户端延伸和扩展到了任何物品与物品之间，以进行信息交换和通信。因此，"物联网概念"是在"互联网概念"的基础上，将用户端延伸和扩展到任何物品与物品之间，进行信息交换和通信的一种网络概念。物联网是新一代信息技术的重要组成部分。从广义上来说，目前涉及信息技术的应用，都可以纳入物联网的范畴。

"物联网"定义的提出源于 1995 年比尔·盖茨的《未来之路》（The Road Ahead），在该书中比尔·盖茨首次提出物联网的概念，但由于受限于无线网络、硬件及传感器的发展，当时并没引起太多关注。

1999 年，美国麻省理工学院（MIT）成立了自动识别技术中心（Automatic Identification Center，Auto-ID 中心），构想了基于 RFID（Radio Frequency Identification，射频识别）技术的物联网概念，提出了产品电子代码（Electronic Product Code，EPC）概念。通过 EPC 系统不仅能够对货品进行实时跟踪，而且能够优化整个供应链，从而推动自动识别技术的快速发展并大幅度提高消费者的生活质量。

2005 年，在突尼斯举行的信息社会世界峰会（WSIS）上，ITU 发布了《互联网报告 2005：物联网》一文，在报告中明确提出了"物联网"的概念。

在我国，物联网的概念经过政府与企业的大力扶持已经深入人心。其含义为：物联网是无处不在的末端设备和设施，包括具备"内在智能"的传感器、移动终端、工业系统、家庭智能设施、视频监控系统等和"外在智能"的物体。例如，贴上 RFID 的各种资产。携带无线终端的个人与车辆的"智能化物件"等，通过有限的长距离和短距离的各种无线及有线通信网络实现互联互通，基于计算机的 SaaS（Software as a Service，软件即服务）营运等模式，在内网、专网、互联网的环境下，采用实时的信息安全保障机制，提供安全可控乃至个性化的实时在线监测、定位追溯、报警联动、调度指挥、预案管理、远程控制、安全防范、远程维保、在线升级、统计报表、决策支持等管理和服务功能，实现对"万物"的高效、节能、安全、环保的管理以及控制、运营的一体化。

## 8.1.2 物联网的定义

2005 年，"物联网"概念提出以来，颠覆了人们之前物理基础设施和互联网技术基础设施截然分开的传统思维，将基于通信技术的具有自我标识、感知和智能的物理实体有效连接在一起，使得政府管理、生产制造、社会管理及个人生活实现互联互通，被称为继计算机、互联网之后，世界信息产业的第三次浪潮。

物联网是新一代信息技术的高度集成和综合运用，对新一轮产业变革和经济社会绿色、智能、可持续发展具有重要意义。随着各种感知技术、现代网络技术、人工智能和自动化技术的发展，物联网的内涵也在不断完善，具有代表性的定义如下：

**定义 1**：由具有标识、虚拟个体的物体/对象所组成的网络，这些标识和个体运行在智能空间，使用智慧的接口与用户、社会和环境进行连接和通信。

——2008 年 5 月，欧洲智能系统集成技术平台（EPoSS）

**定义 2**：物联网是未来互联网的整合部分，它是以标准、互通的通信协议为基础，具有自我配置能力的全球性动态网络设施。在这个网络中，所有实质和虚拟的物品都有特定的编码和物理特性，通过智能界面无缝连接，实现信息共享。

——2009 年 9 月，欧盟第七框架 RFID 和互联网项目组报告

**定义 3**：物联网是通过信息传感设备，按照约定的协议，把任何物品与互联网连接起来，进行信息交换和通信，以实现智能化识别、定位、跟踪、监控和管理的一种网络。它是在互联网基础上延伸和扩展的网络。

——2010 年 3 月，中国政府工作报告所附的注释中对物联网的定义

**定义 4**：物联网是一个将物、人、系统和信息资源与智能服务相互连接的基础设施，可以利用它来处理物理世界和虚拟世界的信息并作出反应。

——2014 年，ISO/IEC JTC1 SWG5 物联网特别工作组

目前，国际上公认的物联网定义是：通过射频识别（RFID）、红外感应器、全球定位系统、激光扫描器等信息传感设备，按约定的协议，把任何物品与互联网相连接，进行信息交换和通信，以实现对物品的智能化识别、定位、跟踪、监控和管理的一种网络。

## 8.1.3 物联网的主要特点

从物联网的本质来看，物联网具有以下三个特点：

①互联网：对需要联网的物能够实现互联互通的互联网络。

②识别与通信：纳入联网的"物"一定要具备自动识别、物物（Machine-To-Machine，M2M）通信的功能。

③智能化：网络系统应具有自动化、自我反馈和智能控制等特点。

从产业的角度看，物联网具有以下六个特点：

①感知识别普适化：无所不在的感知和识别将传统上分离的物理世界和信息世界高度融合。

②异构设备互联化：各种异构设备利用无线通信模块和协议自组成网，异构网络通过"网关"互联互通。

③联网终端规模化：物联网时代每一件物品均具有通信功能而成为网络终端，五至十年内联网终端规模有望突破百亿。

④管理调控智能化：物联网高效、可靠组织管理海量数据，与此同时，运筹学、机器学习、数据挖掘、专家系统等决策手段将广泛应用于各行各业。

⑤应用服务链条化：以工业生产为例，物联网技术覆盖从原材料引进、生产调度、节能减排、仓储物流到产品销售、售后服务等各个环节。

⑥经济发展跨越化：物联网技术有望成为国民经济从劳动密集型向知识密集型、从资源浪费型向环境友好型转型发展过程中的重要动力。

## 8.1.4　物联网的主要技术

物联网技术的核心和基础仍然是互联网技术，是在互联网技术基础上延伸和扩展的一种网络技术，其用户端延伸和扩展到了任何物品和物品之间。物联网涉及感知、控制、网络通信、微电子、软件、嵌入式系统等技术领域。为了系统分析物联网技术体系，将物联网技术体系划分为感知关键技术、网络通信关键技术、应用关键技术和共性技术等。

### 1．感知关键技术

传感和识别技术是物联网感知物理世界获取信息和实现物体控制的首要环节，传感器将物理世界中的物理量、化学量、生物量转化为可供处理的数字信号，识别技术实现对物联网中物体标识和位置信息的获取。

### 2．网络通信关键技术

网络通信关键技术主要实现物联网信息和控制信息的双向传递、路由和控制，重点包括低速近距离无线通信技术、低功耗路由、自组织通信、无线接入 M2M 通信增强技术、IP 承载技术、网络传送技术、异构网络融合技术以及认知无线电技术。

### 3．应用关键技术

海量信息智能处理综合运用高性能计算、人工智能、数据库和模糊计算等技术，对收集的感知数据进行通用处理，重点涉及数据存储、并行计算、数据挖掘、平台服务、信息呈现等。面向服务的体系架构（Service Oriented Architecture，SOA）是一种松耦合的软件组件技术，它将应用程序的不同功能模块化，并通过标准化的接口和调用方式联系起来，实现快速可重用的系统开发和部署。

### 4．共性技术

物联网共性技术涉及网络的不同层面，主要包括架构技术、标识和解析、安全和隐私、网络管理技术等，其中在物联网应用领域中主要有五项关键共性技术。

（1）RFID 技术

RFID 技术是一种传感器技术，该技术利用射频信号通过空间电磁耦合实现无接触信息传递并通过所传递的信息实现物体识别。由于 RFID 技术具有无须接触、自动化程度高、耐用可靠、识别速度快、适应各种工作环境、可实现高速和多标签同时识别等优势，在自动识别、物品物流管理等方面有着广阔的应用前景。

（2）传感器技术

传感器是摄取信息的关键器件，它是物联网中不可缺少的信息采集手段。目前传感器技术已渗透到科学和国民经济的各个领域，在工农生产、科学研究及改善人们生活等方面，起着越来越重要的作用。

（3）嵌入式系统技术

嵌入式系统技术是集计算机软硬件、传感器技术、集成电路技术、电子应用技术于一体的复杂技术。经过几十年的演变，以嵌入式系统为特征的智能终端产品随处可见。如果把物联网用人体做一个简单比喻，那么传感器就相当于人的眼睛、鼻子、皮肤等感官，网络就是神经系统用来传递信息，嵌入式系统则是人的大脑，在接收到信息后要进行分类处理。

（4）网络通信技术

网络通信技术包含很多重要技术，其中 M2M 技术最为关键。从功能和潜在用途角度看，M2M 引起了整个"物联网"的产生。

（5）云计算

云计算是一种按使用量付费的服务模式，这种模式提供可用的、便捷的、按需的网络访问，进入可配置的计算资源共享池。资源包括网络、服务器、存储和应用软件等，这些资源能够被快速提供，只需投入很少的管理工作，或与服务供应商进行很少的交互。

## 8.1.5　物联网与其他网络

### 1. 传感器网络

传感器网络（Sensor Network，简称传感网）的概念最早由美国军方提出，起源于 1978 年美国国防部高级研究计划局（Defense Advanced Research Projects Agency，DARPA）开始资助卡耐基梅隆大学进行分布式传感器网络的研究项目。2008 年 2 月，ITU-T（国际电信联盟电信标准分局，ITU Telecommunication Standardization Sector）在《泛在传感器网络（Ubiquitous Sensor Networks）》研究报告指出：它是由智能传感器节点组成的网络，可以以"任何地点、任何时间、任何人、任何物"的形式被部署。该技术可以在广泛的领域中推动新的应用和服务。

传感器网络的定义为随机分布的集成有传感器、数据处理单元和通信单元的微小节点，通过自组织的方式构成的无线网络。传感器网络的节点之间的距离很短，一般采用多跳（Multi-hop）的无线通信方式进行通信。传感器网络可以在独立的环境下运行，也可以通过网关连接到互联网，使用户可以远程访问。传感器网络是以感知为目的，实现人与人、人与物、物与物全面互联的网络。

传感器网络综合了传感器技术、嵌入式计算技术、网络以及无线通信技术和分布式信息处理技术等，能够通过各类集成化的微型传感器协作，实时检测、感知和采集各种环境或监测对象的信息，通过嵌入式系统对信息进行处理，并通过随机自组织无线通信网络，以多跳中继方式将所感知的信息传送到用户终端，从而真正实现"无处不在的计算"理念。

### 2. 泛在网

泛在网是指无所不在的网络，又称泛在网络。起初给出的定义是：无所不在的网络社会将是由智能网络、最先进的计算技术以及其他领先的数字技术基础设施武装而成的技术社会形态。根据这样的构想，泛在网络将以"无所不在""无所不包""无所不能"为基本特征，帮助人类实现"4A"化通信，即在任何时间（Anytime）、任何地点（Anywhere）、任何人（Anyone）、任何物（Anything）都能顺畅地通信。

泛在网在网络层的关键技术包括新型光通信、分组交换、互联网管控、网络测量和仿真、多技术混合组网等。泛在网的构建依赖三个实体层的存在和互动：一是无所不在的基础网络；二是无所不在的终端单元；三是无所不在的网络应用。

### 3. 物联网、传感器网络与泛在网之间的关系

传感器网络是物联网的组成部分，物联网是互联网的延伸，泛在网是物联网发展的远景。

未来泛在网、物联网、传感器网络各有定位，传感器网络是泛在网的组成部分，物联网是泛在网发展的物联阶段，通信网、互联网、物联网之间相互协同融合是泛在网发展的目标。

物联网将解决广域或大范围的人与物、物与物之间信息交换需求的联网问题，物联网采用不同的技术把物理世界的各种智能物体、传感器接入网络，通过接入延伸技术，实现末端网络的互联来实现人与物、物与物之间的通信。在这个网络中，机器、物体和环境都将被纳入人类感知的范畴，利用传感器技术、智能技术，所有的物体将获得生命的迹象，从而变得更加智能，实现了数字虚拟世界与真实世界的对应或映射。

## 8.2    物联网的基本架构

物联网发展的关键要素包括由感知层、网络层和应用层组成的网络架构，物联网技术和标准，包括服务业和制造业在内的物联网相关产业、资源体系、隐私和安全，以及促进和规范物联网发展的法律、政策和国际治理体系。

物联网的网络架构由感知层、网络层和应用层组成。在实际应用操作中，根据物联网的技术特点，有些学者认为：物联网就是实现对周围世界"可知、可思、可控"。可知就是能够感知；可思就是具有一定智能的判断；可控就是对外界产生及时的影响。物联网的这三个特点分别对应于其结构中的感知层、网络层和应用层三个层次。

### 1. 感知层

感知层位于物联网三层架构的最底端，是所有上层结构的基础。在这个层面上，成千上万个传感器或阅读器安放在物理实体上。例如，氧气传感器、压力传感器、光敏传感器、声音传感器等，形成一定规模的传感器网络。通过这些传感器，感知这个物理实体周围的环境信息，当上层反馈命令时，通过单片机控制简单或者复杂的机械使物理实体完成特定命令。

感知层主要用于采集物理世界中发生的物理事件和数据，包括各类物理量、标识、音频、视频数据等。物联网数据采集涉及多种技术，主要包括传感器技术、RFID 技术、二维码技术、ZigBee、蓝牙技术、多媒体信息采集和实时定位等。因此，感知层实现对物理世界的智能感知识别、信息采集处理和自动控制，并通过通信模块将物理实体连接到网络层和应用层。

（1）传感器技术

传感器技术是一种将来自自然信源的模拟信号转换为数字信号，实现信息量化的技术。传感器采集到的信息是物理世界中的物理量、化学量、生物量等，这些信息并不能被识别，所以需要转化成可供计算机处理的数字信息。例如，温度、压力等。

（2）自动识别技术

自动识别技术由特定的识别设备通过被识别物品与其自身之间的接近活动自动地获取物品的信息，并将信息提供给计算机系统以进行指定处理的一种技术。通过该技术，物联网能够标记和识别每个物品，并能够对数据进行实时更新。自动识别技术不仅是构建全球物品信息实时共享的重要组成部分，更是物联网的基石。

（3）定位技术

定位技术采用一定的计算方式，测量在指定坐标系中人、物体以及事件发生的位置的技术，是物联网发展和应用的主要研究领域之一。物联网中主要采用的定位技术主要有卫星定位、基站定位、WLAN（Wireless Local Area Networks，无线局域网络）、短距离无线测量（ZigBee、RFID）等技术。

## 2. 网络层

网络是物联网最重要的基础设施之一。网络层负责向上层传输感知信息和向下层传输命令，利用互联网、无线宽带网、无线低速网络、移动通信网络等各种网络形式传递海量的信息。网络层主要实现信息的传递、路由和控制。网络层可依托公共电信网和互联网，也可以依托行业专用通信资源。

物联网的发展是基于其他网络基础之上的，特别是三网融合中的"三网"（电信网、电视网、互联网），还包括通信网、卫星网、行业专网等。网络层将来自感知层的各类信息通过基础承载网络传输到应用层，网络层中的感知数据管理与处理技术是实现以数据为中心的物联网的核心技术。感知数据管理与处理技术包括物联网数据的存储、查询、分析、挖掘、理解以及基于感知数据决策和行为的技术。

因此，网络层负责传输和处理由感知层获取到的信息，主要由各种专用网络、互联网、有线和无线通信网等组成。网络层主要实现了两个端系统之间的数据透明、无障碍、高可靠性、高安全性的传送以及更加广泛的互联功能。

## 3. 应用层

应用层位于物联网三层架构的最顶层，提供面向用户的各类应用。传统互联网经历了以数据为中心到以人为中心的转化，典型应用包括文件传输、电子邮件、电子商务、视频点播、在线游戏和社交网络等。而物联网应用以"物"或者物理世界为中心，涵盖我们现在常听到的词汇，例如，物品追踪、环境感知、智能物流、智能交通、智能电网等。

应用层为物联网应用提供信息处理、计算等通用基础服务设施、能力及资源调用接口，以此为基础实现物联网在众多领域的各种应用。应用层根据行业具体需求，向用户提供接口，主要包括服务支撑子层和应用领域。服务支撑子层的主要功能是根据底层采集的数据，形成与业务需求相适应、实时更新的动态数据资源库，把感知和传输来的信息进行分析和处理，作出正确的控制和决策，实现智能化的管理、应用和服务。物联网的应用层实现了跨行业、跨应用、跨系统之间的信息协同、共享和互通，达到了物联网真正的智能应用。

因此，物联网应用层利用经过分析处理的感知数据，为用户提供丰富的特定服务。物联网的应用可分为监控型（物流监控、污染监控）、查询型（智能检索、远程抄表）、控制型（智能交通、智能家居、路灯控制）、扫描型（手机钱包、高速公路不停车收费）等。应用层主要技术有 M2M、云计算、人工智能、数据挖掘、SOA 等。

# 8.3　物联网标准化

物联网自身能够打造一个巨大的产业链，在当前经济形势下对调整经济结构、转变经济增长方式具有积极意义。目前，物联网产业和应用还处于起步阶段，只有少量专门的应用项目，零散地分布在独立于核心网络的领域，而且多数还只是依托科研项目的示范应用。它们采用的是私有协议，尚缺乏完善的物联网标准体系，缺乏对如何采用现有技术标准的指导，在产品设计、系统集成时无统一标准可循。因此，严重制约了技术应用和产业的迅速发展。而为了实现无处不在的物联网，要实现与核心网络的融合，关键技术尚需突破。

## 8.3.1　物联网标准化体系

物联网标准是国际物联网技术竞争的制高点，由于物联网涉及不同专业技术领域、不同行业应用部门，因此物联网的标准既要涵盖面向不同应用的基础公共技术，也要涵盖满足行业特定需求的技术标准，即要同时包括国家标准和行业标准。

物联网标准体系相对繁杂，从物联网总体、感知层、网络层、应用层、共性关键技术标准体系五个层次，可初步构建标准体系。

（1）物联网总体性标准

包括物联网导则、物联网总体架构、物联网业务需求等。

（2）感知层标准体系

主要涉及传感器等各类信息获取设备的电气和数据接口、感知数据模型、描述语言和数据结构的通用技术标准，RFID 标签及阅读器接口协议标准，特定行业和应用相关的感知层技术标准等。

（3）网络层标准体系

主要涉及物联网网关、短距离无线通信、自组织网络、简化 IPv6 协议、低功耗路由、增强的 M2M 无线接入和核心网标准，M2M 模组与平台、网络资源虚拟化标准，异构融合的网络标准等。

（4）应用层标准体系

包括应用层架构、信息智能处理技术以及行业、公众应用类标准。应用层架构重点是面向对象的服务架构，包括 SOA 体系架构、面向上层应用业务的流程管理、业务流程之间的通信协议、源数据标准以及 SOA 安全架构标准。信息智能处理类技术标准包括云计算、数据存储、数据挖掘、海量智能信息处理和呈现等。云计算技术标准重点包括开放云计算接口、云计算开放式虚拟化架构（资源管理与控制）、云计算互操作、云计算安全架构等。

（5）共性关键技术标准体系

包括标识和解析、服务质量、安全、网络管理技术标准。其中，标识和解析标准包括编码、解析、认证、加密、隐私保护、管理及多标识互通标准。安全标准重点包括安全体系架构、安全协议、支持多种网络融合的认证和加密技术、用户和应用隐私保护、虚拟化和匿名化、面向服务的自适应安全技术标准等。

第
8
章

物
联
网
概
述

计算机应用基础

### 8.3.2　物联网标准制定

#### 1．国际物联网标准制定现状

国际上针对不同技术领域的标准化工作早已开展。由于物联网的技术体系庞杂，所以物联网的标准化工作分散在不同的标准化组织，各有侧重。

（1）RFID

标准已经比较成熟，ISO/IEC，EPCglobal 标准应用最广。

（2）传感器网络

ISO/IEC，JTC1/WG7（传感器网络工作组）负责标准化工作。

（3）架构技术

ITU-T SG13 对 NGN（Next Generation Network，下一代网络）环境下无所不在的泛在网需求和架构进行了研究和标准化。

（4）M2M

ETSI M2M TC（欧洲电信标准化协会 M2M TC 小组）开展了对 M2M 需求和 M2M 架构等方面的标准化研究制定，3GPP 在 M2M 核心网和无线增强技术方面正开展一系列研究和标准化工作。

（5）通信和网络技术

重点由 ITU，3GPP，IETF，IEEE 等组织开展标准化工作。目前 IEEE 802.15.4 近距离无线通信标准被广泛应用，IETF 标准组织也完成了简化 IPv6 协议应用的部分标准化工作。

（6）SOA

相关标准规范正由多个国际组织。例如，W3C，OASIS，WS-I，TOG，OMG 等研究制定。

#### 2．物联网领域的标准组织

下面介绍在物联网领域有一定影响力的标准组织。

（1）ITU-T 物联网标准进展

ITU-T（国际电信联盟电信标准分局）是国际电信联盟管理下的专门制定远程通信相关国际标准的组织。由 ITU-T 指定的国际标准通常被称为建议（Recommendations）。因为 ITU-T 是 ITU 的一部分，而 ITU 是联合国的下属组织，所以由该组织提出的国际标准比其他组织提出的类似的技术规范更正式一些。

ITU-T 的研究内容主要集中在泛在网总体框架、标识及应用三个方面。研究工作已经从需求阶段逐渐进入框架研究阶段，目前研究的框架模型还处于高层层面。ITU-T 在标识研究方面和 ISO（International Organization for Standardization，国际标准化组织）通力合作，主推基于对象标识（Object Identifier，OID）的解析体系。ITU-T 包含下列相关研究课题组。

①SG13 组：主要从 NGN 角度展开泛在网相关研究，标准主导是韩国。目前标准化工作集中在基于 NGN 的泛在网/泛在传感器网络需求及架构研究、支持标签应用的需求和架构研究、身份管理（Identity Management，IDM）相关研究、NGN 对车载通信的支持等方面。

②SG16 组：成立了专门的问题组展开泛在网应用相关的研究，日本、韩国共同主导，内容集中在业务和应用、标识解析方面。SG16 组研究的具体内容有：Q.25/16 泛在感测网络（Ubiquitous Sensing Network，USN）应用和业务、Q.27/16 通信/智能交通系统（Intelligent Transportation System，ITS）业务/应用的车载网关平台、Q.28/16 电子健康（E-Health）应用的多媒体架构、Q.21 和 Q.22 标识研究等。

③SG17 组：成立有专门的问题组展开泛在网安全、身份管理和解析的研究。SG17 组研究的具体内容有：Q.6/17 泛在通信业务安全，Q.10/17 身份管理架构和机制，Q.12/17 抽象语法标记（ASN.1）、OID 及相关注册等。

④SG11 组：成立有专门的问题组，主要研究节点标识（Node Identifier，NID）和泛在感测网络的测试架构、H.IRP 测试规范以及 X.oid-res 测试规范。

（2）ETSI 物联网标准进展

欧洲电信标准化协会（European Telecommunications Standards Institute，ETSI）是由欧共体委员会 1988 年批准建立的一个非营利性的电信标准化组织，总部设在法国南部的尼斯。ETSI 的标准化领域主要是电信业，并涉及与其他组织合作的信息及广播技术领域。ETSI 作为一个被 CEN（欧洲标准化协会）和 CEPT（欧洲邮电主管部门会议）认可的电信标准协会，其制定的推荐性标准常被采用作为欧洲法规的技术基础并被要求执行。

ETSI 采用 M2M 的概念进行总体架构方面的研究，ETSI 成立了一个专项小组 M2M TC，从 M2M 的角度进行相关标准化研究。ETSI M2M TC 小组的主要研究目标是从端到端的全景角度研究机器对机器通信，并与 ETSI 内 NGN 的研究及 3GPP 已有的研究展开协同工作。

（3）3GPP/3GPP2 物联网标准进展

第三代合作伙伴计划（3rd Generation Partnership Project，3GPP）是领先的 3G 技术规范机构，是由欧洲的 ETSI、日本的 ARIB 和 TTC、韩国的 TTA 以及美国通信工业协会 TIA 在 1998 年底发起成立的，旨在研究制定并推广基于演进的 GSM 核心网络的 3G 标准，即 WCDMA，TD-SCDMA，EDGE 等。中国无线通信标准组（China Wireless Telecommunications Standards group，CWTS）于 1999 年加入 3GPP。

3GPP2 主要工作是制定以 ANSI-41 核心网为基础，CDMA2000 为无线接口的移动通信技术规范。该组织于 1999 年 1 月成立，由美国 TIA、日本的 ARIB 和 TTC、韩国的 TTA 四个标准化组织发起，中国无线通信标准组（CWTS）于 1999 年 6 月在韩国正式签字加入 3GPP2，成为主要负责第三代移动通信 CDMA 2000 技术标准组织的伙伴。中国通信标准化协会（CCSA）成立后，CWTS 在 3GPP2 的组织名称更名为 CCSA。

3GPP 和 3GPP2 采用 M2M 的概念进行研究。作为移动网络技术的主要标准组织，3GPP 和 3GPP2 关注的重点在于物联网网络能力增强方面。3GPP 针对 M2M 的研究主要从移动网络出发，研究 M2M 应用对网络的影响，包括网络优化技术等。3GPP 研究范围为：只讨论移动网络的 M2M 通信，只定义 M2M 业务，不具体定义特殊的 M2M 应用。

（4）IEEE 物联网标准进展

在物联网的感知层研究领域，IEEE（Institute of Electrical and Electronics Engineers，电气和电子工程师协会）的重要地位显然是毫无争议的。目前无线传感器网络领域用得比较多的 ZigBee 技术就基于 IEEE 802.15.4 标准。

IEEE 802 系列标准是 IEEE 802 LAN/MAN 标准委员会制定的局域网、城域网技术标准。1998 年，IEEE 802.15 工作组成立，专门从事无线个人局域网（Wireless Personal Area Network Communication Technologies，WPAN）标准化工作。在 IEEE 802.15 工作组内有五个任务组，分别制定适合不同应用的标准。这些标准在传输速率、功耗和支持的服务等方面存在差异。传感器网络的特征与低速无线个人网络（WPAN）有很多相似之处，因此传感器网络大多采用 IEEE 802.15.4 标准用于物理层和介质访问控制（Media Access Control，MAC）层，其中最为著名的就是 ZigBee。因此，IEEE 802.15 工作组也是目前物联网领域在无线传感器网络层面的主要标准组织之一。

3. 我国物联网标准制定

物联网中国国家标准的制定主要由中国物联网标准联合工作组进行统筹组织。该联合工作组包含我国 11 个部委及下属的 19 个标准工作组，其中电子标签标准工作组和传感器网络标准工作组（WGSN）是中国物联网标准研制的核心力量。此外，中国通信标准化协会（CCSA）泛在网技术工作委员会（TC10）、中国 RFID 产业联盟等一批产业联盟和协会，也积极开展联盟标准的研制工作，推进联盟标准向行业标准、国家标准转化。

# 8.4　物联网的发展

## 8.4.1　物联网的发展历程

物联网的实践最早可以追溯到 1990 年施乐公司的网络可乐贩售机（Networked Coke Machine）。这台可乐贩售机虽然并不会发微博，但用户可以通过向它发邮件来获取它的状态。它能告诉用户机器里有没有可乐，还能够分析出六排储物架上的可乐哪一排最凉爽，使用户能够买到最冰爽的可乐。

1995 年，比尔·盖茨在其《未来之路》一书中提及物联网的概念，但未引起广泛重视。

1999 年，在美国召开的移动计算和网络国际会议提出了"传感网是下一个世纪人类面临的又一个发展机遇"，会议上提出物联网这个概念。1999 年美国 MIT Auto-ID 中心的 Ashton 教授在研究 RFID 技术时最早提出了结合物品编码、RFID 技术和互联网技术的解决方案。

2003 年，美国《技术评论》提出传感器网络技术将是未来改变人们生活的十大技术之首。

2005 年 11 月 17 日，在突尼斯举行的信息社会世界峰会（WSIS）上，ITU 发布《ITU 互联网报告 2005：物联网》，引用了"物联网"的概念。物联网的定义和范围发生变化，覆盖范围有较大的拓展，不再只是指基于 RFID 技术的物联网。

2008 年后，为了促进科技发展，寻找经济新的增长点，各国政府开始重视下一代的技术规划，将目光放在了物联网上。在我国，同年 11 月在北京大学举行的"知识社会与创新 2.0"第二届中国移动政务研讨会上，提出移动技术、物联网技术的发展代表着新一代信息技术的形成，并带动了经济社会形态、创新形态的变革，推动了面向知识社会的以用户体验为核心的下一代创新（创新 2.0）形态的形成，创新与发展更加关注用户、注重以人为本。而创新 2.0 形态的形成又进一步推动新一代信息技术的健康发展。

2009 年欧盟执委会发表了欧洲物联网行动计划，描绘了物联网技术的应用前景，提出欧盟政府要加强对物联网的管理，促进物联网的发展。

2009 年 2 月 24 日，IBM 公司大中华区首席执行官钱大群公布了名为"智慧地球"的最新策略。IBM 公司认为，互联网技术产业下一阶段的任务是把新一代互联网技术充分运用在各行各业之中。具体地说，就是把感应器嵌入和装备到电网、铁路、桥梁、隧道、公路、建筑、供水系统、大坝、油气管道等各种物体中，并且被普遍连接，形成物联网。IBM 公司还提出，如果在基础建设的执行中，植入"智慧"的理念，不仅仅能够在短期内有力地刺激经济、促进就业，而且能够在短时间内为世界打造一个成熟的智慧基础设施平台，"智慧地球"策略能够掀起互联网浪潮之后的又一次科技产业革命。

近年来，物联网在我国得到迅速发展。2016 年国家"十三五"发展纲要中提出"发展物联网的开源应用"；2017 年工业和信息化部提出要建设广覆盖、大连接、低功耗移动物联网基础设施，发展基于 NB-IoT 技术应用。NB-IoT、LoRa 等技术的成熟，形成数亿的连接数，也补充了物联网接入能力中低速率接入的短板；2018 年华为、阿里巴巴等业界龙头企业纷纷建立 IoT 事业部，进军物联网领域；2019 年国家电网建设"泛在电力物联网"；2021 年 1 月国务院正式印发了《"十四五"数字经济发展规划》，针对物联网产业提出了"增强固移融合、宽窄结合的物联接入能力"；2021 年 7 月中国互联网协会发布了《中国互联网发展报告（2021）》，物联网市场规模达 1.7 万亿元，人工智能市场规模达 3031 亿元；2021 年 9 月工信部等八部门印发《物联网新型基础设施建设三年行动计划（2021—2023 年）》，明确到 2023 年底，在国内主要城市初步建成物联网新型基础设施，社会现代化治理、产业数字化转型和民生消费升级的基础更加稳固。

## 8.4.2　我国物联网行业发展趋势

### 1. 国内物联网行业未来应用的广度和效益巨大

随着联网设备技术的进步、标准体系的成熟以及政策的推动，物联网应用领域在不断拓宽，新的应用场景将不断涌现。我国物联网产业将在智能电网、智能家居、数字城市、智能医疗、智能物流、车用传感器等领域率先普及，成为产业革命重要的推动力。

（1）智能物流成为行业发展趋势

在物流管理领域应用物联网，对于大幅降低物流成本，促进物流信息技术相关的标准化体系建设，建立依托于集成化物联网信息平台基础之上的现代物流系统意义重大。

（2）智能医疗前景看好

医疗卫生信息化是国家信息化发展的重点。未来几年，我国医疗信息化规模将持续增长。

（3）智能家居领域将迎来较快发展机遇

国内物联网在家居领域的需求规模将继续迎来较快发展机遇，特别是企业跨界合作形式的涌现，坚定了行业快速发展的信心。

（4）车联网发展更加成熟

车联网市场内生动力强大，相关技术标准日趋成熟，全面推广的各方面条件基本具备，将成为物联网应用的率先突破方向。

### 2. 物联网与新一代信息技术的融合加深

作为新一代信息技术的重要组成部分，物联网的跨界融合、集成创新和规模化发展，在促进传统产业转型升级方面起到了巨大的作用。当前，NB-IoT、5G、人工智能、云计算、大数据、区块链、边缘计算等一系列新的技术将不断注入物联网领域，助力"物联网+行业应用"快速落地，促使物联网在工业、能源、交通、医疗、新零售等领域不断普及，也催生了智能门锁、智能音箱、无人机等诸多单品成为物联网的新应用。未来几年，人工智能、区块链、大数据、云计算等和物联网的关系将会被理顺，进而构建出一个全新的、泛在的智能 ICT（Information and Communication Technology，信息和通信技术）基础设施，应用于整个社会。同时，随着物联网的壮大，安全问题将被提上日程。

# 8.5　物联网的应用

目前，物联网应用已渗透到了诸多领域。例如，智慧城市、智能交通、智能电网和智能家居等。

第 8 章　物联网概述

### 1. 智慧城市

智慧城市是指利用各种信息技术或创新理念，集成城市的功能系统和服务，以提升资源运用的效率，优化城市管理和服务，改善市民生活质量。智慧城市把新一代信息技术充分运用在城市中，实现信息化、工业化与城市化深度融合，实现精细化和动态管理，提升城市管理效率和改善市民生活质量。

目前在国际上被广泛认同的定义是，智慧城市是新一代信息技术发展、知识社会创新环境下的城市信息化向更高阶段发展的表现。智慧城市注重的不仅仅是物联网、云计算等新一代信息技术的应用，更重要的是通过面向知识社会的创新应用，构建用户创新、开放创新、大众创新、协同创新为特征的城市可持续创新生态。

智慧城市通过物联网基础设施、云计算基础设施、地理空间基础设施等新一代信息技术以及维基、社交网络、网动全媒体融合通信终端等工具和方法的应用，实现全面透彻的感知、宽带泛在的互联、智能融合的应用。伴随万物互联网络的崛起、移动技术的融合发展以及创新的民主化进程，知识社会环境下的智慧城市是继数字城市之后信息化城市发展的高级形态。

### 2. 智能交通

智能交通是将信息技术、通信技术、自动控制、人工智能等先进技术有效地综合应用于整个交通运输的组织管理和经营服务体系，从而建立一种实时、准确、高效的交通运输综合组织管理和运营服务系统。它帮助出行者实时了解交通环境，并据此推荐合理的出行方式；营造良好的交通管制，通过引导车辆行驶消除道路拥堵等交通隐患，利用自动驾驶技术，提高行车安全，节省行驶时间。

### 3. 智能电网

智能电网就是电网的智能化，是建立在集成的、高速双向通信网络的基础上，通过先进的传感和测量技术、先进的设备技术、先进的控制方法以及先进的决策支持系统技术的应用，实现电网的可靠、安全、经济、高效、环境友好和使用安全的目标。其主要特征包括自愈、激励、抵御攻击，提供满足 21 世纪用户需求的电能质量，容许各种不同发电形式的接入，启动电力市场以及资产的优化高效运行。

### 4. 智能家居

智能家居是指通过物联网技术将家中的各种设备（如音视频设备、照明系统、窗帘控制、空调控制、安防系统、数字影院系统、影音服务器、网络家电等）连接到一起，提供家电控制、照明控制、电话远程控制、室内外遥控、防盗报警、环境监测、暖通控制、红外转发以及可编程定时控制等多种功能和手段。与普通家居相比，智能家居不仅具有传统的居住功能，兼备建筑、网络通信、信息家电、设备自动化，提供全方位的信息交互功能，甚至为各种能源费用节约资金。

### 5. 气象服务

2018 年 5 月高德地图与中国气象局公共气象服务中心达成战略合作，双方将在气象预警、大数据共享等方面展开深度合作。在接入了中国气象局权威和精细化的气象数据之后，高德地图可为用户提供基于位置和出行全周期的智慧气象服务。在全国主汛期来临之前，双方还合作推出了积水地图人工智能版，借助大数据、人工智能等科技手段，在出现恶劣天气时可实时预测城市道路积水点，并对受影响的民众进行及时提醒和出行调度，保护民众在汛期安全出行，减少不必要的伤害与损失。

### 6. 智能芯片

2018 年 5 月 17 日，世界电信和信息社会日大会的主题是"推动人工智能的正当使用，造福全人类"。人工智能是信息化发展的新阶段，是新一轮科技革命和产业变革的前沿领域，未来我国将在强感知计算、机器学习、类脑计算等前沿领域研发攻关。支持核心技术突破，围绕具有全局影响力、带动性强的关键环节，重点突破智能芯片、传感器、核心算法等方向，提升我国软硬件技术水平。

# 本 章 小 结

本章主要介绍了物联网的背景、物联网的基本架构、物联网标准化、物联网的发展和物联网的应用，重点讨论了物联网相关概念、物联网的特点与发展历程。

# 随堂练习题

## 一、简答题

1. 物联网的定义有哪些？各有什么优、缺点？
2. 简述物联网的主要技术。
3. 简述物联网、传感器网络与泛在网之间的关系。

## 二、实践题

1. 讨论物联网的发展及面临的挑战。
2. 讨论物联网的应用场景。

第 8 章 物联网概述

# 习 题 集

## 第一部分　自我测试题

### 第一套

**一、选择题**

1. 下列叙述中，正确的是（　　　）。
   A．CPU能直接读取硬盘上的数据
   B．CPU能直接存取内存储器
   C．CPU由存储器、运算器和控制器组成
   D．CPU主要用来存储程序和数据

2. 1946年首台电子数字计算机ENIAC问世后，冯·诺依曼在研制EDVAC计算机时，提出两个重要的改进，它们是（　　　）。
   A．引入CPU和内存储器的概念
   B．采用机器语言和十六进制
   C．采用二进制和存储程序控制的概念
   D．采用ASCII编码系统

3. 汇编语言是一种（　　　）。
   A．依赖于计算机的低级程序设计语言
   B．计算机能直接执行的程序设计语言
   C．独立于计算机的高级程序设计语言
   D．面向问题的程序设计语言

4. 假设某台式计算机的内存储器容量为128MB，硬盘容量为10GB。硬盘的容量是内存容量的（　　　）。
   A．40倍　　　　　B．60倍　　　　　C．80倍　　　　　D．100倍

5. 计算机的硬件主要包括：中央处理器（CPU）、存储器、输出设备和（　　　）。
   A．键盘　　　　　B．鼠标　　　　　C．输入设备　　　D．显示器

6. 20GB的硬盘表示容量约为（　　　）。
   A．20亿个字节　　　　　　　　B．20亿个二进制位
   C．200亿个字节　　　　　　　 D．200亿个二进制位

7. 在一个非零无符号二进制整数之后添加一个0，则此数的值为原数的（　　　）。
   A．4倍　　　　　B．2倍　　　　　C．1/2倍　　　　D．1/4倍

8. Pentium（奔腾）微机的字长是（　　　）。

A. 8 位          B. 16 位          C. 32 位          D. 64 位

9. 下列关于 ASCII 编码的叙述中，正确的是（     ）。

    A. 一个字符的标准 ASCII 码占一个字节，其最高二进制位总为 1

    B. 所有大写英文字母的 ASCII 码值都小于小写英文字母"a"的 ASCII 码值

    C. 所有大写英文字母的 ASCII 码值都大于小写英文字母"a"的 ASCII 码值

    D. 标准 ASCII 码表有 256 个不同的字符编码

10. 在 CD 光盘上标记有"CD-RW"字样，此标记表明这光盘（     ）。

    A. 只能写入一次，可以反复读出的一次性写入光盘

    B. 可多次擦除型光盘

    C. 只能读出，不能写入的只读光盘

    D. RW 是 Read and Write 的缩写

11. 一个字长为 5 位的无符号二进制数能表示的十进制数值范围是（     ）。

    A. 1 ~ 32       B. 0 ~ 31       C. 1 ~ 31       D. 0 ~ 32

12. 计算机病毒是指"能够侵入计算机系统并在计算机系统中潜伏、传播，破坏系统正常工作的一种具有繁殖能力的（     ）。"

    A. 流行性感冒病毒          B. 特殊小程序

    C. 特殊微生物             D. 源程序

13. 在计算机中，每个存储单元都有一个连续的编号，此编号称为（     ）。

    A. 地址          B. 位置号         C. 门牌号         D. 房号

14. 在所列出的：1、字处理软件，2、Linus，3、UNIX，4、学籍管理系统，5、Windows 10 和 6、Office 2016 这六个软件中，属于系统软件的有（     ）。

    A. 1，2，3       B. 2，3，5       C. 1，2，3，5     D. 全部都不是

15. 为实现以 ADSL 方式接入 Internet，至少需要在计算机中内置或外置的一个关键硬设备是（     ）。

    A. 网卡                B. 集线器

    C. 服务器             D. 调制解调器（Modem）

16. 在下列字符中，其 ASCII 码值最小的一个是（     ）。

    A. 空格字符       B. 0            C. A            D. a

17. 十进制数 18 转换成二进制数是（     ）。

    A. 010101       B. 101000       C. 010010       D. 001010

18. 有一域名为 bit.edu.cn，根据域名代码的规定，此域名表示（     ）。

    A. 政府机关     B. 商业组织     C. 军事部门     D. 教育机构

19. 用助记符代替操作码、地址符号代替操作数的面向机器的语言是（     ）。

    A. 汇编语言                B. FORTRAN 语言

    C. 机器语言               D. 高级语言

20. 在下列设备中，不能作为微机输出设备的是（     ）。

    A. 打印机       B. 显示器       C. 鼠标器       D. 绘图仪

## 二、文字处理

打开文档 WORD1-1.docx，按照要求完成下列操作并以该文件名（WORD1-1.docx）保存文档。

（1）将文中所有错词"严肃"替换为"压缩"。将页面颜色设置为黄色（标准色）。

（2）将标题段（"WinImp 压缩工具简介"）设置为小三号宋体、居中，并为标题段文字添加蓝色（标准色）阴影边框。

（3）设置正文（"特点……如表一所示"）各段落中的所有中文文字为小四号楷体、西文文字为小四号 Arial 字体；各段落悬挂缩进 2 字符，段前间距 0.5 行。

（4）将文中最后 3 行统计数字转换成一个 3 行 4 列的表格，表格样式采用"网格表 1 浅色–着色 2"。

（5）设置表格居中、表格列宽为 3 厘米、表格所有内容水平居中、并设置表格底纹为"白色，背景 1，深色 25%"。

【文档开始】

WinImp 严肃工具简介

特点　WinImp 是一款既有 WinZip 的速度，又兼有 WinAce 严肃率的文件严肃工具，界面很有亲和力。尤其值得一提的是，它的自安装文件才 27KB，非常小巧。支持 ZIP、ARJ、RAR、GZIP、TAR 等严肃文件格式。严肃、解压、测试、校验、生成自解包、分卷等功能一应俱全。

基本使用　正常安装后，可在资源管理器中用右键菜单中的"Add to imp"及"Extract to ..."项进行严肃和解压。

评价　因机器档次不同，严肃时间很难准确测试，但感觉与 WinZip 大致相当，应当说是相当快了；而严肃率测试采用了 WPS 2000 及 Word 97 作为样本，测试结果如表一所示。

表一　WinZip、WinRar、WinImp 严肃工具测试结果比较

| 严肃对象 | WinZip | WinRar | WinImp |
| --- | --- | --- | --- |
| WPS2000(33MB) | 13.8MB | 13.1MB | 11.8MB |
| Word97(31.8MB) | 14.9MB | 14.1MB | 13.3MB |

【文档结束】

## 三、电子表格

1. 打开 EXCEL-1.xlsx 文件，完成下列操作。

（1）将 Sheet1 工作表的 A1：G1 单元格合并为一个单元格，内容水平居中。

计算"上月销售额"和"本月销售额"列的内容（销售额=单价×数量，数值型，保留小数点后 0 位）；

计算"销售额同比增长"列的内容（同比增长=（本月销售额–上月销售额）/本月销售额，百分比型，保留小数点后 1 位）。

（2）选取"产品型号"列、"上月销售量"列和"本月销售量"列内容，建立"簇状柱形图"，图表标题为"销售情况统计图"，图例置底部。

将图表插入到表的 A14：E27 单元格区域内，将工作表命名为"销售情况统计表"，保存 EXCEL-1.xlsx 文件。

| | A | B | C | D | E | F | G |
| --- | --- | --- | --- | --- | --- | --- | --- |
| 1 | 产品销售情况统计表 | | | | | | |
| 2 | 产品型号 | 单价（元） | 上月销售量 | 上月销售额（万元） | 本月销售量 | 本月销售额（万元） | 销售额同比增长 |
| 3 | P-1 | 654 | 123 | | 156 | | |
| 4 | P-2 | 1652 | 84 | | 93 | | |
| 5 | P-3 | 1879 | 145 | | 178 | | |
| 6 | P-4 | 2341 | 66 | | 131 | | |
| 7 | P-5 | 780 | 101 | | 121 | | |
| 8 | P-6 | 394 | 79 | | 97 | | |
| 9 | P-7 | 391 | 105 | | 178 | | |
| 10 | P-8 | 289 | 86 | | 156 | | |
| 11 | P-9 | 282 | 91 | | 129 | | |
| 12 | P-10 | 196 | 167 | | 178 | | |

2. 打开工作簿文件 EXC-1.xlsx，完成下列操作。

对工作表"产品销售情况表"内数据清单的内容按主要关键字"产品名称"的降序次序和次要关键字"分公司"的降序次序进行排序，完成对各产品销售额总和的分类汇总，汇总结果显示在数据下方，工作表名不变，保存 EXC-1.xlsx 工作簿。

| | A 季度 | B 分公司 | C 产品类别 | D 产品名称 | E 销售数量 | F 销售额（万元） | G 销售额排名 |
|---|---|---|---|---|---|---|---|
| 2 | 1 | 西部2 | K-1 | 空调 | 89 | 12.28 | 26 |
| 3 | 1 | 南部3 | D-2 | 电冰箱 | 89 | 20.83 | 9 |
| 4 | 1 | 北部2 | K-1 | 空调 | 89 | 12.28 | 26 |
| 5 | 1 | 东部3 | D-2 | 电冰箱 | 86 | 20.12 | 10 |
| 6 | 1 | 北部1 | D-1 | 电视 | 86 | 38.36 | 1 |
| 7 | 3 | 南部1 | K-1 | 空调 | 86 | 30.44 | 4 |
| 8 | 3 | 西部2 | K-1 | 空调 | 84 | 11.59 | 28 |
| 9 | 2 | 东部1 | K-1 | 空调 | 79 | 27.97 | 6 |
| 10 | 3 | 西部1 | D-1 | 电视 | 78 | 34.79 | 2 |
| 11 | 3 | 南部3 | D-1 | 电冰箱 | 75 | 17.55 | 18 |
| 12 | 2 | 北部1 | D-1 | 电视 | 73 | 32.56 | 3 |
| 13 | 2 | 西部3 | D-2 | 电冰箱 | 69 | 22.15 | 8 |
| 14 | 1 | 东部1 | D-1 | 电视 | 67 | 18.43 | 14 |
| 15 | 1 | 东部1 | D-1 | 电视 | 66 | 18.15 | 16 |
| 16 | 2 | 东部3 | D-1 | 电视 | 65 | 15.21 | 23 |
| 17 | 1 | 南部1 | D-1 | 电视 | 64 | 17.60 | 17 |
| 18 | 1 | 北部1 | D-1 | 电视 | 64 | 28.54 | 5 |
| 19 | 2 | 南部2 | K-1 | 空调 | 63 | 22.30 | 7 |
| 20 | 1 | 西部3 | D-2 | 电冰箱 | 58 | 18.62 | 13 |
| 21 | 3 | 西部3 | D-2 | 电冰箱 | 57 | 18.30 | 15 |
| 22 | 2 | 东部1 | D-1 | 电视 | 56 | 15.40 | 22 |
| 23 | 2 | 西部2 | K-1 | 空调 | 56 | 7.73 | 33 |
| 24 | 1 | 南部2 | K-1 | 空调 | 54 | 19.12 | 11 |
| 25 | 3 | 北部2 | D-2 | 电冰箱 | 54 | 17.33 | 19 |
| 26 | 3 | 北部2 | K-1 | 空调 | 53 | 7.31 | 35 |
| 27 | 2 | 北部3 | D-2 | 电冰箱 | 48 | 15.41 | 21 |
| 28 | 3 | 南部1 | D-1 | 电视 | 46 | 12.65 | 25 |
| 29 | 2 | 南部2 | D-2 | 电冰箱 | 45 | 10.53 | 29 |
| 30 | 3 | 东部1 | K-1 | 空调 | 45 | 15.93 | 20 |
| 31 | 1 | 北部2 | D-2 | 电冰箱 | 43 | 13.80 | 24 |
| 32 | 2 | 西部1 | D-1 | 电视 | 42 | 18.73 | 12 |

## 四、演示文稿

打开演示文稿 yswg-1.pptx，按照下列要求完成对此文稿的修饰并保存。

（1）使用"穿越"主题修饰全文，全部幻灯片切换方案为"擦除"，效果选项为"自左侧"。

（2）将第二张幻灯片版式改为"两栏内容"，将第三张幻灯片的图片移到第二张幻灯片右侧内容区，图片动画效果设置为"轮子"，效果选项为"3 轮辐图案"。

将第三张幻灯片版式改为"标题和内容"，标题为"公司联系方式"，标题设置为"黑体""加粗""59 磅字"。内容部分插入 3 行 4 列表格，表格的第一行 1～4 列单元格依次输入"部门"、"地址"、"电话"和"传真"，第一列的 2、3 行单元格内容分别是"总部"和"中国分部"。其他单元格按第一张幻灯片的相应内容填写。

删除第一张幻灯片，并将第二张幻灯片移为第三张幻灯片。

# 第二套

## 一、选择题

1. 世界上公认的第一台电子计算机诞生的年代是（　　）。
   A. 1943　　　　　B. 1946　　　　　C. 1950　　　　　D. 1951
2. 构成 CPU 的主要部件是（　　）。
   A. 内存和控制器　　　　　　　B. 内存、控制器和运算器
   C. 高速缓存和运算器　　　　　D. 控制器和运算器

3. 十进制数 29 转换成无符号二进制数等于（　　　）。

  A. 11111    B. 11101    C. 11001    D. 11011

4. 10GB 的硬盘表示其存储容量为（　　　）。

  A. 一万个字节      B. 一千万个字节

  C. 一亿个字节      D. 一百亿个字节

5. 组成微型机主机的部件是（　　　）。

  A. CPU、内存和硬盘    B. CPU、内存、显示器和键盘

  C. CPU 和内存      D. CPU、内存、硬盘、显示器和键盘套

6. 已知英文字母 "m" 的 ASCII 码值为 6DH，那么字母 "q" 的 ASCII 码值是（　　　）。

  A. 70H    B. 71H    C. 72H    D. 6FH

7. 一个字长为 6 位的无符号二进制数能表示的十进制数值范围是（　　　）。

  A. 0 ~ 64    B. 1 ~ 64    C. 1 ~ 63    D. 0 ~ 63

8. 下列设备中，可以作为微机输入设备的是（　　　）。

  A. 打印机    B. 显示器    C. 鼠标器    D. 绘图仪

9. 操作系统对磁盘进行读/写操作的单位是（　　　）。

  A. 磁道    B. 字节    C. 扇区    D. KB

10. 一个汉字的国标码需用 2 字节存储，其每个字节的最高二进制位的值分别为（　　　）。

  A. 0,0    B. 1,0    C. 0,1    D. 1,1

11. 下列各类计算机程序语言中，不属于高级程序设计语言的是（　　　）。

  A. Visual Basic 语言    B. FORTRAN 语言

  C. Pascal 语言      D. 汇编语言

12. 在下列字符中，其 ASCII 码值最大的一个是（　　　）。

  A. 9    B. Z    C. d    D. X

13. 下列关于计算机病毒的叙述中，正确的是（　　　）。

  A. 反病毒软件可以查杀任何种类的病毒

  B. 计算机病毒是一种被破坏了的程序

  C. 反病毒软件必须随着新病毒的出现而升级，提高查、杀病毒的功能

  D. 感染过计算机病毒的计算机具有对该病毒的免疫性

14. 下列各项中，非法的 Internet 的 IP 地址是（　　　）。

  A. 202.96.12.14      B. 202.196.72.140

  C. 112.256.23.8      D. 201.124.38.79

15. 计算机的主频指的是（　　　）。

  A. 软盘读写速度，用 HZ 表示    B. 显示器输出速度，用 MHZ 表示

  C. 时钟频率，用 MHZ 表示    D. 硬盘读写速度

16. 计算机网络分为局域网、城域网和广域网，下列属于局域网的是（　　　）。

  A. ChinaDDN 网  B. Novell 网  C. Chinanet 网  D. Internet

17. 下列描述中，正确的是（　　　）。

  A. 光盘驱动器属于主机，而光盘属于外设

  B. 摄像头属于输入设备，而投影仪属于输出设备

  C. U 盘即可以用作外存，也可以用作内存

  D. 硬盘是辅助存储器，不属于外设

18. 在下列字符中，其 ASCII 码值最大的一个是（　　　）。

    A．9　　　　　　　B．Q　　　　　　　C．d　　　　　　　D．F

19. 把内存中数据传送到计算机的硬盘上去的操作称为（　　　）。

    A．显示　　　　　　B．写盘　　　　　　C．输入　　　　　　D．读盘

20. 用高级程序设计语言编写的程序（　　　）。

    A．计算机能直接执行　　　　　　　B．具有良好的可读性和可移植性

    C．执行效率高但可读性差　　　　　D．依赖于具体机器，可移植性差

## 二、文字处理

打开文档 WORD1-2.docx，按照要求完成下列操作并以该文件名（WORD1-2.docx）保存文档。

（1）将文中所有错词"偏食"替换为"片式"。设置页面纸张大小为"16 开（18.4 厘米×26 厘米）"。

（2）将标题段文字"中国片式元器件市场发展态势"设置为三号红色黑体、居中、段后间距 0.8 行。

（3）将正文第一段"90 年代中期以来……片式二极管。"移至第二段"我国……新的增长点。"之后；设置正文各段落"我国……片式化率达 80%。"右缩进 2 字符。设置正文第一段"我国……新的增长点。"首字下沉 2 行（距正文 0.2 厘米）；设置正文其余段落"90 年代中期以来……片式化率达 80%。"首行缩进 2 字符。

**【文档开始】**

中国偏食元器件市场发展态势

20 世纪 90 年代中期以来，外商投资踊跃，合资企业积极内迁。日本最大的偏食元器件厂商村田公司以及松下、京都陶瓷和美国摩托罗拉都已在中国建立合资企业，分别生产偏食陶瓷电容器、偏食电阻器和偏食二极管。

我国偏食元器件产业是在 20 世纪 80 年代彩电国产化的推动下发展起来的。先后从国外引进了 40 多条生产线。目前国内新型电子元器件已形成了一定的产业基础，对大生产技术和工艺逐渐有所掌握，已初步形成了一些新的增长点。

对中国偏食元器件生产的乐观估计是，到 21 世纪初偏食元器件产量可达 3 500 亿～4 000 亿只，年均增长 30%，偏食化率达 80%。

**【文档结束】**

## 三、电子表格

1. 打开 EXCEL-2.xlsx 文件，完成下列操作。

（1）将 Sheet1 工作表的 A1：D1 单元格合并为一个单元格，内容水平居中；计算"分配回县/考取比率"列内容（分配回县/考取比率=分配回县人数/考取人数，百分比，保留小数点后两位）；使用条件格式将"分配回县/考取比率"列内大于或等于 50% 的值设置为红色、加粗。

（2）选取"时间"和"分配回县/考取比率"两列数据，建立"带平滑线和数据标记的散点图"图表，设置图表样式为"样式 4"，图例位置靠上，图表标题为"分配回县/考取散点图"，将图表插入到表的 A12：D27 单元格区域内，将工作表命名为"回县比率表"。

| | A | B | C | D |
|---|---|---|---|---|
| 1 | 某县大学升学和分配情况表 | | | |
| 2 | 时间 | 考取人数 | 分配回县人数 | 分配回县/考取比率 |
| 3 | 2004 | 232 | 152 | |
| 4 | 2005 | 353 | 162 | |
| 5 | 2006 | 450 | 239 | |
| 6 | 2007 | 586 | 267 | |
| 7 | 2008 | 705 | 280 | |
| 8 | 2009 | 608 | 310 | |
| 9 | 2010 | 769 | 321 | |
| 10 | 2011 | 776 | 365 | |

2. 打开工作簿文件 EXC-2.xlsx，完成下列操作。

对工作表"产品销售情况表"内数据清单的内容按主要关键字"分公司"的升序次序和次要关键字"产品类别"的降序次序进行排序，完成对各分公司销售量平均值的分类汇总，各平均值保留小数点后 0 位，汇总结果显示在数据下方，工作表名不变，保存 EXC-2.xlsx 工作簿。

| | A | B | C | D | E | F | G |
|---|---|---|---|---|---|---|---|
| 1 | 季度 | 分公司 | 产品类别 | 产品名称 | 销售数量 | 销售额（万元） | 销售额排名 |
| 2 | 1 | 西部2 | K-1 | 空调 | 89 | 12.28 | 26 |
| 3 | 1 | 南部3 | D-2 | 电冰箱 | 89 | 20.83 | 9 |
| 4 | 1 | 北部2 | K-1 | 空调 | 89 | 12.28 | 26 |
| 5 | 1 | 东部3 | D-2 | 电冰箱 | 86 | 20.12 | 10 |
| 6 | 1 | 北部1 | D-1 | 电视 | 86 | 38.36 | 1 |
| 7 | 3 | 南部1 | K-1 | 空调 | 86 | 30.44 | 4 |
| 8 | 3 | 西部2 | K-1 | 空调 | 84 | 11.59 | 28 |
| 9 | 2 | 东部2 | K-1 | 空调 | 79 | 27.97 | 6 |
| 10 | 3 | 西部1 | D-1 | 电视 | 78 | 34.79 | 2 |
| 11 | 3 | 南部3 | D-2 | 电冰箱 | 75 | 17.55 | 18 |
| 12 | 2 | 北部1 | D-1 | 电视 | 73 | 32.56 | 3 |
| 13 | 2 | 西部3 | D-2 | 电冰箱 | 69 | 22.15 | 8 |
| 14 | 1 | 东部1 | D-1 | 电视 | 67 | 18.43 | 14 |
| 15 | 3 | 东部1 | D-1 | 电视 | 66 | 18.15 | 16 |
| 16 | 2 | 东部3 | D-2 | 电冰箱 | 65 | 15.21 | 23 |
| 17 | 1 | 南部1 | D-1 | 电视 | 64 | 17.60 | 17 |
| 18 | 3 | 北部1 | D-1 | 电视 | 64 | 28.54 | 5 |
| 19 | 2 | 南部2 | K-1 | 空调 | 63 | 22.30 | 7 |
| 20 | 1 | 西部2 | D-2 | 电冰箱 | 58 | 18.62 | 13 |
| 21 | 3 | 西部3 | D-2 | 电冰箱 | 57 | 18.30 | 15 |
| 22 | 2 | 东部1 | D-1 | 电视 | 56 | 15.40 | 22 |
| 23 | 2 | 西部2 | K-1 | 空调 | 56 | 7.73 | 33 |
| 24 | 1 | 南部2 | K-1 | 空调 | 54 | 19.12 | 11 |
| 25 | 3 | 北部3 | D-2 | 电冰箱 | 54 | 17.33 | 19 |
| 26 | 3 | 北部2 | K-1 | 空调 | 53 | 7.31 | 35 |
| 27 | 2 | 北部3 | D-2 | 电冰箱 | 48 | 15.41 | 21 |
| 28 | 3 | 南部1 | D-1 | 电视 | 46 | 12.65 | 25 |
| 29 | 2 | 西部3 | D-2 | 电冰箱 | 45 | 10.53 | 29 |
| 30 | 3 | 东部2 | K-1 | 空调 | 45 | 15.93 | 20 |
| 31 | 1 | 北部3 | D-2 | 电冰箱 | 43 | 13.80 | 24 |
| 32 | 2 | 西部1 | D-1 | 电视 | 42 | 18.73 | 12 |

## 四、演示文稿

打开演示文稿 yswg-2.pptx，按照下列要求完成对此文稿的修饰并保存。

（1）最后一张幻灯片前插入一张版式为"仅标题"的新幻灯片，标题为"领先同行业的技术"，在位置（水平：3.6 厘米，自：左上角，垂直：10.7 厘米，自：左上角）插入样式为"填充-蓝色，强调文字颜色 2，暖色粗糙棱台"的艺术字"Maxtor Storage for the world"，且文字均居中对齐。艺术字文字效果为"转换-跟随路径-上弯弧"，艺术字宽度为 18 厘米。将该幻灯片向前移动，作为演示文稿的第一张幻灯片，并删除第五张幻灯片。将最后一张幻灯片的版式更换为"垂直排列标题与文本"。第二张幻灯片的内容区文本动画设置为"进入""飞入"，效果选项为"自右侧"。

（2）第一张幻灯片的背景设置为"水滴"纹理，且隐藏背景图形；全文幻灯片切换方案设置为"棋盘"，效果选项为"自顶部"。放映方式为"观众自行浏览"。

## 第三套

### 一、选择题

1. 下列软件中，属于系统软件的是（　　）。
   A. 办公自动化软件　　　　　　B. Windows XP
   C. 管理信息系统　　　　　　　D. 指挥信息系统

2. 已知英文字母"m"的 ASCII 码值为 6DH，那么 ASCII 码值为 71H 的英文字母是
（　　）。
   A. M　　　　　B. j　　　　　C. p　　　　　D. q

3. 控制器的功能是（　　）。
   A. 指挥、协调计算机各部件工作　　B. 进行算术运算和逻辑运算
   C. 存储数据和程序　　　　　　　　D. 控制数据的输入和输出

4. 计算机的技术性能指标主要是指（　　）。
   A. 计算机所配备的语言、操作系统、外部设备
   B. 硬盘的容量和内存的容量
   C. 显示器的分辨率、打印机的性能等配置
   D. 字长、运算速度、内/外存容量和 CPU 的时钟频率

5. 在下列关于字符 ASCII 值大小关系的说法中，正确的是（　　）。
   A. 空格＞a＞A　　　　　　　　B. 空格＞A＞a
   C. a＞A＞空格　　　　　　　　D. A＞a＞空格

6. 声音与视频信息在计算机内的表现形式是（　　）。
   A. 二进制数字　　B. 调制　　　C. 模拟　　　　D. 模拟或数字

7. 计算机系统软件中最核心的是（　　）。
   A. 语言处理系统　　　　　　　B. 操作系统
   C. 数据库管理系统　　　　　　D. 诊断程序

8. 下列关于计算机病毒的说法中，正确的是（　　）。
   A. 计算机病毒是一种有损计算机操作人员身体健康的生物病毒
   B. 计算机病毒发作后，将造成计算机硬件永久性的物理损坏
   C. 计算机病毒是一种通过自我复制进行传染的，破坏计算机程序和数据的小程序
   D. 计算机病毒是一种有逻辑错误的程序

9. 能直接与 CPU 交换信息的存储器是（　　）。
   A. 硬盘存储器　　B. CD-ROM　　C. 内存储器　　　D. 软盘存储器

10. 下列叙述中，错误的是（　　）。
    A. 把数据从内存传输到硬盘的操作称为写盘
    B. WPS，Office 2016 属于系统软件
    C. 把高级语言源程序转换为等价的机器语言目标程序的过程叫编译
    D. 计算机内部对数据的传输、存储和处理都使用二进制

11. 以下关于电子邮件的说法，不正确的是（　　）。
    A. 电子邮件的英文简称是 E-mail

B．加入 Internet 的每个用户通过申请都可以得到一个"电子信箱"

C．在一台计算机上申请的"电子信箱"，以后只有通过这台计算机上网才能收信

D．一个人可以申请多个"电子信箱"

12．RAM 的特点是（　　　）。

    A．海量存储器

    B．存储在其中的信息可以永久保存

    C．一旦断电，存储在其上的信息将全部消失，且无法恢复

    D．只用来存储中间数据

13．因特网中 IP 地址用四组十进制数表示，每组数字的取值范围是（　　　）。

    A．0～127　　　　　B．0～128　　　　　C．0～255　　　　　D．0～256

14．Internet 最初创建时的应用领域是（　　　）。

    A．经济　　　　　　B．军事　　　　　　C．教育　　　　　　D．外交

15．某 800 万像素的数码相机，拍摄照片的最高分辨率大约是（　　　）像素。

    A．3 200×2 400　　B．2 048×1 600　　C．1 600×1 200　　D．1 024×768

16．微机硬件系统中最核心的部件是（　　　）。

    A．内存储器　　　　B．输入输出设备　　C．CPU　　　　　　D．硬盘

17．1 KB 的准确数值是（　　　）。

    A．1 024 B　　　　　B．1 000 B　　　　　C．1 024 bit　　　　D．1 000 bit

18．DVD-ROM 属于（　　　）。

    A．大容量可读可写外存储器　　　　　　　B．大容量只读外部存储器

    C．CPU 可直接存取的存储器　　　　　　　D．只读内存储器

19．移动硬盘或 U 盘连接计算机所使用的接口通常是（　　　）。

    A．RS-232C 接口　　B．并行接口　　　　C．USB　　　　　　D．UBS

20．下列设备组中，完全属于输入设备的一组是（　　　）。

    A．CD-ROM 驱动器、键盘、显示器　　　　B．绘图仪、键盘、鼠标器

    C．键盘、鼠标器、扫描仪　　　　　　　　D．打印机、硬盘、条码阅读器

## 二、文字处理

1．打开文档 WORD1-3.docx，按照要求完成下列操作并以该文件名（WORD1-3.docx）保存文档。

（1）将标题段文字"'星星连珠'会引发灾害吗？"设置为蓝色（标准色）小三号黑体、加粗、居中。

（2）设置正文各段落"'星星连珠'时，……可以忽略不计。"左右各缩进 0.5 字符、段后间距 0.5 行。将正文第一段"'星星连珠'时，……特别影响。"分为等宽的两栏、栏间距为 0.19 字符、栏间加分隔线。

（3）设置页面边框为红色 1 磅方框。

【文档开始】

"星星连珠"会引发灾害吗？

"星星连珠"时，地球上会发生什么灾变吗？答案是："星星连珠"发生时，地球上不会发生什么特别的事件。不仅对地球，就是对其他星星、小星星和彗星也一样不会产生什么特别影响。

为了便于直观的理解，不妨估计一下来自星星的引力大小。这可以运用牛顿的万有引力定律来进行计算。

科学家根据 6 000 年间发生的"星星连珠"，计算了各星星作用于地球表面一个 1 千克物体上的引力（如附表所示）。从表中可以看出最强的引力来自太阳，其次是来自月球。与来自月球的引力相比，来自其他星星的引力小得微不足道。就算"星星连珠"像拔河一样形成合力，其影响与来自月球和太阳的引力变化相比，也小得可以忽略不计。

【文档结束】

2．打开文档 WORD2-3.docx，按照要求完成下列操作并以该文件名（WORD2-3.docx）保存文档。

（1）在表格最右边插入一列，输入列标题"实发工资"，并计算出各职工的实发工资。并按"实发工资"列升序排列表格内容。

（2）设置表格居中、表格列宽为 2 厘米，行高为 0.6 厘米、表格所有内容水平居中；设置表格所有框线为 1 磅红色单实线。

【文档开始】

| 职工号 | 单位 | 姓名 | 基本工资（元） | 职务工资（元） | 岗位津贴（元） |
|---|---|---|---|---|---|
| 1031 | 一厂 | 王平 | 2118 | 1050 | 1140 |
| 2021 | 二厂 | 李万全 | 2550 | 1200 | 1260 |
| 3074 | 三厂 | 刘福来 | 2340 | 1260 | 1500 |
| 1058 | 一厂 | 张雨 | 2010 | 1080 | 1170 |

【文档结束】

### 三、电子表格

1．打开 EXCEL-3.xlsx 文件，完成下列操作。

（1）将 Sheet1 工作表的 A1：G1 单元格合并为一个单元格，内容水平居中。根据提供的工资浮动率计算工资的浮动额，再计算浮动后工资。为"备注"列添加信息，如果员工的浮动额大于 800 元，在对应的备注列内填入"激励"，否则填入"努力"（利用 IF 函数），设置"备注"列的单元格样式为"40%-强调文字颜色 2"。

（2）选取"职工号"、"原来工资"和"浮动后工资"列的内容，建立"堆积面积图"，设置图表样式为"样式 28"，图例位于底部，图表标题为"工资对比图"，位于图的上方，将图插入到表的 A14：G33 单元格区域内，将工作表命名为"工资对比表"。

| | A | B | C | D | E | F | G |
|---|---|---|---|---|---|---|---|
| 1 | 某部门人员浮动工资情况表 | | | | | | |
| 2 | 序号 | 职工号 | 原来工资（元） | 浮动率 | 浮动额（元） | 浮动后工资（元） | 备注 |
| 3 | 1 | H089 | 6000 | 15.50% | | | |
| 4 | 2 | H007 | 9800 | 11.50% | | | |
| 5 | 3 | H087 | 5500 | 11.50% | | | |
| 6 | 4 | H012 | 12000 | 10.50% | | | |
| 7 | 5 | H045 | 6500 | 11.50% | | | |
| 8 | 6 | H123 | 7500 | 9.50% | | | |
| 9 | 7 | H059 | 4500 | 10.50% | | | |
| 10 | 8 | H069 | 5000 | 11.50% | | | |
| 11 | 9 | H079 | 6000 | 12.50% | | | |
| 12 | 10 | H033 | 8000 | 11.60% | | | |

2. 打开工作簿文件 EXC-3.xlsx，完成下列操作。

对工作表"产品销售情况表"内数据清单的内容建立数据透视表，行标签为"分公司"，列标签为"产品名称"，求和项为"销售额（万元）"，并置于现工作表的 J6∶N20 单元格区域，工作表名不变，保存 EXC-3.xlsx 工作簿。

| | A | B | C | D | E | F | G |
|---|---|---|---|---|---|---|---|
| 1 | 季度 | 分公司 | 产品类别 | 产品名称 | 销售数量 | 销售额（万元） | 销售额排名 |
| 2 | 1 | 西部2 | K-1 | 空调 | 89 | 12.28 | 26 |
| 3 | 1 | 南部3 | D-2 | 电冰箱 | 89 | 20.83 | 9 |
| 4 | 1 | 北部2 | K-1 | 空调 | 89 | 12.28 | 26 |
| 5 | 1 | 东部3 | D-2 | 电冰箱 | 86 | 20.12 | 10 |
| 6 | 1 | 北部1 | D-1 | 电视 | 86 | 38.36 | 1 |
| 7 | 3 | 南部2 | K-1 | 空调 | 86 | 30.44 | 4 |
| 8 | 3 | 西部2 | K-1 | 空调 | 84 | 11.59 | 28 |
| 9 | 2 | 东部3 | K-1 | 空调 | 79 | 27.97 | 6 |
| 10 | 3 | 西部1 | D-1 | 电视 | 78 | 34.79 | 2 |
| 11 | 3 | 南部3 | D-2 | 电冰箱 | 75 | 17.55 | 18 |
| 12 | 2 | 北部1 | D-1 | 电视 | 73 | 32.56 | 3 |
| 13 | 2 | 西部3 | D-2 | 电冰箱 | 69 | 22.15 | 8 |
| 14 | 1 | 东部1 | D-1 | 电视 | 67 | 18.43 | 14 |
| 15 | 3 | 东部2 | D-1 | 电视 | 66 | 18.15 | 16 |
| 16 | 2 | 东部3 | D-2 | 电冰箱 | 65 | 15.21 | 23 |
| 17 | 1 | 南部1 | D-1 | 电视 | 64 | 17.60 | 17 |
| 18 | 3 | 北部1 | D-1 | 电视 | 64 | 28.54 | 5 |
| 19 | 2 | 南部2 | K-1 | 空调 | 63 | 22.30 | 7 |
| 20 | 1 | 西部2 | D-2 | 电冰箱 | 58 | 18.62 | 13 |
| 21 | 3 | 北部3 | D-1 | 电视 | 57 | 18.30 | 15 |
| 22 | 2 | 东部1 | D-1 | 电视 | 56 | 15.40 | 22 |
| 23 | 2 | 西部2 | K-1 | 空调 | 56 | 7.73 | 33 |
| 24 | 1 | 南部2 | K-1 | 空调 | 54 | 19.12 | 11 |
| 25 | 3 | 北部3 | D-2 | 电冰箱 | 54 | 17.33 | 19 |

## 四、演示文稿

打开演示文稿 yswg-3.pptx，按照下列要求完成对此文稿的修饰并保存。

（1）在幻灯片的标题区中输入"中国的 DXF100 地效飞机"，文字设置为"黑体""加粗"、54 磅字，红色（RGB 模式：红色 255，绿色 0，蓝色 0）。插入版式为"标题和内容"的新幻灯片，作为第二张幻灯片。第二张幻灯片的标题内容为"DXF100 主要技术参数"，文本内容为"可载乘客 15 人，装有两台 300 马力航空发动机。"。第一张幻灯片中的飞机图片动画设置为"进入""飞入"，效果选项为"自右侧"。第二张幻灯片前插入一版式为"空白"的新幻灯片，并在位置（水平：5.3 厘米，自：左上角，垂直：8.2 厘米，自：左上角）插入样式为"填充-蓝色，强调文字颜色 2，粗糙棱台"的艺术字"DXF100 地效飞机"，文字效果为"转换-弯曲-倒 V 形"。

（2）第二张幻灯片的背景预设颜色为"雨后初晴"，类型为"射线"，并将该幻灯片移为第一张幻灯片。全部幻灯片切换方案设置为"时钟"，效果选项为"逆时针"。放映方式为"观众自行浏览"。

# 第四套

## 一、选择题

1. 除硬盘容量大小外，下列也属于硬盘技术指标的是（　　　　）。

　　A. 转速　　　　　　　B. 平均访问时间　　　C. 传输速率　　　　D. 以上全部

2. 一个字长为 8 位的无符号二进制整数能表示的十进制数值范围是（　　　　）。

　　A. 0 ~ 256　　　　　　B. 0 ~ 255　　　　　　C. 1 ~ 256　　　　　D. 1 ~ 255

3. 完整的计算机软件指的是（　　　　）。

　　A. 程序、数据与相应的文档　　　　　　B. 系统软件与应用软件

C. 操作系统与应用软件 　　　　　　　　D. 操作系统和办公软件

4. 接入 Internet 的每台主机都有一个唯一可识别的地址，称为（　　　）。

　　A. TCP 地址　　　B. IP 地址　　　C. TCP/IP 地址　　D. URL

5. 在标准 ASCII 码表中，已知英文字母 K 的十六进制码值是 4B，则二进制 ASCII 码 1001000 对应的字符是（　　　）。

　　A. G　　　　　　B. H　　　　　　C. I　　　　　　D. J

6. 一个完整计算机系统的组成部分应该是（　　　）。

　　A. 主机、键盘和显示器　　　　　　B. 系统软件和应用软件

　　C. 主机和它的外围设备　　　　　　D. 硬件系统和软件系统

7. 运算器的主要功能是进行（　　　）。

　　A. 逻辑运算　　　　　　　　　　　B. 算术运算和逻辑运算

　　C. 算术运算　　　　　　　　　　　D. 逻辑运算和微积分运算

8. 下列各存储器中，存取速度最快的一种是（　　　）。

　　A. U 盘　　　　　B. 内存储器　　　C. 光盘　　　　　D. 固定硬盘

9. 操作系统对磁盘进行读/写操作的物理单位是（　　　）。

　　A. 磁道　　　　　B. 字节　　　　　C. 扇区　　　　　D. 文件

10. 下列关于计算机病毒的叙述中，错误的是（　　　）。

　　A. 计算机病毒具有潜伏性

　　B. 计算机病毒具有传染性

　　C. 感染过计算机病毒的计算机具有对该病毒的免疫性

　　D. 计算机病毒是一个特殊的寄生程序

11. "32 位微机"中的 32 位指的是（　　　）。

　　A. 微机型号　　　B. 内存容量　　　C. 存储单位　　　D. 机器字长

12. 显示器的参数:1 024×768，它表示（　　　）。

　　A. 显示器分辨率　　　　　　　　　B. 显示器颜色指标

　　C. 显示器屏幕大小　　　　　　　　D. 显示每个字符的列数和行数

13. 下列关于世界上第一台电子计算机 ENIAC 的叙述中，错误的是（　　　）。

　　A. 它是 1946 年在美国诞生的

　　B. 它主要采用电子管和继电器

　　C. 它是首次采用存储程序控制使计算机自动工作

　　D. 它主要用于弹道计算

14. 度量计算机运算速度常用的单位是（　　　）。

　　A. MIPS　　　　　B. MHz　　　　　C. MB　　　　　D. Mbit/s

15. 在微机的配置中常看到"P4 2.4G"字样，其中数字"2.4G"表示（　　　）。

　　A. 处理器的时钟频率是 2.4 GHz

　　B. 处理器的运算速度是 2.4 GIPS

　　C. 处理器是 Pentium 4 第 2.4 代

　　D. 处理器与内存间的数据交换速率是 2.4 GB/S

16. 电子商务的本质是（　　　）。

　　A. 计算机技术　　B. 电子技术　　　C. 商务活动　　　D. 网络技术

17. 以.jpg 为扩展名的文件通常是（　　　）。

A．文本文件　　　B．音频信号文件　　　C．图像文件　　　D．视频信号文件

18．计算机病毒的危害表现为（　　　）。

A．能造成计算机芯片的永久性失效

B．使磁盘霉变

C．影响程序运行，破坏计算机系统的数据与程序

D．切断计算机系统电源

19．在外围设备中，扫描仪属于（　　　）。

A．输出设备　　　B．存储设备　　　C．输入设备　　　D．特殊设备

20．标准 ASCII 码用 7 位二进制位表示一个字符的编码，其不同的编码共有（　　　）。

A．127 个　　　B．128 个　　　C．256 个　　　D．254 个

## 二、文字处理

打开文档 WORD1-4.docx，按照要求完成下列操作并以该文件名（WORD1-4.docx）保存文档。

（1）将文中所有"教委"替换为"教育部"，并设置为红色、斜体、加着重号。

（2）将标题段文字"高校科技实力排名"设置为红色三号黑体、加粗、居中，字符间距加宽 4 磅。

（3）将正文第一段"由教育部授权，……权威性是不容置疑的。"，左右各缩进 2 字符，悬挂缩进 2 字符，行距 18 磅；将正文第二段"根据 6 月 7 日，……，"高校科研经费排行榜"。"分为等宽的两栏、栏间加分隔线。

【文档开始】

高校科技实力排名

由教委授权，uniranks.edu.cn 网站（一个纯公益性网站）6 月 7 日独家公布了 1999 年度全国高等学校科技统计数据和全国高校校办产业统计数据。据了解，这些数据是由教委科技司负责组织统计，全国 1 000 多所高校的科技管理部门提供的。因此，其公正性、权威性是不容置疑的。

根据 6 月 7 日公布的数据，目前我国高校从事科技活动的人员有 27.5 万人，1999 年全国高校通过各种渠道获得的科技经费为 99.5 亿元，全国高校校办产业的销售（经营）总收入为 379.03 亿元，其中科技型企业销售收入 267.31 亿元，占总额的 70.52%。为满足社会各界对确切、权威的高校科技实力信息的需要，本版特公布其中的"高校科研经费排行榜"。

【文档结束】

2．打开文档 WORD2-4.docx，按照要求完成下列操作并以该文件名（WORD2-4.docx）保存文档。

（1）插入一个 6 行 6 列表格，设置表格居中；设置表格列宽为 2 厘米、行高为 0.4 厘米；设置表格外框线为 1.5 磅绿色（标准色）单实线、内框线为 1 磅绿色（标准色）单实线。

（2）将第一行所有单元格合并，并设置该行为黄色底纹。

## 三、电子表格

1．打开 EXCEL-4.xlsx 文件，完成下列操作。

（1）将 Sheet1 工作表的 A1：E1 单元格合并为一个单元格，内容水平居中。计算实测值与预测值之间的误差的绝对值置"误差（绝对值）"列；评"预测准确度"列，评估规则为：

"误差"低于或等于"实测值"10%的,"预测准确度"为"高","误差"大于"实测值"10%的,"预测准确度"为"低"(使用 IF 函数)。利用条件格式的"数据条"下的"渐变填充"修饰 A3：C14 单元格区域。

(2)选择"实测值""预测值"两列数据建立"带数据标记的折线图",图表标题为"测试数据对比图",位于图的上方,并将其嵌入到工作表的 A17：E37 区域中。将工作表 Sheet1 更名为"测试结果误差表"。

| | A | B | C | D | E | F | G | H |
|---|---|---|---|---|---|---|---|---|
| 1 | 某种放射性元素衰变的测试结果 | | | | | | | |
| 2 | 时间（小时） | 实测值 | 预测值 | 误差（绝对值） | 预测准确度 | | | |
| 3 | 0 | 16.5 | 20.5 | | | | | |
| 4 | 3 | 19.4 | 21.9 | | | | | |
| 5 | 7 | 25.5 | 25.1 | | | | | |
| 6 | 10 | 27.2 | 25.8 | | | | | |
| 7 | 12 | 38.3 | 40.0 | | | | | |
| 8 | 15 | 42.4 | 46.8 | | | | | |
| 9 | 18 | 55.8 | 56.3 | | | | | |
| 10 | 21 | 67.2 | 67.0 | | | | | |
| 11 | 24 | 71.8 | 71.0 | | | | | |
| 12 | 26 | 76.0 | 76.5 | | | | | |
| 13 | 28 | 80.0 | 79.0 | | | | | |
| 14 | 30 | 83.4 | 80.7 | | | | | |

2. 打开工作簿文件 EXC-4.xlsx,完成下列操作。

对工作表"产品销售情况表"内数据清单的内容建立数据透视表,行标签为"分公司",列标签为"季度",求和项为"销售数量",并置于现工作表的 I8：M22 单元格区域,工作表名不变,保存 EXC.XLSX 工作簿。

| | A | B | C | D | E | F | G |
|---|---|---|---|---|---|---|---|
| 1 | 季度 | 分公司 | 产品类别 | 产品名称 | 销售数量 | 销售额（万元） | 销售额排名 |
| 2 | 1 | 西部2 | K-1 | 空调 | 89 | 12.28 | 26 |
| 3 | 1 | 南部3 | D-2 | 电冰箱 | 89 | 20.83 | 9 |
| 4 | 1 | 北部2 | K-1 | 空调 | 89 | 12.28 | 26 |
| 5 | 1 | 东部3 | D-2 | 电冰箱 | 86 | 20.12 | 10 |
| 6 | 1 | 北部1 | D-1 | 电视 | 86 | 38.36 | 1 |
| 7 | 3 | 南部2 | K-1 | 空调 | 86 | 30.44 | 4 |
| 8 | 3 | 西部2 | K-1 | 空调 | 84 | 11.59 | 28 |
| 9 | 2 | 东部2 | K-1 | 空调 | 79 | 27.97 | 6 |
| 10 | 3 | 西部1 | D-1 | 电视 | 78 | 34.79 | 2 |
| 11 | 3 | 南部3 | D-2 | 电冰箱 | 75 | 17.55 | 18 |
| 12 | 2 | 北部1 | D-1 | 电视 | 73 | 32.56 | 3 |
| 13 | 2 | 西部3 | D-2 | 电冰箱 | 69 | 22.15 | 8 |
| 14 | 1 | 东部1 | D-1 | 电视 | 67 | 18.43 | 14 |
| 15 | 1 | 南部1 | D-1 | 电视 | 66 | 18.15 | 16 |
| 16 | 2 | 东部2 | D-2 | 电冰箱 | 65 | 15.21 | 23 |
| 17 | 1 | 南部1 | D-1 | 电视 | 64 | 17.60 | 17 |
| 18 | 3 | 北部1 | D-1 | 电视 | 64 | 28.54 | 5 |
| 19 | 2 | 南部2 | K-1 | 空调 | 63 | 22.30 | 7 |
| 20 | 1 | 西部2 | D-2 | 电冰箱 | 58 | 18.62 | 13 |
| 21 | 3 | 西部2 | D-2 | 电冰箱 | 57 | 18.30 | 15 |
| 22 | 2 | 东部1 | D-1 | 电视 | 56 | 15.40 | 22 |
| 23 | 2 | 西部2 | K-1 | 空调 | 56 | 7.73 | 33 |
| 24 | 1 | 南部2 | K-1 | 空调 | 54 | 19.12 | 11 |
| 25 | 3 | 北部3 | D-2 | 电冰箱 | 54 | 17.33 | 19 |

## 四、演示文稿

打开演示文稿 yswg-4.pptx,按照下列要求完成对此文稿的修饰并保存。

(1)使用"暗香扑面"主题修饰全文,全部幻灯片切换方案为"百叶窗",效果选项为"水平"。

(2)在第一张"标题幻灯片"中,主标题字体设置为"Times New Roman"、47 磅字;副标题字体设置为"Arial Black"、"加粗"、55 磅字。主标题文字颜色设置成蓝色(RGB 模式：红色 0,绿色 0,蓝色 230)。副标题动画效果设置为"进入""旋转",效果选项为文本"按字/词"。幻灯片的背景设置为"白色大理石"。 第二张幻灯片的版式改为"两栏内容",原有信号灯图片移入左侧内容区,将第四张幻灯片的图片移动到第二张幻灯片右侧内容区。删除第四张幻灯片。第三张幻灯片标题为"Open-loop Control",47 磅字,然后移动它成为第二张幻灯片。

## 第五套

**一、选择题**

1. 十进制整数 127 转换为二进制整数等于（　　）。
   A. 1010000　　　　　B. 0001000　　　　　C. 1111111　　　　　D. 1011000

2. 用 8 位二进制数能表示的最大的无符号整数等于十进制整数（　　）。
   A. 255　　　　　B. 256　　　　　C. 128　　　　　D. 127

3. 计算机内存中用于存储信息的部件是（　　）。
   A. U 盘　　　　　B. 只读存储器　　　　　C. 硬盘　　　　　D. RAM

4. 为了防止信息被别人窃取，可以设置开机密码，下列密码设置最安全的是（　　）。
   A. 12345678　　　　　B. nd@YZ@g1　　　　　C. NDYZ　　　　　D. Yingzhong

5. 电子计算机最早的应用领域是（　　）。
   A. 数据处理　　　　　B. 科学计算　　　　　C. 工业控制　　　　　D. 文字处理

6. 在标准 ASCII 码表中，已知英文字母 D 的 ASCII 码是 68，英文字母 A 的 ASCII 码是（　　）。
   A. 64　　　　　B. 65　　　　　C. 96　　　　　D. 97

7. 下面关于 U 盘的描述中，错误的是（　　）。
   A. U 盘有基本型、增强型和加密型三种
   B. U 盘的特点是重量轻、体积小
   C. U 盘多固定在机箱内，不便携带
   D. 断电后，U 盘还能保持存储的数据不丢失

8. "铁路联网售票系统"，按计算机应用的分类，它属于（　　）。
   A. 科学计算　　　　　B. 辅助设计　　　　　C. 实时控制　　　　　D. 信息处理

9. 下列设备组中，完全属于外围设备的一组是（　　）。
   A. CD-ROM 驱动器、CPU、键盘、显示器
   B. 激光打印机、键盘、CD-ROM 驱动器、鼠标器
   C. 内存储器、CD-ROM 驱动器、扫描仪、显示器
   D. 打印机、CPU、内存储器、硬盘

10. 计算机之所以能按人们的意图自动进行工作，最直接的原因是因为采用了（　　）。
    A. 二进制　　　　　　　　　B. 高速电子元件
    C. 程序设计语言　　　　　　　D. 存储程序控制

11. 对一个图形来说，通常用位图格式文件存储与用矢量格式文件存储所占用的空间比较（　　）。
    A. 更小　　　　　B. 更大　　　　　C. 相同　　　　　D. 无法确定

12. 下列关于计算机病毒的描述，正确的是（　　）。
    A. 正版软件不会受到计算机病毒的攻击
    B. 光盘上的软件不可能携带计算机病毒
    C. 计算机病毒是一种特殊的计算机程序，因此数据文件中不可能携带病毒
    D. 任何计算机病毒一定会有清除的办法

13. 目前的许多消费电子产品（数码相机、数字电视机等）中都使用了不同功能的微处理器来完成特定的处理任务，计算机的这种应用属于（　　）。

A．科学计算 　　　　B．实时控制 　　　　C．嵌入式系统 　　D．辅助设计

14．域名 MH.BIT.EDU.CN 中主机名是（　　　　）。

A．MH 　　　　　　B．EDU 　　　　　　C．CN 　　　　　　D．BIT

15．摄像头属于（　　　　）。

A．控制设备 　　　　B．存储设备 　　　　C．输出设备 　　　　D．输入设备

16．在微机中，西文字符所采用的编码是（　　　　）。

A．EBCDIC 码 　　　B．ASCII 码 　　　　C．国标码 　　　　D．BCD 码

17．显示器的分辨率为 1 024×768，若能同时显示 256 种颜色，则显示存储器的容量至少为（　　　　）。

A．192 KB 　　　　　B．384 KB 　　　　　C．768 KB 　　　　D．1 536 KB

18．微机内存按（　　　　）。

A．二进制位编址 　　B．十进制位编址 　　C．字长编址 　　　D．字节编址

19．液晶显示器（LCD）的主要技术指标不包括（　　　　）。

A．显示分辨率 　　　　　　　　　　　B．显示速度

C．亮度和对比度 　　　　　　　　　　D．存储容量

20．下列叙述中，错误的是（　　　　）。

A．把数据从内存传输到硬盘的操作称为写盘

B．Windows 属于应用软件

C．把高级语言编写的程序转换为机器语言的目标程序的过程叫编译

D．计算机内部对数据的传输、存储和处理都使用二进制

## 二、文字处理

1．打开文档 WORD1-5.docx，按照要求完成下列操作并以该文件名（WORD1-5.docx）保存文档。

（1）将文中所有"实"改为"石"，为页面添加内容为"锦绣中国"的文字水印。

（2）将标题段文字"绍兴东湖"设置为二号蓝色（标准色）空心黑体、倾斜、居中。

（3）设置正文各段落"东湖位于……流连忘返。"段后间距为 0.5 行，各段首字下沉 2 行（距正文 0.2 厘米）；在页面底端（页脚）按"普通数字 3"样式插入罗马数字型（"Ⅰ、Ⅱ、Ⅲ、……"）页码。

**【文档开始】**

绍兴东湖

东湖位于绍兴市东郊约 3 公里处，北靠 104 国道，西连城东新区，它以其秀美的湖光山色和奇兀实景而闻名，与杭州西湖、嘉兴南湖并称为浙江三大名湖。整个景区包括陶公洞、听秋亭、饮渌亭、仙桃洞、陶社、桂林岭开游览点。

东湖原是一座青实山，从汉代起，实工相继在此凿山采实，经过一代代实工的鬼斧神凿，遂成险峻的悬崖峭壁和奇洞深潭。清末陶渊明的 45 代孙陶浚宣陶醉于此地之奇特风景而诗性勃发，便筑堤为界，使东湖成为堤外是河，堤内为湖，湖中有山，山中藏洞之较完整景观。又经过数代百余年的装点使东湖宛如一个巧夺天工的山、水、实、洞、桥、堤、舟楫、花木、亭台楼阁具全，融秀、险、雄、奇于一体的江南水实大盆景。特别是现代泛光照射下之夜东湖，万灯齐放，流光溢彩，使游客置身于火树银花不夜天之中而流连忘返。

**【文档结束】**

2．在考生文件夹下，打开文档 WORD2-5.docx，按照要求完成下列操作并以该文件名（WORD2-5.docx）保存文档。

（1）将文档内提供的数据转换为 6 行 6 列表格。设置表格居中、表格列宽为 2 厘米、表格中文字水平居中。计算各学生的平均成绩、并按"平均成绩"列降序排列表格内容。

（2）将表格外框线、第一行的下框线和第一列的右框线设置为 1 磅红色单实线，表格底纹设置为"白色，背景 1，深色 15%"。

【文档开始】

| 姓名 | 数学 | 外语 | 政治 | 语文 | 平均成绩 |
|------|------|------|------|------|----------|
| 王立 | 98 | 87 | 89 | 87 | |
| 李萍 | 87 | 78 | 68 | 90 | |
| 柳万全 | 90 | 85 | 79 | 89 | |
| 顾升泉 | 95 | 89 | 82 | 93 | |
| 周理京 | 85 | 87 | 90 | 95 | |

【文档结束】

## 三、电子表格

1．打开 EXCEL-5.xlsx 文件，完成下列操作。

（1）将 Sheet1 工作表的 A1：H1 单元格合并为一个单元格，单元格内容水平居中；计算"平均值"列的内容（数值型，保留小数点后 1 位）；计算"最高值"行的内容置 B7：G7 内（某月三地区中的最高值，利用 MAX 函数，数值型，保留小数点后 2 位）；将 A2：H7 数据区域设置为套用表格格式"表样式浅色 16"。

（2）选取 A2：G5 单元格区域内容，建立"带数据标记的折线图"，图表标题为"降雨量统计图"，图例靠右；将图插入到表的 A9：G24 单元格区域内，将工作表命名为"降雨量统计表"，保存 EXCEL-5.xlsx 文件。

2．打开工作簿文件 EX-5.xlsx，完成下列操作。

对工作表"产品销售情况表"内数据清单的内容按主要关键字"分公司"的降序次序和次要关键字"产品名称"的降序次序进行排序，完成对各分公司销售额总和的分类汇总，汇总结果显示在数据下方，工作表名不变，保存 EXC-5.xlsx 工作簿。

### 四、演示文稿

打开演示文稿 yswg-5.pptx，按照下列要求完成对此文稿的修饰并保存。

（1）使用"精装书"主题修饰全文，全部幻灯片切换方案为"蜂巢"。

（2）第二张幻灯片前插入版式为"两栏内容"的新幻灯片，将第三张幻灯片的标题移到第二张幻灯片左侧，把考生文件夹下的图片文件 ppt1.png 插入到第二张幻灯片右侧的内容区，图片的动画效果设置为"进入""螺旋飞入"，文字动画设置为"进入""飞入"，效果选项为"自左下部"。动画顺序为"先文字后图片"。将第三张幻灯片版式改为"标题幻灯片"，主标题输入"Module 4"，设置为"黑体"、55 磅字，副标题键入"Second Order Systems"，设置为"楷体"、 33 磅字。移动第三张幻灯片，使之成为整个演示文稿的第一张幻灯片。

# 第六套

## 一、选择题

1. 计算机字长是（　　　）。
   A. 处理器处理数据的宽度　　　　　B. 存储一个字符的位数
   C. 屏幕一行显示字符的个数　　　　D. 存储一个汉字的位数

2. 以下程序设计语言是低级语言的是（　　　）。
   A. FORTRAN 语言　　　　　　　　B. Java 语言
   C. Visual Basic 语言　　　　　　　 D. 80X86 汇编语言

3. 存储一个 48×48 点阵的汉字字形码需要的字节个数是（　　　）。
   A. 384　　　　　　B. 288　　　　　C. 256　　　　　　D. 144

4. 移动硬盘与 U 盘相比，最大的优势是（　　　）。
   A. 容量大　　　　　B. 速度快　　　C. 安全性高　　　　D. 兼容性好

5. 以下关于编译程序的说法正确的是（　　　）。
   A. 编译程序直接生成可执行文件
   B. 编译程序直接执行源程序
   C. 编译程序完成高级语言程序到低级语言程序的等价翻译
   D. 各种编译程序构造都比较复杂，所以执行效率高

6. 微机上广泛使用的 Windows 是（　　　）。
   A. 多任务操作系统　　　　　　　　B. 单任务操作系统
   C. 实时操作系统　　　　　　　　　D. 批处理操作系统

7. 面向对象的程序设计语言是（　　　）。
   A. 汇编语言　　　　B. 机器语言　　C. 高级程序语言　　D. 形式语言

8. 下列各软件中，不是系统软件的是（　　　）。
   A. 操作系统　　　　　　　　　　　B. 语言处理系统
   C. 指挥信息系统　　　　　　　　　D. 数据库管理系统

9. 与高级语言相比，汇编语言编写的程序通常（　　　）。
   A. 执行效率更高　　B. 更短　　　　C. 可读性更好　　　D. 移植性更好

10. 微型计算机的硬件系统中最核心的部件是（　　　）。

A．内存储器            B．输入/输出设备

C．CPU               D．硬盘

11．下列说法错误的是（　　　　）。

     A．计算机可以直接执行机器语言编写的程序

     B．光盘是一种存储介质

     C．操作系统是应用软件

     D．计算机速度用 MIPS 表示

12．以下名称是手机中的常用软件，属于系统软件的是（　　　　）。

     A．手机 QQ      B．Android      C．Skype      D．微信

13．下列说法正确的是（　　　　）。

     A．与汇编译方式执行程序相比，解释方式执行程序的效率更高

     B．与汇编语言相比，高级语言程序的执行效率更高

     C．与机器语言相比，汇编语言的可读性更差

     D．以上三项都不对

14．用 C 语言编写的程序被称为（　　　　）。

     A．可执行程序      B．源程序      C．目标程序      D．编译程序

15．下列说法正确的是（　　　　）。

     A．编译程序的功能是将高级语言源程序编译成目标程序

     B．解释程序的功能是解释执行汇编语言程序

     C．Intel 8086 指令不能在 Intel P4 上执行

     D．C++语言和 Basic 语言都是高级语言，因此他们的执行效率相同

16．计算机网络最突出的优点是（　　　　）。

     A．资源共享和快速传输信息      B．高精度计算和收发邮件

     C．运算速度快和快速传输信息      D．存储容量大和高精度

17．操作系统中的文件管理系统为用户提供的功能是（　　　　）。

     A．按文件作者存取文件      B．按文件名管理文件

     C．按文件创建日期存取文件      D．按文件大小存取文件

18．高级程序设计语言的特点是（　　　　）。

     A．高级语言数据结构丰富

     B．高级语言与具体的机器结构密切相关

     C．高级语言接近算法语言不易掌握

     D．用高级语言编写的程序计算机可立即执行

19．在计算机内部用来传送、存储、加工处理的数据或指令所采用的形式是（　　　　）。

     A．十进制码      B．二进制码      C．八进制码      D．十六进制码

20．Internet 实现了分布在世界各地的各类网络的互联，其最基础和核心的协议是（　　　　）。

     A．HTTP      B．HTML      C．TCP/IP      D．FTP

## 二、文字处理

打开文档 WORD1-6.docx，按照要求完成下列操作并以该文件名（WORD1-6.docx）保存文档。

（1）将文中所有"声音卡"替换为"声卡"。

（2）将标题段"什么是声卡？"设置为三号红色黑体、加黄色底纹、居中、段后间距1行。

（3）将正文文字"笼统地说，……可与CPU并行工作。"设置为小四号楷体(西文使用中文字体)、各段落左右各缩进1.5字符、悬挂缩进2字符、1.1倍行距。

（4）将表格标题"声卡基本功能部件"设置为四号楷体、居中、倾斜。

（5）将文中最后9行文字转换成一个9行2列的表格，表格居中、列宽6厘米，表格中的内容设置为五号仿宋体(西文使用中文字体)，第一行文字的对齐方式为中部居中，其余内容对齐方式为靠下两端对齐。

**【文档开始】**

什么是声卡？

笼统地说，声卡就是负责录音、播音和声音合成的计算机硬件插卡。它采用大规模集成电路，将音频技术范围的各类电路，做成声卡集成芯片，可直接插入计算机的扩展槽中。

和CD-ROM一样，声卡是普通计算机向多媒体计算机升级必不可少的组成部分，其作用甚至比CD-ROM驱动器更为直接一些，可以说是多媒体硬件的首选芯片，这是进行多媒体演示所必需的，它使得计算机具有了较高品质的音频处理能力。

声卡上包含了可免去CPU承担声音负担的集成电子线路，在多数情况下，它可与CPU并行工作。

**声卡基本功能部件**

| 功能部件 | 具体功能 |
| --- | --- |
| 模数转换器 | 模拟声波转换成数字信号 |
| 数模转换器 | 数字声音转换成模拟信号 |
| 立体声输入 | 音频信号采样 |
| 立体声输出 | 音频信号播放 |
| MIDI 接口 | 将电子音乐设备连接到计算机上 |
| CD-ROM 接口 | 连接 CD-ROM 驱动器 |
| 合成器 | 音乐合成 |
| 数字信号处理器 | 处理声音信号合成 |

**【文档结束】**

## 三、电子表格

打开EXCEl-6.xlsx文件，完成下列操作。

（1）将工作表sheet1的A1：C1单元格合并为一个单元格，内容水平居中，计算年产量的"总计"及"所占比例"列的内容（所占比例＝年产量/总计），将工作表命名为"年生产量情况表"。

（2）选取"年生产量情况表"的"产品型号"列和"所占比例"列的单元格内容（不包括"总计"行），建立"分离型圆环图"，系列产生在"列"，数据标志为"百分比"，图表标题为"年生产量情况图"，插入到表的A8：E18单元格区域内。

| | A | B | C | D |
| --- | --- | --- | --- | --- |
| 1 | 某企业年生产量情况表 | | | |
| 2 | 产品型号 | 年产量 | 所占比例 | |
| 3 | K-AS | 1600 | | |
| 4 | G-45 | 2800 | | |
| 5 | A-Q1 | 1980 | | |
| 6 | 总计 | | | |
| 7 | | | | |

## 四、演示文稿

打开演示文稿 yswg-6.pptx，按照下列要求完成对此文稿的修饰并保存。

（1）将第三张幻灯片版式改变为"两栏内容"，第二张幻灯片版式改变为"垂直排列标题与文本"，第一张幻灯片的动画效果设置为："进入""螺旋飞入"。

（2）全文幻灯片的切换效果都设置成"棋盘"。第二级幻灯片背景填充纹理为"白色大理石"。

# 第七套

## 一、选择题

1. 能够利用无线移动网络的是（　　）。
   A. 内置无线网卡的笔记本式计算机
   B. 部分具有上网功能的手机
   C. 部分具有上网功能的平板电脑
   D. 以上全部

2. 域名 ABC.XYZ.COM.CN 中主机名是（　　）。
   A. ABC　　　　　B. XYZ　　　　　C. COM　　　　　D. CN

3. 调制解调器（MODEM）的主要功能是（　　）。
   A. 模拟信号的放大　　　　　　B. 数字信号的放大
   C. 数字信号的编码　　　　　　D. 模拟信号与数字信号之间的相互转换

4. 十进制整数 100 转换成无符号二进制整数是（　　）。
   A. 01100110　　B. 01101000　　C. 01100010　　D. 01100100

5. 下列各选项中，不属于 Internet 应用的是（　　）。
   A. 新闻组　　　　B. 远程登录　　C. 网络协议　　　D. 搜索引擎

6. 计算机网络中常用的传输介质中传输速率最快的是（　　）。
   A. 双绞线　　　　B. 光纤　　　　C. 同轴电缆　　　D. 电话线

7. 写邮件时，除了发件人地址之外，另一项必须要填写的是（　　）。
   A. 信件内容　　　B. 收件人地址　C. 主题　　　　　D. 抄送

8. 下列描述正确的是（　　）。
   A. 计算机不能直接执行高级语言源程序，但可以直接执行汇编语言源程序
   B. 高级语言与 CPU 型号无关，但汇编语言与 CPU 型号相关
   C. 高级语言源程序不如汇编语言源程序的可读性好
   D. 高级语言程序不如汇编语言程序的移植性好

9. 下列关于操作系统的描述，正确的是（　　）。
   A. 操作系统中只有程序没有数据
   B. 操作系统提供的人机交互接口其他软件无法使用
   C. 操作系统是一种最重要的应用软件
   D. 一台计算机可以安装多个操作系统

10. CPU 中，除了内部总线和必要的寄存器外，主要的两大部件分别是运算器和（　　）。
    A. 控制器　　　B. 存储器　　　C. Cache　　　　D. 编辑器

11. 下列叙述中，正确的是（　　　）。

　　A．C++ 是一种高级程序设计语言

　　B．用 C++ 程序设计语言编写的程序可以无须经过编译就能直接在机器上运行

　　C．汇编语言是一种低级程序设计语言，且执行效率很低

　　D．机器语言和汇编语言是同一种语言的不同名称

12. 组成计算机系统的两大部分是（　　　）。

　　A．硬件系统和软件系统　　　　　B．主机和外围设备

　　C．系统软件和应用软件　　　　　D．输入设备和输出设备

13. 关于汇编语言程序（　　　）。

　　A．相对于高级程序设计语言程序具有良好的可移植性

　　B．相对于高级程序设计语言程序具有良好的可读性

　　C．相对于机器语言程序具有良好的可移植性

　　D．相对于机器语言程序具有较高的执行效率

14. 如果在一个非零无符号二进制整数之后添加一个 0，则此数的值为原数的（　　　）。

　　A．4 倍　　　　　B．2 倍　　　　　C．1/2　　　　　D．1/4

15. 下列软件中，属于应用软件的是（　　　）。

　　A．操作系统　　　　　　　　　　B．数据库管理系统

　　C．程序设计语言处理系统　　　　D．管理信息系统

16. 用来存储当前正在运行的应用程序和其相应数据的存储器是（　　　）。

　　A．RAM　　　　　B．硬盘　　　　　C．ROM　　　　　D．CD-ROM

17. 计算机硬件能直接识别、执行的语言是（　　　）。

　　A．汇编语言　　　B．机器语言　　　C．高级程序语言　　D．C++语言

18. 操作系统是（　　　）。

　　A．主机与外设的接口　　　　　　B．用户与计算机的接口

　　C．系统软件与应用软件的接口　　D．高级语言与汇编语言的接口

19. 上网需要在计算机上安装（　　　）。

　　A．数据库管理软件　　　　　　　B．视频播放软件

　　C．浏览器软件　　　　　　　　　D．网络游戏软件

20. 计算机网络中常用的有线传输介质有（　　　）。

　　A．双绞线、红外线、同轴电缆　　B．激光、光纤、同轴电缆

　　C．双绞线、光纤、同轴电缆　　　D．光纤、同轴电缆、微波

## 二、文字处理

打开文档 WORD1-7.docx，按照要求完成下列操作并以该文件名（WORD1-7.docx）保存文档。

（1）插入页眉，并输入页眉内容"中国经济"，设置页眉字体为小五号宋体。

（2）将标题段文字（"中国经济总量世界排名第二"）设置为小三号绿色黑体、居中、字符间距紧缩 2 磅。

（3）设置正文各段（"很多人都说现在是世界格局发生巨大变化的时代……下面我们来看看我国 GDP 总量在世界各国中的排名。"）悬挂缩进 2 字符、行距为 1.2 倍行距、段前间距 0.8 行。

（4）将文中最后 11 行文字转换成一个 11 行 2 列的表格；设置表格第 1 列列宽为 2.5 厘米、第 2 列列宽为 6 厘米、所有行高为 0.5 厘米、表格居中；表格中所有文字中部居中；按"国名"列以"笔画"类型升序排序表格内容。

（5）设置表格外框线为 3 磅蓝色单实线、内框线为 1 磅蓝色单实线；设置表格第 1 行为"底纹样式 20%"。

【文档开始】

中国经济总量世界排名第二

很多人都说现在是世界格局发生巨大变化的时代，我们处在一个百年未有之大变局之中，在近些年，很有可能世界格局就会发生巨大的改变。中国 GDP 总量继续稳步增长。那么，我们如何衡量中华民族的伟大复兴呢？这当然需要多方面综合考量。其中，国内生产总值也就是"GDP"是一个重要指标。

根据国家统计局数据发布的《中华人民共和国 2021 年国民经济和社会发展统计公报》数据显示，2021 年我国的 GDP 总量为 114.367 万亿元，首次超过 110 万亿元，比上年增长 8.1%，两年平均增长 5.1%。

虽然，我们还会面临许多新的挑战。放眼到世界范围内，我国的经济增速依旧亮眼。下面我们来看看我国 GDP 总量在世界各国中的排名。

**2021 年世界各国 GDP 排名**

| 国名 | GDP（单位：亿美元） |
|---|---|
| 美国 | 229 400 |
| 中国 | 168 600 |
| 日本 | 51 000 |
| 德国 | 42 300 |
| 英国 | 31 100 |
| 印度 | 29 500 |
| 法国 | 29 400 |
| 意大利 | 21 200 |
| 加拿大 | 20 200 |
| 韩国 | 18 200 |

【文档结束】

## 三、电子表格

1. 打开 EXCEL-7.xlsx 文件，完成下列操作。

将工作表 sheet1 的 A1：E1 单元格合并为一个单元格，内容水平居中，计算"总计"行和"合计"列单元格的内容，将工作表命名为"二季度销售情况表"。

| | A | B | C | D | E |
|---|---|---|---|---|---|
| 1 | 某商场二季度销售情况表(万元) | | | | |
| 2 | 部门名称 | 四月 | 五月 | 六月 | 合计 |
| 3 | 家电部 | 16.8 | 23.4 | 36.7 | |
| 4 | 服装部 | 37.6 | 39.6 | 36.2 | |
| 5 | 食品部 | 28.9 | 31.9 | 41.2 | |
| 6 | 总计 | | | | |
| 7 | | | | | |

2. 打开工作簿文件 EXC-7.xlsx，完成下列操作。

对工作表"选修课程成绩单"内的数据清单的内容进行自动筛选，条件为"系别为经济或信息"，筛选后的工作表还保存在 EXC.XLSX 工作簿文件中，工作表名不变。

## 四、演示文稿

打开演示文稿 yswg-7.pptx，按照下列要求完成对此文稿的修饰并保存。

（1）在演示文稿的开始处插入一张"标题"幻灯片，作为文稿的第一张幻灯片，主标题键入"明天你会买两部手机吗？"设置为：加粗、48磅。将第三张幻灯片的对象部分动画效果设置为："进入""飞入""自右下部"，然后将该张幻灯片移动为演示文稿的第二张幻灯片。

（2）将第一张幻灯片背景填充预设颜色为"麦浪滚滚"，底纹样式为"线性向下"。全部幻灯片的切换效果设置成"形状"。

# 第八套

## 一、选择题

1. 以下语言本身不能作为网页开发语言的是（　　）。

  A．C++     B．ASP     C．JSP     D．HTML

2. 主要用于实现两个不同网络互联的设备是（　　）。

  A．转发器     B．集线器     C．路由器     D．调制解调器

3. 根据域名代码规定，表示政府部门网站的域名代码是（　　）。

  A．.net     B．.com     C．.gov     D．.org

4. 如果删除一个非零无符号二进制偶整数后的2个0，则此数的值为原数（　　）。

  A．4倍     B．2倍     C．1/2     D．1/4

5. 在标准ASCII编码表中，数字码、小写英文字母和大写英文字母的前后次序是（　　）。

  A．数字、小写英文字母、大写英文字母

  B．小写英文字母、大写英文字母、数字

  C．数字、大写英文字母、小写英文字母

  D．大写英文字母、小写英文字母、数字

6. 计算机系统软件中，最基本、最核心的软件是（　　）。

  A．操作系统       B．数据库系统

  C．程序语言处理系统     D．系统维护工具

7. 按照网络的拓扑结构划分以太网（Ethernet)属于（　　）。
   A. 总线型网络结构　　　　　　　B. 树型网络结构
   C. 星型网络结构　　　　　　　　D. 环形网络结构

8. 要在 Web 浏览器中查看某一电子商务公司的主页，应知道（　　）。
   A. 该公司的电子邮件地址　　　　B. 该公司法人的电子邮箱
   C. 该公司的 WWW 地址　　　　　D. 该公司法人的 QQ 号

9. 无线移动网络最突出的优点是（　　）。
   A. 资源共享和快速传输信息　　　B. 提供随时随地的网络服务
   C. 文献检索和网上聊天　　　　　D. 共享文件和收发邮件

10. 下列度量单位中，用来度量 CPU 时钟主频的是（　　）。
    A. MB/s　　　　B. MIPS　　　　C. GHz　　　　D. MB

11. 以下上网方式中采用无线网络传输技术的是（　　）。
    A. ADSL　　　　B. Wi-Fi　　　　C. 拨号接入　　D. 以上都是

12. 调制解调器（Modem）的功能是（　　）。
    A. 将计算机的数字信号转换成模拟信号
    B. 将模拟信号转换成计算机的数字信号
    C. 将数字信号与模拟信号互相转换
    D. 为了上网与接电话两不误

13. 局域网硬件中主要包括工作站、网络适配器、传输介质和（　　）。
    A. 调制解调器　　B. 交换机　　　C. 打印机　　　D. 中继站

14. 英文缩写 ROM 的中文译名是（　　）。
    A. 高速缓冲存储器　　　　　　　B. 只读存储器
    C. 随机存取存储器　　　　　　　D. U 盘

15. 计算机网络是一个（　　）。
    A. 管理信息系统　　　　　　　　B. 编译系统
    C. 在协议控制下的多机互联系统　D. 网上购物系统

16. 计算机硬件系统主要包括：中央处理器(CPU)、存储器和（　　）。
    A. 显示器和键盘　　　　　　　　B. 打印机和键盘
    C. 显示器和鼠标器　　　　　　　D. 输入/输出设备

17. 在微型计算机内部，对汉字进行传输、处理和存储时使用汉字的（　　）。
    A. 国标码　　　　B. 字形码　　　C. 输入码　　　D. 机内码

18. 解释程序的功能是（　　）。
    A. 解释执行汇编语言程序　　　　B. 解释执行高级语言程序
    C. 将汇编语言程序解释成目标程序　D. 将高级语言程序解释成目标程序

19. 下列说法正确的是（　　）。
    A. CPU 可直接处理外存上的信息
    B. 计算机可以直接执行高级语言编写的程序
    C. 计算机可以直接执行机器语言编写的程序
    D. 系统软件是买来的软件，应用软件是自己编写的软件

20. 下列各组软件中，全部属于应用软件的是（　　）。
    A. 音频播放系统、语言编译系统、数据库管理系统
    B. 文字处理程序、军事指挥程序、UNIX

C．导弹飞行系统、军事信息系统、航天信息系统

D．Word 2016，Photoshop，Windows 10

## 二、文字处理

打开文档 WORD1-8.docx，按照要求完成下列操作并以该文件名（WORD1-8.docx）保存文档。

（1）将文中所有错词"立刻"替换为"理科"。

（2）将标题段文字"本市高考录取分数线确定"设置为三号红色黑体、居中、加黄色底纹。

（3）设置正文各段"本报讯……8 月 24 日至 29 日。"首行缩进 2 字符、1.1 倍行距、段前距 0.2 行；将正文第一段文字"本报讯……较为少见。"中的"本报讯"三字设置为楷体、加粗。

（4）将文中最后 7 行文字转换成一个 7 行 3 列的表格；设置表格列宽为 2.5 厘米、表格居中。

（5）设置表格所有文字中部居中；将表格第 1 列中的第 2 行和第 3 行、第 4 行和第 5 行、第 6 行和第 7 行的单元格合并；设置所有表格框线为红色 1 磅单实线。

**【文档开始】**

本市高考录取分数线确定

本报讯　昨天，市高招办公布了今年北京地区全国统考各批次录取控制线（见附表）。据了解，今年高考总分 600 分以上的文科 82 人、立刻 1733 人。与去年相比，今年呈现出两个特点，一是立刻 600 分至 550 分之间的考生有所减少，二是立刻第二批控制线低于文科线，这在高考史上较为少见。

据专家分析，这与北京语、数、英首次单独命题，以及开考综合科目"X"有关。阅卷成绩显示，今年立刻数学平均分低于去年，立刻综合和文科综合中的各项平均成绩，与去年分科考试相对照有所下降。而立刻综合中的生物小科目，考生得分也较低，这可能与考生总体对"3+X"考试不太适应有关。

今年高考全国 392 所高校在京计划招生 49616 人，报名 71808 人，录取率稳定在 70%左右。

市高招办主任吴凤臣说，今年全部采取网上录取。其中第一批院校录取时间为 8 月 10 日至 16 日，第二批为 8 月 17 日至 23 日，专科院校为 8 月 24 日至 29 日。

2002 年北京地区全国统考各批次录取控制线

| 类别 | 批次 | 分数线 |
|---|---|---|
| 文科 | 第一批 | 462 分 |
|  | 第二批 | 432 分 |
| 立刻 | 第一批 | 469 分 |
|  | 第二批 | 424 分 |
| 专科 | 文科 | 360 分 |
|  | 立刻 | 340 分 |

**【文档结束】**

## 三、电子表格

1．打开 EXCEL-8.xlsx 文件，完成下列操作。

将工作表 sheet1 的 A1：F1 单元格合并为一个单元格，内容水平居中，计算"总计"行和"合计"列单元格的内容，将工作表命名为"商品销售数量情况表"。

| | A | B | C | D | E | F |
|---|---|---|---|---|---|---|
| 1 | 某商场商品销售数量情况表 | | | | | |
| 2 | 商品名称 | 一月 | 二月 | 三月 | 四月 | 合计 |
| 3 | 空调 | 567 | 342 | 125 | 345 | |
| 4 | 热水器 | 324 | 223 | 234 | 412 | |
| 5 | 彩电 | 435 | 456 | 412 | 218 | |
| 6 | 总计 | | | | | |
| 7 | | | | | | |

2. 打开工作簿文件 EXC-8.xlsx，完成下列操作。

对工作表"选修课程成绩单"内的数据清单的内容进行高级筛选，条件为"系别为计算机并且课程名称为计算机图形学"（在数据表前插入三行，前两行作为条件区域），筛选后的结果显示在原有区域，筛选后的工作表还保存在 EXC-8.xlsx 工作簿文件中，工作表名不变。

| | A | B | C | D | E |
|---|---|---|---|---|---|
| 1 | 系别 | 学号 | 姓名 | 课程名称 | 成绩 |
| 2 | 信息 | 991021 | 李新 | 多媒体技术 | 74 |
| 3 | 计算机 | 992032 | 王文辉 | 人工智能 | 87 |
| 4 | 自动控制 | 993023 | 张磊 | 计算机图形学 | 65 |
| 5 | 经济 | 995034 | 郝心怡 | 多媒体技术 | 86 |
| 6 | 信息 | 991076 | 王力 | 计算机图形学 | 91 |
| 7 | 数学 | 994056 | 孙英 | 多媒体技术 | 77 |
| 8 | 自动控制 | 993021 | 张在旭 | 计算机图形学 | 60 |
| 9 | 计算机 | 992089 | 金翔 | 多媒体技术 | 73 |
| 10 | 计算机 | 992005 | 扬海东 | 人工智能 | 90 |
| 11 | 自动控制 | 993082 | 黄立 | 计算机图形学 | 85 |
| 12 | 信息 | 991062 | 王春晓 | 多媒体技术 | 78 |
| 13 | 经济 | 995022 | 陈松 | 人工智能 | 69 |
| 14 | 数学 | 994034 | 姚林 | 多媒体技术 | 89 |
| 15 | 信息 | 991025 | 张雨涵 | 计算机图形学 | 62 |
| 16 | 自动控制 | 993026 | 钱民 | 多媒体技术 | 66 |
| 17 | 数学 | 994086 | 高晓东 | 人工智能 | 78 |
| 18 | 经济 | 995014 | 张平 | 多媒体技术 | 80 |
| 19 | 自动控制 | 993053 | 李英 | 计算机图形学 | 93 |
| 20 | 数学 | 994027 | 黄红 | 人工智能 | 68 |
| 21 | 信息 | 991021 | 李新 | 人工智能 | 87 |
| 22 | 自动控制 | 993023 | 张磊 | 多媒体技术 | 75 |
| 23 | 信息 | 991076 | 王力 | 多媒体技术 | 81 |
| 24 | 自动控制 | 993021 | 张在旭 | 人工智能 | 75 |

选修课程成绩单　Sheet2　Sheet3

## 四、演示文稿

打开演示文稿 yswg-8.pptx，按照下列要求完成对此文稿的修饰并保存。

（1）整个演示文稿设置成"复合"模板；将全部幻灯片切换效果设置成"随机线条"。

（2）将第二张幻灯片版式改变为"垂直排列标题与文本"，然后将这张幻灯片移动为演示文稿的第一张幻灯片；第三张幻灯片的对象部分动画效果设置为"进入""棋盘""跨越"。

# 第九套

## 一、选择题

1. 造成计算机中存储数据丢失的原因主要是（　　　）。
    A. 病毒侵蚀、人为窃取　　　　B. 计算机电磁辐射
    C. 计算机存储器硬件损坏　　　D. 以上全部

2. 为防止计算机病毒传染，应该做到（　　　）。
    A. 无病毒的 U 盘不要与来历不明的 U 盘放在一起
    B. 不要复制来历不明 U 盘中的程序
    C. 长时间不用的 U 盘要经常格式化
    D. U 盘中不要存放可执行程序

3. 计算机病毒（　　　）。

A．不会对计算机操作人员造成身体损害

B．会导致所有计算机操作人员感染致病

C．会导致部分计算机操作人员感染致病

D．会导致部分计算机操作人员感染病毒，但不会致病

4．下列度量单位中，用来度量计算机外围设备传输率的是（　　　　）。

A．MB/s　　　　B．MIPS　　　　C．GHz　　　　D．MB

5．以.txt 为扩展名的文件通常是（　　　　）。

A．文本文件　　　　　　　　　B．音频信号文件

C．图像文件　　　　　　　　　D．视频信号文件

6．在标准 ASCII 码表中，已知英文字母 A 的 ASCII 码是 01000001，则英文字母 E 的 ASCII 码是（　　　　）。

A．01000011　　B．01000100　　C．01000101　　D．01000010

7．数码相机里的照片可以利用计算机软件进行处理，计算机的这种应用属于（　　　　）。

A．图像处理　　B．实时控制　　C．嵌入式系统　　D．辅助设计

8．假设某台式计算机的内存储器容量为 256 MB，硬盘容量为 40 GB。硬盘的容量是内存容量的（　　　　）。

A．200 倍　　　　B．160 倍　　　　C．120 倍　　　　D．100 倍

9．在下列计算机应用项目中，属于科学计算应用领域的是（　　　　）。

A．人机对弈　　　　　　　　　B．民航联网订票系统

C．气象预报　　　　　　　　　D．数控机床

10．通常所说的"宏病毒"感染的文件类型是（　　　　）。

A．COM　　　　B．DOC　　　　C．EXE　　　　D．TXT

11．用 MIPS 衡量的计算机性能指标是（　　　　）。

A．处理能力　　B．存储容量　　C．可靠性　　D．运算速度

12．微机的字长是 4 个字节，这意味着（　　　　）。

A．能处理的最大数值为 4 位十进制数 9999

B．能处理的字符串最多由 4 个字符组成

C．在 CPU 中作为一个整体加以传送处理的为 32 位二进制代码

D．在 CPU 中运算的最大结果为 2 的 32 次方

13．CPU 主要性能指标是（　　　　）。

A．字长和时钟主频　　　　　　B．可靠性

C．耗电量和效率　　　　　　　D．发热量和冷却效率

14．微机上广泛使用的 Windows 10 是（　　　　）。

A．多用户多任务操作系统　　　B．单用户多任务操作系统

C．实时操作系统　　　　　　　D．多用户分时操作系统

15．在微机中，VGA 属于（　　　　）。

A．微机型号　　B．显示器型号　　C．显示标准　　D．打印机型号

16．以下名称是手机中的常用软件，属于系统软件的是（　　　　）。

A．手机 QQ　　B．Android　　　C．Skype　　　　D．微信

17．以下程序设计语言是低级语言的是（　　　　）。

A．FORTRAN 语言　　　　　　B．JAVA 语言

C．Visual Basic 语言　　　　　D．80X86 汇编语言

18．面向对象的程序设计语言是一种（　　　）。

A．依赖于计算机的低级程序设计语言

B．计算机能直接执行的程序设计语言

C．可移植性较好的高级程序设计语言

D．执行效率较高的程序设计语言

19．下列各组软件中，全部属于应用软件的是（　　　）。

A．视频播放系统、操作系统

B．军事指挥程序、数据库管理系统

C．导弹飞行控制系统、军事信息系统

D．航天信息系统、语言处理程序

20．把用高级语言写的程序转换为可执行程序，要经过的过程叫作（　　　）。

A．汇编和解释　　　　　　　B．编辑和链接

C．编译和链接装配　　　　　D．解释和编译

## 二、文字处理

打开文档 WORD1-9.docx，按照要求完成下列操作并以该文件名（WORD1-9.docx）保存文档。

（1）将文中所有错词"气车"替换为"汽车"。

（2）将标题段文字"入世半年中国汽车市场发展变化出现五大特点"设置为三号黑体，并添加黄色底纹、居中。

（3）将正文各段文字"在中国加入 WTO……更为深刻的诠释。"设置为五号蓝色楷体；设置正文各段左、右缩进 2 字符，行距为 1.1 倍行距。为正文第二段至第六段"产品由单一型……更为深刻的诠释。"添加编号，编号式样为汉字数字，字体为五号蓝色楷体，起始编号为"一"。

（4）将文中最后 6 行文字转换成一个 6 行 5 列的表格，设置表格列宽为 2 厘米、行高为 0.5 厘米、表格居中；设置表格所有文字中部居中。

（5）表格外框线设置为 3 磅蓝色单实线、内框线设置为 1 磅蓝色单实线。

【文档开始】

入世半年中国气车市场发展变化出现五大特点

在中国加入 WTO 半年多的时间里，中国气车市场发生了深刻的变化，这种变化呈现出五大特点：

产品由单一型向产品密集型、多元化转变。主要体现在品种多样化上，无论从产品的排量，还是从产品的价位，都形成了鲜明的级别与层次。

产品开发、上市周期大大缩短。各厂家都加大了产品的开发力度和对市场的支撑力度，产品与产品间的衔接更加紧密，所以使得产品开发和上市的周期大大缩短。

产品向高技术迈进。单纯降价的产品促销方式已被市场否定，在增加产品技术含量的同时，找到合理的市场定位，成为目前气车生产厂家的共同走向。

消费者由感性购买向理性购买过渡。消费者已摆脱从众心理，开始关注产品的性价比和二次消费，对品牌店的忠诚度提高。

从单纯的销售服务，向以服务为中心的四位一体的销售服务方式迈进。以服务拉动市场，满足需求，已成为新的价值取向，商家和用户共同为"服务"的内涵注入了更为深刻的诠释。

### 北京亚运村车市销售量排行榜

（2002.07.15–2002.07.21）

| 名次 | 品牌 | 销售量 | 市场占有率 | 个人比例 |
|---|---|---|---|---|
| 1 | 夏利 | 165 辆 | 14.18% | 97.58% |
| 2 | 捷达 | 117 辆 | 10.05% | 93.16% |
| 3 | 宝来 | 70 辆 | 6.01% | 90.00% |
| 4 | 奇瑞 | 56 辆 | 4.81% | 98.21% |
| 5 | 金杯 | 51 辆 | 4.38% | 56.86% |

【文档结束】

## 三、电子表格

1. 打开 EXCEL-9.xlsx 文件，完成下列操作。

将工作表 sheet1 的 A1：D1 单元格合并为一个单元格，内容水平居中，计算"总计"行和"合计"列单元格的内容，将工作表命名为"毕业人数情况表"。

| | A | B | C | D | E |
|---|---|---|---|---|---|
| 1 | 某大学毕业人数情况表 | | | | |
| 2 | 专业名称 | 去年人数 | 当年人数 | 合计 | |
| 3 | 计算机 | 289 | 436 | | |
| 4 | 信息工程 | 240 | 312 | | |
| 5 | 自动控制 | 150 | 278 | | |
| 6 | 总计 | | | | |
| 7 | | | | | |

2. 打开工作簿文件 EXC-9.xlsx，完成下列操作。

对工作表"选修课程成绩单"内的数据清单的内容进行高级筛选，条件为"系别为信息并且成绩大于 70"（在数据表前插入三行，前两行作为条件区域），筛选后的结果显示在原有区域，筛选后的工作表还保存在 EXC.XLSX 工作簿文件中，工作表名不变。

| | A | B | C | D | E |
|---|---|---|---|---|---|
| 1 | 系别 | 学号 | 姓名 | 课程名称 | 成绩 |
| 2 | 信息 | 991021 | 李新 | 多媒体技术 | 74 |
| 3 | 计算机 | 992032 | 王文辉 | 人工智能 | 87 |
| 4 | 自动控制 | 993023 | 张磊 | 计算机图形学 | 65 |
| 5 | 经济 | 995034 | 郝心怡 | 多媒体技术 | 86 |
| 6 | 信息 | 991076 | 王力 | 计算机图形学 | 91 |
| 7 | 数学 | 994056 | 孙英 | 多媒体技术 | 77 |
| 8 | 自动控制 | 993021 | 张在旭 | 计算机图形学 | 60 |
| 9 | 计算机 | 992089 | 金翔 | 多媒体技术 | 73 |
| 10 | 计算机 | 992005 | 扬海东 | 人工智能 | 90 |
| 11 | 自动控制 | 993082 | 黄立 | 计算机图形学 | 85 |
| 12 | 信息 | 991062 | 王春晓 | 多媒体技术 | 78 |
| 13 | 经济 | 995022 | 陈松 | 人工智能 | 69 |
| 14 | 数学 | 994034 | 姚林 | 多媒体技术 | 89 |
| 15 | 信息 | 991025 | 张雨涵 | 计算机图形学 | 62 |
| 16 | 自动控制 | 993026 | 钱民 | 多媒体技术 | 66 |
| 17 | 数学 | 994086 | 高晓东 | 人工智能 | 78 |
| 18 | 经济 | 995014 | 张平 | 多媒体技术 | 80 |
| 19 | 自动控制 | 993053 | 李英 | 计算机图形学 | 93 |
| 20 | 数学 | 994027 | 黄红 | 人工智能 | 68 |
| 21 | 信息 | 991021 | 李新 | 人工智能 | 87 |
| 22 | 自动控制 | 993023 | 张磊 | 多媒体技术 | 75 |
| 23 | 信息 | 991076 | 王力 | 多媒体技术 | 81 |
| 24 | 自动控制 | 993021 | 张在旭 | 人工智能 | 75 |

选修课程成绩单 | Sheet2 | Sheet3

## 四、演示文稿

打开演示文稿 yswg-9.pptx，按照下列要求完成对此文稿的修饰并保存。

（1）整个演示文稿设置成"复合"模板，将全部幻灯片切换效果设置成"切换"。

（2）将第一张幻灯片版式改变为"内容与标题"，然后把对象动画效果设置为"进入""棋盘""下"；再将这张幻灯片移动为演示文稿的第二张幻灯片。

# 第十套

## 一、选择题

1. 下列度量单位中，用来度量计算机网络数据传输速率（比特率）的是（　　）。

    A．MB/s　　　　　B．MIPS　　　　　C．GHz　　　　　D．Mbit/s

2. 关于世界上第一台电子计算机 ENIAC 的叙述中，错误的是（　　）。

    A．ENIAC 是 1946 年在美国诞生的

    B．它主要采用电子管和继电器

    C．它是首次采用存储程序和程序控制自动工作的电子计算机

    D．研制它的主要目的是用来计算弹道

3. 在下列字符中，其 ASCII 码值最大的一个是（　　）。

    A．空格字符　　　　B．9　　　　　C．Z　　　　　D．a

4. 以 .avi 为扩展名的文件通常是（　　）。

    A．文本文件　　　　　　　　　B．音频信号文件

    C．图像文件　　　　　　　　　D．视频信号文件

5. 计算机安全是指计算机资产安全，即（　　）。

    A．计算机信息系统资源不受自然有害因素的威胁和危害

    B．信息资源不受自然和人为有害因素的威胁和危害

    C．计算机硬件系统不受人为有害因素的威胁和危害

    D．计算机信息系统资源和信息资源不受自然和人为有害因素的威胁和危害

6. 运算器（ALU）的功能是（　　）。

    A．只能进行逻辑运算

    B．对数据进行算术运算或逻辑运算

    C．只能进行算术运算

    D．做初等函数的计算

7. 在标准 ASCII 码表中，已知英文字母 A 的 ASCII 码是 01000001，英文字母 D 的 ASCII 码是（　　）。

    A．01000011　　B．01000100　　C．01000101　　D．01000110

8. Internet 中，用于实现域名和 IP 地址转换的是（　　）。

    A．SMTP　　　　　B．DNS　　　　　C．Ftp　　　　　D．Http

9. JPEG 是一个用于数字信号压缩的国际标准，其压缩对象是（　　）。

    A．文本　　　　　B．音频信号　　　C．静态图像　　　D．视频信号

10. 下列说法中正确的是（　　）。

A．计算机体积越大，功能越强

B．微机 CPU 主频越高，其运算速度越快

C．两个显示器的屏幕大小相同，它们的分辨率也相同

D．激光打印机打印的汉字比喷墨打印机多

11．计算机有多种技术指标，其中主频是指（　　　）。

　　A．内存的时钟频率

　　B．CPU 内核工作的时钟频率

　　C．系统时钟频率，也叫外频

　　D．总线频率

12．KB（千字节）是度量存储器容量大小的常用单位之一，1KB 等于（　　　）。

　　A．1 000 个字节　　　　　　　　B．1 024 个字节

　　C．1 000 个二进位　　　　　　　D．1 024 个字

13．早期的计算机语言中，所有的指令、数据都用一串二进制数 0 和 1 表示，这种语言称为（　　　）。

　　A．Basic 语言　　　B．机器语言　　　C．汇编语言　　　D．Java 语言

14．下列关于计算机病毒的说法中，正确的是（　　　）。

　　A．计算机病毒是对计算机操作人员身体有害的生物病毒

　　B．计算机病毒将造成计算机的永久性物理损害

　　C．计算机病毒是一种通过自我复制进行传染的，破坏计算机程序和数据的小程序

　　D．计算机病毒是一种感染在 CPU 中的微生物病毒

15．以太网的拓扑结构是（　　　）。

　　A．星型　　　　　　B．总线型　　　　　C．环型　　　　　　D．树型

16．计算机网络中传输介质传输速率的单位是 bps，其含义是（　　　）。

　　A．字节/秒　　　　　B．字/秒　　　　　C．字段/秒　　　　　D．二进制位/秒

17．把硬盘上的数据传送到计算机内存中去的操作称为（　　　）。

　　A．读盘　　　　　　B．写盘　　　　　　C．输出　　　　　　D．存盘

18．计算机网络的目标是实现（　　　）。

　　A．数据处理　　　　　　　　　　B．文献检索

　　C．资源共享和信息传输　　　　　D．信息传输

19．随机存取存储器（RAM）的最大特点是（　　　）。

　　A．存储量极大，属于海量存储器

　　B．存储在其中的信息可以永久保存

　　C．一旦断电，存储在其上的信息将全部消失，且无法恢复

　　D．计算机中，只是用来存储数据的

20．操作系统是计算机的软件系统中（　　　）。

　　A．最常用的应用软件　　　　　　B．最核心的系统软件

　　C．最通用的专用软件　　　　　　D．最流行的通用软件

## 二、文字处理

　　打开文档 WORD1-10.docx，按照要求完成下列操作并以该文件名（WORD1-10.docx）保存文档。

（1）将标题段"过采样技术"文字设置为二号红色黑体、加粗、居中。

（2）将正文各段落"数据采集技术……工作的基础。"中的中文文字设置为五号宋体、西文文字设置为五号 Arial 字体，各段落首行缩进 2 字符；将正文第三段"若……工作的基础。"中出现的所有"fc"和"fs"中的"c"和"s"设置为下标形式。

（3）在页面底端（页脚）居中位置插入页码，并设置起始页码为"Ⅲ"。

（4）将文中后 4 行文字转换为一个 4 行 2 列的表格。设置表格居中，表格第一列列宽为 2.5 厘米、第二列列宽为 7.5 厘米、行高为 0.7 厘米，表格所有文字中部居中。

（5）将表格第一、二行的第一列，第三、四行的第一列分别进行单元格合并；设置表格所有框线为 1 磅蓝色单实线。

**【文档开始】**

过采样技术

数据采集技术的工程实际应用问题，归结起来主要有两点：一是要求更高的采样率，以满足对高频信号的采样要求；二是要求更大的采样动态范围，以满足对微弱信号的采样要求。

为了解决这两类问题，新的采样方式应运而生。最具有代表性的是过采样技术和欠采样技术。

若 fc 为原始模拟信号中最高频率分量，fs 为采样频率，则当 fs>2fc 时，称为过采样。过采样技术是一种用高采样率换取高量化位数，即以速率换取分辨率的采样方案。用过采样技术，可以提高信噪比，并便于使用数字滤波技术提高有效分辨率。过采样技术是某些 A/D 转换器（如Σ-Δ型 A/D 转换器）得以工作的基础。

采样方式分类

| | |
|---|---|
| 定时采样 | 定时采样（等间隔采样） |
| | 定点采样（变步长采样） |
| 等效采样 | 时序变换采样（步进、步退、差频） |
| | 随机变换采样 |

**【文档结束】**

## 三、电子表格

打开 EXCEL-10.xlsx 文件，完成下列操作。

（1）将 sheet1 工作表的 A1：D1 单元格合并为一个单元格，水平对齐方式设置为居中；计算各类图书去年发行量和本年发行量的合计，计算各类图书的增长比例（增长比例＝（本年发行量－去年发行量）/去年发行量），保留小数点后两位，将工作表命名为"图书发行情况表"。

（2）选取"图书发行情况表"的"图书类别"和"增长比例"两列的内容建立"面积图"（合计行内容除外），X 轴上的项为图书类别（系列产生在"列"），标题为"图书发行情况图"，图例位置在底部，数据标志为"显示值"，将图插入到工作表的 A9：D20 单元格区域内。

| | A | B | C | D | E |
|---|---|---|---|---|---|
| 1 | 某出版社图书发行情况表 | | | | |
| 2 | 图书类别 | 本年发行量 | 去年发行量 | 增长比例 | |
| 3 | 信息 | 679 | 549 | | |
| 4 | 社会 | 756 | 438 | | |
| 5 | 经济 | 502 | 394 | | |
| 6 | 少儿 | 358 | 269 | | |
| 7 | 合计 | | | | |

### 四、演示文稿

打开演示文稿 yswg-10.pptx，按照下列要求完成对此文稿的修饰并保存。

（1）使用"都市"模板修饰全文，全部幻灯片切换效果为"溶解"。

（2）在第二张幻灯片中输入主标题为"大熊猫细胞库"，设置字体为黑体，字号为 50 磅，颜色为红色(请用自定义标签的红色 250、绿色 0、蓝色 0)，副标题为"大熊猫'克隆'工程取得进展"，设置字体为楷体，字号为 40 磅。移动第二张幻灯片，使之成为第一张幻灯片。将第二张幻灯片的版式改为"内容与标题"。

# 第十一套

## 一、选择题

1. 局域网中，提供并管理共享资源的计算机称为（　　）。

    A. 网桥　　　　　　　B. 网关　　　　　　　C. 服务器　　　　　　D. 工作站

2. 无符号二进制整数 111110 转换成十进制数是（　　）。

    A. 62　　　　　　　　B. 60　　　　　　　　C. 58　　　　　　　　D. 56

3. CPU 的指令系统又称为（　　）。

    A. 汇编语言　　　　　B. 机器语言　　　　　C. 程序设计语言　　　D. 符号语言

4. 组成 CPU 的主要部件是（　　）。

    A. 运算器和控制器　　　　　　　　　　B. 运算器和存储器

    C. 控制器和寄存器　　　　　　　　　　D. 运算器和寄存器

5. 如果网络的各个节点均连接到同一条通信线路上，且线路两端有防止信号反射的装置，这种拓扑结构称为（　　）。

    A. 总线型拓扑　　　　B. 星型拓扑　　　　　C. 树型拓扑　　　　　D. 环型拓扑

6. 从网上下载软件时，使用的网络服务类型是（　　）。

    A. 文件传输　　　　　B. 远程登录　　　　　C. 信息浏览　　　　　D. 电子邮件

7. Internet 是目前世界上第一大互联网，它起源于美国，其雏形是（　　）。

    A. CERNET 网　　　　B. NCPC 网　　　　　C. ARPANET 网　　　D. GBNKT

8. Internet 中，用于实现域名和 IP 地址转换的是（　　）。

    A. SMTP　　　　　　B. DNS　　　　　　　C. Ftp　　　　　　　D. Http

9. 当前微机上运行的 Windows 属于（　　）。

    A. 批处理操作系统　　　　　　　　　　B. 单任务操作系统

    C. 多任务操作系统　　　　　　　　　　D. 分时操作系统

10. IPv4 地址和 IPv6 地址的位数分别为（　　）。

    A. 4，6　　　　　　　B. 8，16　　　　　　C. 16，24　　　　　　D. 32，64

11. 下列关于计算机病毒的叙述中，正确的是（　　）。

    A. 计算机病毒只感染.exe 或.com 文件

    B. 计算机病毒可通过读/写移动存储设备或通过 Internet 网络进行传播

    C. 计算机病毒是通过电网进行传播的

    D. 计算机病毒是由于程序中的逻辑错误造成的

12. 10 GB 的硬盘表示其存储容量为（　　　）。

    A．一万个字节　　　　　　　　　B．一千万个字节

    C．一亿个字节　　　　　　　　　D．一百亿个字节

13. 在标准 ASCII 码表中，英文字母 a 和 A 的码值之差的十进制值是（　　　）。

    A．20　　　　　　B．32　　　　　　C．–20　　　　　　D．–32

14. 下列关于电子邮件的说法，正确的是（　　　）。

    A．收件人必须有 E-mail 地址，发件人可以没有 E-mail 地址

    B．发件人必须有 E-mail 地址，收件人可以没有 E-mail 地址

    C．发件人和收件人都必须有 E-mail 地址

    D．发件人必须知道收件人住址的邮政编码

15. 计算机病毒（　　　）。

    A．不会对计算机操作人员造成身体损害

    B．会导致所有计算机操作人员感染致病

    C．会导致部分计算机操作人员感染致病

    D．会导致部分计算机操作人员感染病毒，但不会致病

16. 关于汇编语言程序（　　　）。

    A．相对于高级程序设计语言程序具有良好的可移植性

    B．相对于高级程序设计语言程序具有良好的可读性

    C．相对于机器语言程序具有良好的可移植性

    D．相对于机器语言程序具有较高的执行效率

17. 早期的计算机语言中，所有的指令、数据都用一串二进制数 0 和 1 表示，这种语言称（　　　）。

    A．Basic 语言　　　B．机器语言　　　C．汇编语言　　　D．Java 语言

18. 下列说法错误的是（　　　）。

    A．汇编语言是一种依赖于计算机的低级程序设计语言

    B．计算机可以直接执行机器语言程序

    C．高级语言通常都具有执行效率高的特点

    D．为提高开发效率，开发软件时应尽量采用高级语言

19. 高级程序设计语言的特点是（　　　）。

    A．高级语言数据结构丰富

    B．高级语言与具体的机器结构密切相关

    C．高级语言接近算法语言不易掌握

    D．用高级语言编写的程序计算机可立即执行

20. 下列说法错误的是（　　　）。

    A．计算机可以直接执行机器语言编写的程序

    B．光盘是一种存储介质

    C．操作系统是应用软件

    D．计算机速度用 MIPS 表示

## 二、文字处理

1. 打开文档 WORD1-11.docx，按照要求完成下列操作并以该文件名（WORD1-11.docx）

保存文档。

（1）将标题段文字"盐的世界"设置为三号黑体、居中、字符间距加宽 4 磅、加绿色底纹。

（2）将正文各段文字"我国青海……奇妙而美丽的盐的世界呀！"设置为五号楷体_GB2312；正文第一段"我国青海……称为'盐的世界'。"首字下沉 2 行、距正文 0.1 厘米；各段落左、右各缩进 2 字符，行距 18 磅，段前间距 0.5 行。

（3）将正文最后一段"从盐湖里开采的盐……奇妙而美丽的盐的世界呀！"分为等宽的两栏、栏间距为 0.5 字符、栏间加分隔线。

【文档开始】

盐的世界

我国青海有个著名的柴达木盆地。它的总面积 34 万平方公里。这里有水草丰美的牧场，土壤肥沃的农田，奔腾不息的河流。在这富饶美丽的盆地内，还有 30 多个盐湖，如点点繁星，被人们称为"盐的世界"。

盆地中有我国最大的察尔汉盐湖。它有盐而没有水，整个湖是坚硬如铁的盐。它的总面积有 5 856 平方公里，厚度达 15 至 18 米，储量达 400 多亿吨，够全世界食用 1 000 多年。在这里有座"万丈盐桥"，其实就是一条长达 40 公里的盐筑的公路。由于它质地坚硬，路面平坦，汽车开过这里，好像在高速公路上行驶一样。盐桥若出现坎坷不平，只要泼上盐水，晾干后就立刻平滑了。在这里还有用盐修的房子，用盐垒的墙，连青藏铁路一段也是从坚硬的盐层上通过的。

从盐湖里开采的盐，形状不一，颜色各异，有雪花形、珍珠形、花环形、水晶形……有的乳白、有的淡蓝、有的橙黄、有的粉红……，多么奇妙而美丽的盐的世界呀！

【文档结束】

2．打开文档 WORD2-11.docx，按照要求完成下列操作并以该文件名（WORD2-11.docx）保存文档。

（1）制作一个 5 行 4 列的表格，表格两端对齐。

（2）表格进行如下修改：在第 1 行第 1 列单元格中添加一条蓝色 0.5 磅单实线左上右下的对角线；合并第 2，3，4，5 行的第 1 列单元格，将第 3，4 行第 2，3，4 列的 6 单元格合并，并均匀拆分为 2 行 2 列 4 个单元格；表格第 1 行添加浅绿底纹；表格内框线为 0.5 磅蓝色单实线，设置表格外框线和第 1 行的下框线为 1.5 磅蓝色单实线。

## 三、电子表格

打开 EXCEL-11.xlsx 文件，完成下列操作。

（1）将工作表 sheet1 的 A1：D1 单元格合并为一个单元格，内容水平居中；计算"总计"列的内容，将工作表命名为"管理费用支出情况表"。

（2）选取"管理费用支出情况表"的"年度"列和"总计"列的内容建立"簇状圆柱图"，系列产生在"列"，图表标题为"管理费用支出情况图"，插入到表的 A8：F18 单元格区域内。

| | A | B | C | D | E |
|---|---|---|---|---|---|
| 1 | 企业管理费用支出情况表 | | | | |
| 2 | 年度 | 房租(万元) | 水电(万元) | 总计 | |
| 3 | 1998年 | 17.81 | 15.62 | | |
| 4 | 1999年 | 23.43 | 18.25 | | |
| 5 | 2000年 | 28.96 | 29.17 | | |
| 6 | | | | | |
| 7 | | | | | |

### 四、演示文稿

打开演示文稿 yswg-11.pptx，按照下列要求完成对此文稿的修饰并保存。

（1）在演示文稿开始处插入一张"标题幻灯片"，作为演示文稿的第 1 张幻灯片，输入主标题为："趋势防毒，保驾电信"；第 3 张幻灯片版式设置改变为"垂直排列标题与文本"，并将文本部分动画效果设置成"进入""飞入""自顶部"。

（2）整个演示文稿设置成"复合"模板，将全部幻灯片切换效果设置成"溶解"。

## 第十二套

### 一、选择题

1. 按电子计算机传统的分代方法，第一代至第四代计算机依次是（      ）。

   A. 机械计算机，电子管计算机，晶体管计算机，集成电路计算机

   B. 晶体管计算机，集成电路计算机，大规模集成电路计算机，光器件计算机

   C. 电子管计算机，晶体管计算机，小、中规模集成电路计算机，大规模和超大规模集成电路计算机

   D. 手摇机械计算机，电动机械计算机，电子管计算机，晶体管计算机

2. 随着 Internet 的发展，越来越多的计算机感染病毒的可能途径之一是（      ）。

   A. 从键盘上输入数据

   B. 通过电源线

   C. 所使用的光盘表面不清洁

   D. 通过 Internet 的 E-mail，附着在电子邮件的信息中

3. 十进制数 60 转换成无符号二进制整数是（      ）。

   A. 0111100          B. 0111010          C. 0111000          D. 0110110

4. 目前广泛使用的 Internet，其前身可追溯到（      ）。

   A. ARPANET          B. CHINANET          C. DECnet          D. NOVELL

5. 下面关于随机存取存储器（RAM）的叙述中，正确的是（      ）。

   A. RAM 分静态 RAM(SRAM)和动态 RAM(DRAM)两大类

   B. SRAM 的集成度比 DRAM 高

   C. DRAM 的存取速度比 SRAM 快

   D. DRAM 中存储的数据无须"刷新"

6. 下列叙述中，正确的是（      ）。

   A. 字长为 16 位表示这台计算机最大能计算一个 16 位的十进制数

   B. 字长为 16 位表示这台计算机的 CPU 一次能处理 16 位二进制数

   C. 运算器只能进行算术运算

   D. SRAM 的集成度高于 DRAM

7. 在标准 ASCII 编码表中，数字码、小写英文字母和大写英文字母的前后次序是(      )。

   A. 数字、小写英文字母、大写英文字母

   B. 小写英文字母、大写英文字母、数字

   C. 数字、大写英文字母、小写英文字母

D. 大写英文字母、小写英文字母、数字

8. 下列的英文缩写和中文名字的对照中，正确的是（　　　）。

A. CAD——计算机辅助设计

B. CAM——计算机辅助教育

C. CIMS——计算机集成管理系统

D. CAI——计算机辅助制造

9. 调制解调器（Modem）的作用是（　　）。

A. 将数字脉冲信号转换成模拟信号

B. 将模拟信号转换成数字脉冲信号

C. 将数字脉冲信号与模拟信号互相转换

D. 为了上网与打电话两不误

10. 在计算机中，对汉字进行传输、处理和存储时使用汉字的（　　）。

A. 字形码　　　B. 国标码　　　C. 输入码　　　D. 机内码

11. 下列选项中，不属于显示器主要技术指标的是（　　）。

A. 分辨率　　　B. 重量　　　C. 像素的点距　　D. 显示器的尺寸

12. 计算机网络中，若所有的计算机都连接到一个中心节点上，当一个网络节点需要传输数据时，首先传输到中心节点上，然后由中心节点转发到目的节点，这种连接结构称为（　　）。

A. 总线结构　　　B. 环型结构　　　C. 星型结构　　　D. 网状结构

13. TCP 协议的主要功能是（　　　）。

A. 对数据进行分组　　　　　　B. 确保数据的可靠传输

C. 确定数据传输路径　　　　　D. 提高数据传输速度

14. 下列叙述中，错误的是（　　　）。

A. 硬盘在主机箱内，它是主机的组成部分

B. 硬盘属于外部存储器

C. 硬盘驱动器既可做输入设备又可做输出设备用

D. 硬盘与 CPU 之间不能直接交换数据

15. 组成一个计算机系统的两大部分是（　　　）。

A. 系统软件和应用软件　　　　B. 硬件系统和软件系统

C. 主机和外围设备　　　　　　D. 主机和输入/输出设备

16. 下列关于 CPU 的叙述中，正确的是（　　　）。

A. CPU 能直接读取硬盘上的数据

B. CPU 能直接与内存储器交换数据

C. CPU 主要组成部分是存储器和控制器

D. CPU 主要用来执行算术运算

17. 下列叙述中，正确的是（　　　）。

A. 用高级语言编写的程序称为源程序

B. 计算机能直接识别、执行用汇编语言编写的程序

C. 机器语言编写的程序执行效率最低

D. 不同型号的 CPU 具有相同的机器语言

18. 存储 1 024 个 24 × 24 点阵的汉字字形码需要的字节数是（　　　）。

A．720 B        B．72 KB        C．7 000 B        D．7 200 B

19．下列软件中，不是操作系统的是（　　）。

A．Linux        B．UNIX        C．MS-DOS        D．MS-Office

20．下列软件中，属于应用软件的是（　　）。

A．Windows 10        B．PowerPoint 2016

C．UNIX        D．Linux

## 二、文字处理

1．打开文档 WORD1-12.docx，按照要求完成下列操作并以该文件名（WORD1-12.docx）保存文档。

（1）将文中所有"最低生活保障标准"替换为"低保标准"；将标题段文字"低保标准再次调高"设置为三号楷体、居中、字符间距加宽 3 磅、并添加 1.5 磅蓝色（标准色）阴影边框。

（2）将正文各段文字"本报讯……从 2001 年 7 月 1 日起执行。"设置为五号宋体，首行缩进 2 字符，段前间距 0.5 行；正文中"本报讯"和"又讯"二词设置为小四号黑体。

（3）将第二行中重复的"的执行"删除一个，再将正文第三段"又讯……从 2001 年 7 月 1 日起执行。"分为等宽的两栏，栏间距为 1 字符，栏间加分隔线。

【文档开始】

最低生活保障标准再次调高

本报讯经北京市政府批准，本市最低生活保障标准从每人每月 1 245 元调整为 1 320 元。调整后的标准于本月起实施。

为更好保障困难群众基本生活，进一步进一步提升困难群众的获得感、安全感，本市对最低生活保障标准再次进行上调。调整后的低保标准为每人每月 1 320 元，较之前的标准上调了 75 元。

又讯　截至今年上半年，全市低保(含生活困难补助)、特困和低收入家庭总计 75 304 户、122 462 人，共计支出资金 94 690.54 万元。据了解，本市低保标准的调整主要以统计部门提供的上年度城镇居民人均消费支出为基础进行测算。

【文档结束】

2．打开文档 WORD2-12.docx，按照要求完成下列操作并以该文件名（WORD2-12.docx）保存文档。

（1）按照文字分隔位置（制表符）将文中后 9 行文字转换为一个 9 行 3 列的表格；设置表格居中、表格列宽为 3 厘米、行高 0.5 厘米。设置表格第一行底纹为"深蓝，文字 2，淡色 60%"。

（2）合并表格第 1 列第 2～4 行单元格、第 5～7 行单元格、第 8～9 行单元格；将合并后单元格中重复的厂家名称删除，只保留一个；将表格中第 1 行和第 1 列的所有单元格中的内容水平居中，其余各行各列单元格内容中部右对齐；表格所有框线设置为红色 1 磅单实线。

【文档开始】

本周手机价格一览表

| 厂家 | 手机型号 | 价格（元） |
| --- | --- | --- |
| 摩托罗拉 | moto S30 Pro | 2899 |

| 摩托罗拉 | moto edge S30 | 2008 |
|---|---|---|
| 摩托罗拉 | moto X30 Pro | 4499 |
| OPPO | Reno8 | 2499 |
| OPPO | Reno7 | 2399 |
| OPPO | K9s | 1799 |
| vivo | Neo5 SE | 2099 |
| vivo | Z5x | 1499 |

【文档结束】

## 三、电子表格

1. 打开 EXCEL-12.xlsx 文件，完成下列操作。

（1）将工作表 Sheet1 的 A1：D1 单元格合并为一个单元格，内容水平居中；计算"学生均值"行（学生均值=贷款金额/学生人数，保留小数点后两位），将工作表命名为"助学贷款发放情况表"。复制该工作表为"SheetA"工作表。

（2）选取"SheetA"工作表的"班别"和"贷款金额"两行的内容建立"簇状柱形图"，图表标题为"助学贷款发放情况图"，图例在底部。插入到表的 A10：G25 单元格区域内。

| | A | B | C | D |
|---|---|---|---|---|
| 1 | 助学贷款发放情况表 | | | |
| 2 | 班别 | 贷款金额 | 学生人数 | 学生均值 |
| 3 | 一班 | 13680 | 29 | |
| 4 | 二班 | 21730 | 32 | |
| 5 | 三班 | 22890 | 30 | |
| 6 | 四班 | 8690 | 16 | |
| 7 | 五班 | 12310 | 21 | |
| 8 | 六班 | 13690 | 25 | |

2. 对"助学贷款发放情况表"的工作表内的数据清单内容按主要关键字"贷款金额"的降序次序和次要关键字"班别"的升序次序进行排序。工作表名不变，保存 EXCEL-12.xlsx 工作簿。

## 四、演示文稿

打开演示文稿 yswg-12.pptx，按照下列要求完成对此文稿的修饰并保存。

（1）使用"华丽"主题修饰全文，将全部幻灯片的切换方案设置成"涡流"，效果选项为"自顶部"。

（2）在第一张幻灯片前插入版式为"两栏内容"的新幻灯片，将文件夹下 ppt1.jpg 的图片放在第一张幻灯片右侧内容区，将第二张幻灯片的文本移入第一张幻灯片左侧内容区，标题输入"畅想无线城市的生活便捷"，文本动画设置为"进入""棋盘"，效果选项为"下"，图片动画设置为"进入""飞入""自右下部"，动画顺序为先图片后文本。

（3）将第二张幻灯片版式改为"比较"，将第三张幻灯片的第二段文本移入第二张幻灯片左侧内容区，将文件夹下 ppt2.jpg 的图片放在第二张幻灯片右侧内容区。将第三张幻灯片版式改为"垂直排列标题与文本"。第四张幻灯片的副标题为"福建无线城市群"，第四张幻灯片的背景设置为"水滴"纹理，使第四张幻灯片成为第一张幻灯片。

## 第十三套

### 一、选择题

1. 世界上公认的第一台电子计算机诞生在（　　　）。
   - A. 中国
   - B. 美国
   - C. 英国
   - D. 日本

2. 下列选项不属于"计算机安全设置"的是（　　　）。
   - A. 定期备份重要数据
   - B. 不下载来路不明的软件及程序
   - C. 停掉 Guest 账号
   - D. 安装杀（防）毒软件

3. 防火墙是指（　　　）。
   - A. 一个特定软件
   - B. 一个特定硬件
   - C. 执行访问控制策略的一组系统
   - D. 一批硬件的总称

4. 一般而言，Internet 环境中的防火墙建立在（　　　）。
   - A. 每个子网的内部
   - B. 内部子网之间
   - C. 内部网络与外部网络的交叉点
   - D. 以上 3 个都不对

5. 防火墙用于将 Internet 和内部网络隔离，因此它是（　　　）。
   - A. 防止 Internet 火灾的硬件设施
   - B. 抗电磁干扰的硬件设施
   - C. 保护网线不受破坏的软件和硬件设施
   - D. 网络安全和信息安全的软件和硬件设施

6. 对声音波形采样时，采样频率越高，声音文件的数据量（　　　）。
   - A. 越小
   - B. 越大
   - C. 不变
   - D. 无法确定

7. 实现音频信号数字化最核心的硬件电路是（　　　）。
   - A. A/D 转换器
   - B. D/A 转换器
   - C. 数字编码器
   - D. 数字解码器

8. 若对音频信号以 10 kHz 采样率、16 位量化精度进行数字化，则每分钟的双声道数字化声音信号产生的数据量约为（　　　）。
   - A. 1.2 MB
   - B. 1.6 MB
   - C. 2.4 MB
   - D. 4.8 MB

9. 一般说来，数字化声音的质量越高，则要求（　　　）。
   - A. 量化位数越少、采样率越低
   - B. 量化位数越多、采样率越高
   - C. 量化位数越少、采样率越高
   - D. 量化位数越多、采样率越低

10. 计算机的系统总线是计算机各部件间传递信息的公共通道，它分（　　　）。
    - A. 数据总线和控制总线
    - B. 地址总线和数据总线
    - C. 数据总线、控制总线和地址总线
    - D. 地址总线和控制总线

11. 下列叙述中，错误的是（　　　）。
    - A. 计算机系统由硬件系统和软件系统组成
    - B. 计算机软件由各类应用软件组成
    - C. CPU 主要由运算器和控制器组成
    - D. 计算机主机由 CPU 和内存储器组成

12. 通常所说的计算机的主机是指（　　　）。
    - A. CPU 和内存
    - B. CPU 和硬盘

C. CPU、内存和硬盘            D. CPU、内存与 CD-ROM

13. 计算机中，负责指挥计算机各部分自动协调一致地进行工作的部件是（    ）。

    A. 运算器        B. 控制器        C. 存储器        D. 总线

14. 计算机网络最突出的优点是（    ）。

    A. 精度高        B. 共享资源       C. 运算速度快     D. 容量大

15. 计算机操作系统通常具有的五大功能是（    ）。

    A. CPU 管理、显示器管理、键盘管理、打印机管理和鼠标器管理

    B. 硬盘管理、U 盘管理、CPU 的管理、显示器管理和键盘管理

    C. 处理器(CPU)管理、存储管理、文件管理、设备管理和作业管理

    D. 启动、打印、显示、文件存取和关机

16. 编译程序属于（    ）。

    A. 系统软件                 B. 应用软件

    C. 操作系统                 D. 数据库管理软件

17. 在下列字符中，其 ASCII 码值最大的一个是（    ）。

    A. Z            B. 9           C. 空格字符       D. a

18. 组成一个计算机系统的两大部分是（    ）。

    A. 系统软件和应用软件

    B. 主机和外围设备

    C. 硬件系统和软件系统

    D. 主机和输入/输出设备

19. 计算机操作系统的最基本特征是（    ）。

    A. 并发和共享     B. 共享和虚拟     C. 虚拟和异步     D. 异步和并发

20. 下列说法正确的是（    ）。

    A. 一个进程会伴随着其程序执行的结束而消亡

    B. 一段程序会伴随着其进程结束而消亡

    C. 任何进程在执行未结束时不允许被强行终止

    D. 任何进程在执行未结束时都可以被强行终止

## 二、文字处理

打开文档 WORD1-13.docx，按照要求完成下列操作并以该文件名（WORD1-13.docx）保存文档。

（1）将标题段"1.国内企业申请的专利部分"设置为四号蓝色楷体、加粗、居中，绿色边框、边框宽度为 3 磅、黄色底纹。

（2）为第一段"根据对我国企业申请的……覆盖的领域包括："和最后一段"如果和电子商务知识产权……围绕着认证、安全、支付来研究的。"间的 8 行设置项目符号"◆"。

（3）为倒数第 9 行"表 4—2 国内企业申请的专利分类统计"插入脚注，脚注内容为"资料来源：中华人民共和国知识产权局"，脚注字体为小五号宋体。将该行文字效果设置为"文本边框的实线"。

（4）将最后面的 8 行文字转换为一个 8 行 3 列的表格。设置表格居中，表格中所有文字中部居中。

（5）分别将表格第 1 列的第 4、5 单元格和第 3 列的第 4、5 单元格进行合并，分别将第 1 列的第 2、3 单元格和第 3 列的第 2、3 单元格进行合并。设置表格外框线为 3 磅蓝色单实线，内框线为 1 磅黑色单实线。

【文档开始】

1. 国内企业申请的专利部分

根据对我国企业申请的关于电子商务的 148 个专利中的 75 个专利分析，发现大多数专利是关于电子支付和安全的专利。其他领域的专利技术很少，而且多数被国外企业所申请。我国企业申请的专利覆盖的领域包括：

电子支付

安全认证技术

物流系统

客户端电子商务应用方法和设施

网络传输技术

电子商务经营模式

商业方法

数据库技术

如果和电子商务知识产权框架中的部分来进行比较，每一部分的专利技术都很少，还没有形成完整的电子商务应用体系结构。特别是网络服务器端的核心技术专利很少，电子商务应用层的专利主要是支付。我国的电子商务专利开发都围绕着认证、安全、支付来研究的。（表 4-2 资料来源：根据中华人民共和国知识产权局的专利检索归纳总结而得）

表 4-2  国内企业申请的专利分类统计

| 专利分类 | 专利示例 | 专利数量 |
|---|---|---|
| 电子支付 | 电子商务电信网络通用支付系统及方法 | 十多种 |
| | 通过 SIM 卡实现付费的方法和系统 | |
| 安全 | 身份注册手机短信息反向认证系统和方法 | 二十种 |
| | 多维数码传输与识别系统 | |
| 网传技术 | 全十进制算法分配计算机地址的总体分配方法 | 很少 |
| 数据库 | 一种保护 ERP 接口数据的方法 | 很少 |
| 物流系统 | 高层住宅电子商务送配系统 | 3 种 |

【文档结束】

## 三、电子表格

打开 EXCEL-13.xlsx 文件，完成下列操作。

（1）将 sheet1 工作表的 A1：D1 单元格合并为一个单元格，内容水平居中；计算职工的平均工资置 C13 单元格内（数值型，保留小数点后 1 位）；计算学历为博士、硕士和本科的人数置 F5：F7 单元格区域（利用 COUNT IF 函数）。

（2）选取"学历"列（E4：E7）和"人数"列（F4：F7）数据区域的内容建立"簇状柱形图"，图标题为"学历情况统计图"，清除图例；将图插入到表的 A15：E25 单元格区域内，将工作表命名为"学历情况统计表"，保存 EXCEL-13.xlsx 文件。

| | A | B | C | D | E | F |
|---|---|---|---|---|---|---|
| 1 | 某单位人员情况表 | | | | | |
| 2 | 职工号 | 性别 | 基本工资 | 学历 | | |
| 3 | E001 | 男 | 5500 | 本科 | | |
| 4 | E002 | 男 | 7450 | 硕士 | 学历 | 人数 |
| 5 | E003 | 女 | 4550 | 本科 | 博士 | |
| 6 | E004 | 男 | 5150 | 博士 | 硕士 | |
| 7 | E005 | 男 | 5350 | 硕士 | 本科 | |
| 8 | E006 | 女 | 5450 | 博士 | | |
| 9 | E007 | 男 | 7550 | 本科 | | |
| 10 | E008 | 男 | 7350 | 本科 | | |
| 11 | E009 | 女 | 5550 | 硕士 | | |
| 12 | E010 | 女 | 4550 | 博士 | | |
| 13 | | 平均工资 | | | | |

2. 打开工作簿文件 EXC-13.xlsx，对工作表"图书销售情况表"内数据清单的内容建立数据透视表，按行为"图书类别"，列为"经销部门"，数据为"销售额"求和布局，并置于现工作表的 H2：L7 单元格区域，工作表名不变，保存 EXC-13.xlsx 工作簿。

| | A | B | C | D | E | F |
|---|---|---|---|---|---|---|
| 1 | | 某图书销售公司销售情况表 | | | | |
| 2 | 经销部门 | 图书类别 | 季度 | 数量(册) | 销售额(元) | 销售量排名 |
| 3 | 第3分部 | 计算机类 | 3 | 124 | 8680 | 42 |
| 4 | 第3分部 | 少儿类 | 2 | 321 | 9630 | 20 |
| 5 | 第1分部 | 社科类 | 2 | 435 | 21750 | 5 |
| 6 | 第2分部 | 计算机类 | 2 | 256 | 17920 | 26 |
| 7 | 第2分部 | 社科类 | 1 | 167 | 8350 | 40 |
| 8 | 第3分部 | 计算机类 | 4 | 157 | 10990 | 41 |
| 9 | 第1分部 | 计算机类 | 4 | 187 | 13090 | 38 |
| 10 | 第3分部 | 社科类 | 4 | 213 | 10650 | 32 |
| 11 | 第2分部 | 计算机类 | 4 | 196 | 13720 | 36 |
| 12 | 第2分部 | 社科类 | 4 | 219 | 10950 | 30 |
| 13 | 第2分部 | 计算机类 | 3 | 234 | 16380 | 28 |
| 14 | 第2分部 | 计算机类 | 1 | 206 | 14420 | 35 |
| 15 | 第2分部 | 社科类 | 2 | 211 | 10550 | 34 |
| 16 | 第3分部 | 社科类 | 3 | 189 | 9450 | 37 |
| 17 | 第2分部 | 少儿类 | 1 | 221 | 6630 | 29 |
| 18 | 第3分部 | 少儿类 | 4 | 432 | 12960 | 7 |
| 19 | 第1分部 | 计算机类 | 3 | 323 | 22610 | 19 |
| 20 | 第1分部 | 社科类 | 3 | 324 | 16200 | 17 |
| 21 | 第1分部 | 少儿类 | 4 | 342 | 10260 | 15 |
| 22 | 第1分部 | 社科类 | 2 | 242 | 7260 | 27 |
| 23 | 第3分部 | 社科类 | 3 | 287 | 14350 | 24 |
| 24 | 第1分部 | 社科类 | 3 | 287 | 14350 | 24 |

图书销售情况表 / Sheet2 / Sheet3

## 四、演示文稿

打开演示文稿 yswg-13.pptx，按照下列要求完成对此文稿的修饰并保存。

（1）使用"华丽"模板修饰全文，设置放映方式为"观众自行浏览"。

（2）在第一张幻灯片前插入一版式为"空白"的新幻灯片，插入 6 行 2 列的表格。第一列的第 1～6 行依次录入"好处"、"补充水分"、"防止便秘"、"冲刷肠胃"、"清醒大脑"和"美容养颜"。第二列的第 1 行录入"原因"，将第二张幻灯片的文本第 1～5 段依次复制到表格第二列的第 2～6 行，表格文字全部设置为 24 磅字，第一行文字居中。

（3）将第二张幻灯片的版式改为"内容与标题"，将第二张幻灯片的文本移动到文本区，将第三张幻灯片的图片复制到剪贴画区域，图片动画设置为"进入""盒状""放大"。将第四张幻灯片移到第一张幻灯片前面。删除第四张幻灯片。第一张幻灯片的主标题设置为"黑体"，61 磅，蓝色（请用自定义选项卡的红色 0、绿色 0、蓝色 245），副标题设置为"隶书"，34 磅。

## 第十四套

### 一、选择题

1. 设任意一个十进制整数为 D，转换成二进制数为 B。根据数制的概念，下列叙述中正确的是（    ）。
   - A. 数字 B 的位数＜数字 D 的位数
   - B. 数字 B 的位数≤数字 D 的位数
   - C. 数字 B 的位数≥数字 D 的位数
   - D. 数字 B 的位数＞数字 D 的位数

2. 通常网络用户使用的电子邮箱建在（    ）。
   - A. 用户的计算机上
   - B. 发件人的计算机上
   - C. ISP 的邮件服务器上
   - D. 收件人的计算机上

3. 下列软件中，属于系统软件的是（    ）。
   - A. C++编译程序
   - B. Excel 2016
   - C. 学籍管理系统
   - D. 财务管理系统

4. 区位码输入法的最大优点是（    ）。
   - A. 只用数码输入，方法简单、容易记忆
   - B. 易记、易用
   - C. 一字一码，无重码
   - D. 编码有规律，不易忘记

5. 存储一个 48×48 点的汉字字形码需要的字节数是（    ）。
   - A. 384
   - B. 144
   - C. 256
   - D. 288

6. 计算机指令由两部分组成，它们是（    ）。
   - A. 运算符和运算数
   - B. 操作数和结果
   - C. 操作码和操作数
   - D. 数据和字符

7. Http 是（    ）。
   - A. 网址
   - B. 域名
   - C. 高级语言
   - D. 超文本传输协议

8. 微机的销售广告中"P4 2.4G/256M/80G"中的 2.4G 是表示（    ）。
   - A. CPU 的运算速度为 2.4GIPS
   - B. CPU 为 Pentium4 的 2.4 代
   - C. CPU 的时钟主频为 2.4GHz
   - D. CPU 与内存间的数据交换速率为 2.4Gbps

9. 用户名为 XUEJY 的正确电子邮件地址是（    ）。
   - A. XUEJY @ bj163.com
   - B. XUEJYbj163.com
   - C. XUEJY#bj163.com
   - D. XUEJY@bj163.com

10. 下面关于 USB 的叙述中，错误的是（    ）。
    - A. USB 接口的外表尺寸比并行接口大得多
    - B. USB2.0 的数据传输率大大高于 USB1.1
    - C. USB 具有热插拔与即插即用的功能
    - D. 在 Windows 10 下，使用 USB 接口连接的外围设备（如移动硬盘、U 盘等）不需要驱动

11．下面关于随机存取存储器（RAM）的叙述中，正确的是（　　　）。

　　A．存储在 SRAM 或 DRAM 中的数据在断电后将全部丢失且无法恢复

　　B．SRAM 的集成度比 DRAM 高

　　C．DRAM 的存取速度比 SRAM 快

　　D．DRAM 常用来做 Cache 用

12．显示器的主要技术指标之一是（　　　）。

　　A．分辨率　　　　　B．扫描频率　　　　　C．重量　　　　　D．耗电量

13．十进制数 32 转换成无符号二进制整数是（　　　）。

　　A．100000　　　　B．100100　　　　　C．100010　　　　D．101000

14．计算机网络是计算机技术和（　　　）。

　　A．自动化技术的结合　　　　　　　B．通信技术的结合

　　C．电缆等传输技术的结合　　　　　D．信息技术的结合

15．硬盘属于（　　　）。

　　A．内部存储器　　　　　　　　　　B．外部存储器

　　C．只读存储器　　　　　　　　　　D．输出设备

16．当计算机病毒发作时，主要造成的破坏是（　　　）。

　　A．对磁盘片的物理损坏

　　B．对磁盘驱动器的损坏

　　C．对 CPU 的损坏

　　D．对存储在硬盘上的程序、数据甚至系统的破坏

17．世界上第一台计算机是 1946 年美国研制成功的，该计算机的英文缩写名为（　　　）。

　　A．MARK-II　　　　B．ENIAC　　　　C．EDSAC　　　　D．EDVAC

18．操作系统将 CPU 的时间资源划分成极短的时间片，轮流分配给各终端用户，使终端用户单独分享 CPU 的时间片，有独占计算机的感觉，这种操作系统称为（　　　）。

　　A．实时操作系统　　　　　　　　　B．批处理操作系统

　　C．分时操作系统　　　　　　　　　D．分布式操作系统

19．一个字符的标准 ASCII 码的长度是（　　　）。

　　A．7bit　　　　　　B．8bit　　　　　C．16bit　　　　　D．6bit

20．计算机技术中，下列的英文缩写和中文名字的对照中，正确的是（　　　）。

　　A．CAD—计算机辅助制造　　　　　B．CAM—计算机辅助教育

　　C．CIMS—计算机集成制造系统　　　D．CAI—计算机辅助设计

## 二、文字处理

1．打开文档 WORD1-14.docx，按照要求完成下列操作并以该文件名（WORD1-14.docx）保存文档。

（1）将标题段文字"历史悠久的古城--正定"设置为四号红色宋体、居中、段后间距 0.6 行。

（2）将所有文字"位于河北省省会……旅游胜地。"设置为五号仿宋_GB2312；各段落左右各缩进 3 字符、首行缩进 2 字符、段前间距 0.2 行；给正文中的所有"正定"加着重号。

（3）设置文档页面的上下边距各为 2.8 厘米；插入页眉，页眉内容为"河北省旅游指南"，对齐方式为右对齐。

【文档开始】

历史悠久的古城——正定

位于河北省省会石家庄市北 15 公里的正定，是我国北方著名的古老城镇，自北齐建常山郡至今已经历了 1 500 余年的沧桑。

源远流长的历史给正定留下了众多瑰玮灿烂的文物古迹，以"三山不见，九桥不流，九楼四塔八大寺，二十四座金牌楼"著称的正定还是诸多历史名人的故乡，南越王赵佗、三国名将赵云、明代吏部尚书梁梦龙、清代大学士梁清标都出生在这里。

正定如今已被列入国家级历史文化名城，对外开放的景点有始建于隋代的隆兴寺、东魏的开元寺、唐代的天宁寺、五代的县文庙、明清的赵云庙等。近年来新修建的影视基地宁国府、宁荣街以及大型景观西游记宫、封神演义宫与古迹遥相辉映，使正定这座古城日益成为北方知名的旅游胜地。

【文档结束】

2．开文档 WORD2-14.docx，按照要求完成下列操作并以该文件名（WORD2-14.docx）保存文档

（1）删除表格第三行，将表格居中，设置表格第 1 行和第 1 列内容中部居中，其他各行各列内容中部右对齐。

（2）设置表格列宽为 2.2 厘米、行高 0.5 厘米，按"规格 10"列递增排序表格内容。

【文档开始】

**电力电缆、电线价格一览表**（单位：元/km）

| 型号 | 规格 2.5 | 规格 10 |
|---|---|---|
| 塑铜 BV | 455 | 1 850 |
| 塑软 BVR | 518 | 2 100 |
| 塑软 BVR | 518 | 2 100 |
| 橡铜 BX | 560 | 2 000 |
| 橡铝 BLX | 245 | 735 |
| 塑铝 BLV | 200 | 735 |

【文档结束】

## 三、电子表格

1．打开 EXCEL-14.xlsx 文件，完成下列操作。

将工作表 sheet1 的 A1：C1 单元格合并为一个单元格，内容水平居中，计算人数的"总计"及"所占百分比"列（所占百分比=人数/总计），"所占百分比"列单元格格式为"百分比"型（保留小数点后两位），将工作表命名为"新生年龄分布情况表"。

| | A | B | C | D |
|---|---|---|---|---|
| 1 | 新生年龄分布情况表 | | | |
| 2 | 年龄 | 人数 | 所占百分比 | |
| 3 | 18以下 | 89 | | |
| 4 | 18至22 | 1968 | | |
| 5 | 22以上 | 76 | | |
| 6 | 总计 | | | |
| 7 | | | | |

2．打开工作簿文件 EXC-14.xlsx，对工作表"'计算机动画技术'成绩单"内的数据清

单的内容进行自动筛选，条件为"系别"列的"自动控制或信息"，筛选后的工作表还保存在 EXC–14.xlsx 工作簿文件中，工作表名不变。

| | A | B | C | D | E | F | G |
|---|---|---|---|---|---|---|---|
| 1 | 系别 | 学号 | 姓名 | 考试成绩 | 实验成绩 | 总成绩 | |
| 2 | 信息 | 991021 | 李新 | 74 | 16 | 90 | |
| 3 | 计算机 | 992032 | 王文辉 | 87 | 17 | 104 | |
| 4 | 自动控制 | 993023 | 张磊 | 65 | 19 | 84 | |
| 5 | 经济 | 995034 | 郝心怡 | 86 | 17 | 103 | |
| 6 | 信息 | 991076 | 王力 | 91 | 15 | 106 | |
| 7 | 数学 | 994056 | 孙英 | 77 | 14 | 91 | |
| 8 | 自动控制 | 993021 | 张在旭 | 60 | 14 | 74 | |
| 9 | 计算机 | 992089 | 金翔 | 73 | 18 | 91 | |
| 10 | 计算机 | 992005 | 扬海东 | 90 | 19 | 109 | |
| 11 | 自动控制 | 993082 | 黄立 | 85 | 20 | 105 | |
| 12 | 信息 | 991062 | 王春晓 | 78 | 17 | 95 | |
| 13 | 经济 | 995022 | 陈松 | 69 | 12 | 81 | |
| 14 | 数学 | 994034 | 姚林 | 89 | 15 | 104 | |
| 15 | 信息 | 991025 | 张雨涵 | 62 | 17 | 79 | |
| 16 | 自动控制 | 993026 | 钱民 | 66 | 16 | 82 | |
| 17 | 数学 | 994086 | 高晓东 | 78 | 15 | 93 | |
| 18 | 经济 | 995014 | 张平 | 80 | 18 | 98 | |
| 19 | 自动控制 | 993053 | 李英 | 93 | 19 | 112 | |
| 20 | 数学 | 994027 | 黄红 | 68 | 20 | 88 | |
| 21 | | | | | | | |
| 22 | | | | | | | |
| 23 | | | | | | | |
| 24 | | | | | | | |

"计算机动画技术"成绩单 / Sheet2 / Sheet3 /

## 四、演示文稿

打开演示文稿 yswg–14.pptx，按照下列要求完成对此文稿的修饰并保存。

（1）在第 1 张幻灯片标题处键入"EPSON"字母，第 2 张幻灯片的副标题部分动画设置为"进入""飞入""自右下部"。将第 2 张幻灯片移动为演示文稿的第 1 张幻灯片。

（2）使用"暗香扑面"演示文稿设计模板修饰全文，幻灯片切换效果全部设置为"百叶窗"。

# 第十五套

## 一、选择题

1. 计算机采用的主机电子器件的发展顺序是（　　）。
   A．晶体管、电子管、中小规模集成电路、大规模和超大规模集成电路
   B．电子管、晶体管、中小规模集成电路、大规模和超大规模集成电路
   C．晶体管、电子管、集成电路、芯片
   D．电子管、晶体管、集成电路、芯片
2. 专门为某种用途而设计的计算机，称为（　　）计算机。
   A．专用　　　　　　B．通用　　　　　　C．特殊　　　　　　D．模拟
3. CAM 的含义是（　　）。
   A．计算机辅助设计　　　　　　　　B．计算机辅助教学
   C．计算机辅助制造　　　　　　　　D．计算机辅助测试

4. 下列描述中不正确的是（　　　）。

    A．多媒体技术最主要的两个特点是集成性和交互性

    B．所有计算机的字长都是固定不变的，都是 8 位

    C．计算机的存储容量是计算机的性能指标之一

    D．各种高级语言的编译系统都属于系统软件

5. 将十进制 257 转换成十六进制数是（　　　）。

    A．11　　　　　　　B．101　　　　　　　C．F1　　　　　　　D．FF

6. 下面不是汉字输入码的是（　　　）。

    A．五笔字形码　　　B．全拼编码　　　C．双拼编码　　　　D．ASCII 码

7. 计算机系统由（　　）组成。

    A．主机和显示器　　　　　　　　　　B．微处理器和软件

    C．硬件系统和应用软件　　　　　　　D．硬件系统和软件系统

8. 计算机运算部件一次能同时处理的二进制数据的位数称为（　　　）。

    A．位　　　　　　　B．字节　　　　　　C．字长　　　　　　D．波特

9. 下列关于硬盘的说法错误的是（　　　）。

    A．硬盘中的数据断电后不会丢失

    B．每个计算机主机有且只能有一块硬盘

    C．硬盘可以进行格式化处理

    D．CPU 不能够直接访问硬盘中的数据

10. 下列关于硬盘的说法错误的是（　　　）。

    A．硬盘中的数据断电后不会丢失

    B．每个计算机主机有且只能有一块硬盘

    C．硬盘可以进行格式化处理

    D．CPU 不能够直接访问硬盘中的数据

11. 半导体只读存储器(ROM)与半导体随机存取存储器(RAM)的主要区别在于（　　　）。

    A．ROM 可以永久保存信息，RAM 在断电后信息会丢失

    B．ROM 断电后，信息会丢失，RAM 则不会

    C．ROM 是内存储器，RAM 是外存储器

    D．RAM 是内存储器，ROM 是外存储器

12. 计算机系统采用总线结构对存储器和外设进行协调。总线主要由（　　　）3 部分组成。

    A．数据总线、地址总线和控制总线

    B．输入总线、输出总线和控制总线

    C．外部总线、内部总线和中枢总线

    D．通信总线、接收总线和发送总线

13. 计算机软件系统包括（　　　）。

    A．系统软件和应用软件　　　　　　　B．程序及其相关数据

    C．数据库及其管理软件　　　　　　　D．编译系统和应用软件

14. 计算机硬件能够直接识别和执行的语言是（　　　）。

    A．C 语言　　　　　B．汇编语言　　　C．机器语言　　　　D．符号语言

15. 计算机病毒破坏的主要对象是（　　　）。

    A．U 盘　　　　　　B．磁盘驱动器　　　C．CPU　　　　　　D．程序和数据

16. 下列有关计算机网络的说法错误的是（　　　）。

　　A．组成计算机网络的计算机设备是分布在不同地理位置的多台独立的"自治计算机"

　　B．共享资源包括硬件资源和软件资源以及数据信息

　　C．计算机网络提供资源共享的功能

　　D．计算机网络中，每台计算机核心的基本部件，如 CPU、系统总线、网络接口等都要求存在，但不一定独立

17. 下列有关 Internet 的叙述中，错误的是（　　　）。

　　A．万维网就是 Internet

　　B．Internet 上提供了多种信息

　　C．Internet 是计算机网络的网络

　　D．Internet 是国际计算机互联网

18. Internet 是覆盖全球的大型互联网络，用于链接多个远程网和局域网的互联设备主要是（　　　）。

　　A．路由器　　　　B．主机　　　　　C．网桥　　　　　　D．防火墙

19. Internet 上的服务都是基于某一种协议的，Web 服务是基于（　　　）。

　　A．SMTP 协议　　　B．SNMP 协议　　C．HTTP 协议　　　D．TELNET 协议

20. IE 浏览器收藏夹的作用是（　　　）。

　　A．收集感兴趣的页面地址　　　　B．记忆感兴趣的页面内容

　　C．收集感兴趣的文件内容　　　　D．收集感兴趣的文件名

## 二、文字处理

打开文档 WORD1-15.docx，按照要求完成下列操作并以该文件名（WORD1-15.docx）保存文档。

（1）将文中所有错词"文牍"替换为"温度"。

（2）将标题段文字"太阳的温度有多高？"设置为三号蓝色宋体、居中、加黄色底纹。

（3）正文文字"1879 年，……相对应的。"设置为小四号楷体，各段落左、右各缩进 1.5字符，首行缩进 2 字符，段前间距 0.5 行。

（4）将表格标题"颜色与温度的对应关系"设置为小四号宋体、加粗、居中。

（5）将文中最后 9 行文字转换成一个 9 行 2 列的表格，表格居中，列宽 3 厘米，表格中的文字设置为五号宋体，第一行文字对齐方式为中部居中，其他各行内容对齐方式为中部两端对齐。

【文档开始】

太阳的文牍有多高？

1879 年，奥地利物理学家斯特凡指出，物体的辐射是随它的文牍的四次方增加的。这样，根据斯特凡指出的物体的辐射与文牍的关系，以及测量得到的太阳辐射量，可以计算出太阳的表面文牍约为 6 000℃。

太阳的文牍还可以根据它的颜色估计出来。我们都有这样的经验：当一块金属在熔炉中加热时，随着文牍的升高，它的颜色也不断地变化着：起初是暗红，以后变成鲜红、橙黄……因此当一个物体被加热时，它的每一种颜色都和一定的文牍相对应。

平时看到的太阳是金黄色的，考虑到地球大气层的吸收，太阳的颜色也是与 6 000℃ 的文胰相对应的。

**颜色与文胰的对应关系**

| 颜色 | 文胰 |
|------|------|
| 深红 | 600℃ |
| 鲜红 | 1 000℃ |
| 玫瑰色 | 1 500℃ |
| 橙黄 | 3 000℃ |
| 草黄 | 5 000℃ |
| 黄白 | 6 000℃ |
| 白色 | 13 000℃ |
| 蓝色 | 25 000℃ |

**【文档结束】**

### 三、电子表格

打开 EXCEL-15.xlsx 文件，完成下列操作。

（1）将工作表 sheet1 的 A1：D1 单元格合并为一个单元格，内容水平居中，计算"平均奖学金"列的内容（平均奖学金＝总奖学金/学生人数），将工作表命名为"奖学金获得情况表"。

（2）选取"奖学金获得情况表"的"班别"列和"平均奖学金"列的单元格内容，建立"三维簇状柱形图"，X 轴上的项为班别（系列产生在"列"），图表标题为"奖学金获得情况图"，插入到表的 A7：E17 单元格区域内。

| | A | B | C | D | E |
|---|---|---|---|---|---|
| 1 | 奖学金获得情况表 | | | | |
| 2 | 班别 | 总奖学金 | 学生人数 | 平均奖学金 | |
| 3 | 一班 | 33680 | 29 | | |
| 4 | 二班 | 24730 | 30 | | |
| 5 | 三班 | 36520 | 31 | | |
| 6 | | | | | |

### 四、演示文稿

打开演示文稿 yswg-15.pptx，按照下列要求完成对此文稿的修饰并保存。

（1）将第三张幻灯片版式改变为"标题和竖排文字"，把第三张幻灯片移动为整个演示文稿的第二张幻灯片。第三张幻灯片的对象部分动画效果设置为："进入""盒状""放大"。

（2）全部幻灯片的切换效果都设置成"百叶窗"，第一张幻灯片背景填充纹理设置为"水滴"。

# 第二部分　参考答案

## 第一套

### 一、选择题

1. 参考答案：B

【解析】CPU 不能读取硬盘上的数据，但是能直接访问内存储器；CPU 主要包括运算器和控制器；CPU 是整个计算机的核心部件，主要用于控制计算机的操作。

2．参考答案：C

【解析】和 ENIAC 相比，EDVAC 的重大改进主要有两方面：一是把十进制改成二进制，这可以充分发挥电子元件高速运算的优越性；二是把程序和数据一起存储在计算机内，这样就可以使全部运算成为真正的自动过程。

3．参考答案：A

【解析】汇编语言无法直接执行，必须翻译成机器语言程序才能执行；汇编语言不能独立于计算机；面向问题的程序设计语言是高级语言。

4．参考答案：C

【解析】1 GB=1 024 MB=$2^{10}$ MB，128 MB=$2^7$ MB，10 GB=80×128 MB。

5．参考答案：C

【解析】计算机硬件包括 CPU、存储器、输入设备、输出设备。

6．参考答案：

【解析】根据换算公式 1 GB=1 000 MB=1 000×1 000 KB=1 000×1 000×1 000 B=$10^9$ B，20 GB=$2×10^{10}$ B。注：硬盘厂商通常以 1 000 进位计算：1 KB=1 000 B，1 MB=1 000 KB，1 GB=1 000 MB，1 TB=1 000 GB，操作系统中：1 KB=1 024 Byte，1 MB=1 024 KB，1 GB=1 024 MB，1 TB=1 024 GB。

7．参考答案：B

【解析】最后位加 0 等于前面所有位都乘以 2 再相加，所以是 2 倍。

8．参考答案：C

【解析】Pentium 是 32 位微机。

9．参考答案：B

【解析】国际通用的 ASCII 码为 7 位，且最高位不总为 1；所有大写字母的 ASCII 码都小于小写字母 "a" 的 ASCII 码；标准 ASCII 码表有 128 个不同的字符编码。

10．参考答案：B

【解析】CD 光盘存储容量一般达 650MB，有只读型光盘 CD-ROM、一次性写入光盘 CD-R和可擦除型光盘 CD-RW 等。

11．参考答案：B

【解析】无符号二进制数的第一位可为 0，所以当全为 0 时最小值为 0，当全为 1 时最大值为 $2^5-1=31$。

12．参考答案：B

【解析】计算机病毒是指编制或者在计算机程序中插入的破坏计算机功能或者破坏数据，影响计算机使用并且能够自我复制的一组计算机指令或者程序代码。

13．参考答案：A

【解析】计算机中，每个存储单元的编号称为单元地址。

14．参考答案：B

【解析】字处理软件、学籍管理系统、Office 2016 属于应用软件。

15．参考答案：D

【解析】ADSL（非对称数字用户线路）是用电话接入 Internet 的主流技术，采用这种方式接入 Internet，需要使用调制解调器。这是 PC 通过电话接入网络的必备设备，具有调制和解调两种功能，并分为外置和内置两种。

16. 参考答案：A

【解析】ASCII 码值（用十进制表示）分别为：空格字符对应 32，"0"对应 48，"A"对应 65，"a"对应 97。

17. 参考答案：C

【解析】十进制整数转换成二进制整数的方法是"除二取整法"。将 18 除以 2 得商 9，余 0，排除 A 选项。9 除以 2，得商 4，余 1，排除 B 选项。依次除下去直到商是零为止。以最先除得的余数为最低位，最后除得的余数为最高位，从最高位到最低位依次排列，便得到最后的二进制整数为 10010。因此答案是 C。

18. 参考答案：D

【解析】选项 A 政府机关的域名为".gov"；选项 B 商业组织的域名为".com"；选项 C 军事部门的域名为".mil"。

19. 参考答案：A

【解析】用比较容易识别、记忆的助记符号代替机器语言的二进制代码，这种符号化了的机器语言叫作汇编语言，同样也依赖于具体的机器，因此答案选择 A。

20. 参考答案：C

【解析】鼠标器是输入设备。

# 第二套

## 一、选择题

1. 参考答案：B

【解析】1946 年，世界上第一台电子数字积分式计算机 ENIAC 在美国宾夕法尼亚大学研制成功。ENIAC 的诞生宣告了电子计算机时代的到来，其意义在于奠定了计算机发展的基础，开辟了计算机科学技术的新纪元。故 A、C、D 选项错误。

2. 参考答案：D

【解析】CPU 主要由运算器和控制器组成。

3. 参考答案：B

【解析】十进制整数转换成二进制整数的方法是"除二取整法"。将 29 除以 2 得商 14，余 1。14 除以 2，得商 7，余 0，排除 A、D 选项。依次除下去直到商是零为止。以最先除得的余数为最低位，最后除得的余数为最高位，从最高位到最低位依次排列，便得到最后的二进制整数为 1101。排除 C 选项，因此答案是 B。

4. 参考答案：D

【解析】根据换算公式 1 GB=1 000 MB=1 000×1 000 KB=1 000×1 000×1 000 B，10 GB= $10^{10}$ B，即为 100 亿个字节。注：硬盘厂商通常以 1 000 进位计算：1 KB=1 000 Byte，1 MB=1 000 KB，1 GB=1 000 MB，1 TB=1 000 GB，操作系统中：1 KB=1 024 Byte，1 MB=1 024 KB，1 GB=1 024 MB，1 TB=1 024 GB。因此 A、B、C 选项错误。

5. 参考答案：C

【解析】微型机的主机一般包括 CPU、内存、I/O 接口电路、系统总线。

6. 参考答案：B

【解析】q 的 ASCII 码（用十六进制表示）为：6D+4=71。

7. 参考答案：D

【解析】无符号二进制数的第一位可为 0，所以当全为 0 时最小值为 0，当全为 1 时最大值为 $2^6-1=63$。

8. 参考答案：C

【解析】打印机、显示器、绘图仪都属于输出设备。

9. 参考答案：C

【解析】操作系统是以扇区为单位对磁盘进行读/写操作。

10. 参考答案：A

【解析】国标码两个字节的最高位都为 0，机内码两个字节的最高位都为 1。

11. 参考答案：D

【解析】汇编语言属于低级语言。

12. 参考答案：C

【解析】ASCII 码（用十六进制表示）为："9" 对应 39，"Z" 对应 5A，"X" 对应 58，"d" 对应 64。

13. 参考答案：C

【解析】选项 A 反病毒软件并不能查杀全部病毒；选项 B 计算机病毒是具有破坏性的程序；选项 D 计算机本身对计算机病毒没有免疫性。

14. 参考答案：C

【解析】IP 地址是由 4 个字节组成的，习惯写法是将每个字节作为一段并以十进制数来表示，而且段间用 "." 分隔。每个段的十进制范围是 0 ~ 255，选项 C 中的第二个字节超出了范围，故答案选 C。

15. 参考答案：C

【解析】时钟频率也叫主频，是指计算机 CPU 的时钟频率。一般主频越高，计算机的运算速度就越快。主频的单位是兆赫（MHz），答案选择 C。

16. 参考答案：B

【解析】ChinaDDN、Chinanet、Internet 为广域网。

17. 参考答案：B

【解析】计算机硬件系统主要包括控制器、运算器、存储器、输入设备、输出设备、接口和总线等。常见的输入设备有鼠标、键盘、扫描仪、条形码阅读器、触摸屏、手写笔、麦克风、摄像头和数码相机等。常见的输出设备包括显示器、打印机、绘图仪、音响、耳机、视频投影仪等。因此答案选择 B。

18. 参考答案：C

【解析】在 ASCII 码表中，其中 94 个可打印字符也称为图形字符，从小到大的顺序为阿拉伯数字、大写字母、小写字母。因此，选项 C 的 ASCII 码值最大。

19. 参考答案：B

【解析】把内存中数据传送到计算机硬盘中去，称为写盘。把硬盘上的数据传送到计算机的内存中去，称为读盘。

20. 参考答案：B

【解析】选项 A 高级语言必须要经过翻译成机器语言后才能被计算机执行；选项 C 高级

语言执行效率低，可读性好；选项 D 高级语言不依赖于计算机，所以可移植性好，故选项 B 正确。

第三套

### 一、选择题

1．参考答案：B

【解析】软件系统主要包括系统软件和应用软件。办公自动化软件、管理信息系统、指挥信息系统都是属于应用软件，Windows XP 属于系统软件，因此答案选择 B。

2．参考答案：D

【解析】6DH 为 16 进制（在进制运算中，B 代表的是二进制数，D 表示的是十进制数，O 表示的是八进制数，H 表示的是十六进制数）。m 的 ASCII 码值为 6DH，用十进制表示即为 $6 \times 16 + 13 = 109$（D 在 10 进制中为 13）。q 的 ASCII 码值在 m 的后面 4 位，即是 113，对应转换为 16 进制，即为 71H，因此答案选择 D。

3．参考答案：A

【解析】选项 A 指挥、协调计算机各部件工作是控制器的功能；选项 B 进行算术运算与逻辑运算是运算器的功能。

4．参考答案：D

【解析】微型计算机的主要技术性能指标包括字长、时钟主频、运算速度、存储容量、存取周期等。

5．参考答案：C

【解析】对照 7 位 ASCII 码表，可直接看出控制符 ASCII 码值<大写字母码值<小写字母码值。因此 a>A>空格，答案选择 C。

6．参考答案：A

【解析】在计算机内部，指令和数据都是用二进制 0 和 1 来表示的，因此，计算机系统中信息存储、处理也都是以二进制为基础的。声音与视频信息在计算机系统中只是数据的一种表现形式，因此也是以二进制来表示的，答案选择 A。

7．参考答案：B

【解析】系统软件主要包括操作系统、语言处理系统、系统性能检测和实用工具软件等，其中最主要的是操作系统。

8．参考答案：C

【解析】计算机病毒是指编制或者在计算机程序中插入的破坏计算机功能或者破坏数据，影响计算机使用并且能够自我复制的一组计算机指令或者程序代码。选项 A 计算机病毒不是生物病毒，选项 B 计算机病毒不能永久性破坏硬件。

9．参考答案：C

【解析】CPU 只能直接访问存储在内存中的数据。

10．参考答案：B

【解析】WPS Office 2016 是应用软件。

11．参考答案：C

【解析】在一台计算机上申请的电子信箱，不必一定要通过这台计算机收信，通过其他的计算机也可以。

12．参考答案：C

【解析】RAM 有两个特点，一个是可读/写性；另一个是易失性，即断开电源时，RAM 中的内容立即消失。

13．参考答案：C

【解析】为了便于管理、方便书写和记忆，每个 IP 地址分为 4 段，段与段之间用小数点隔开，每段再用一个十进制整数表示，每个十进制整数的取值范围是 0 ~ 255。因此答案选择 C。

14．参考答案：B

【解析】美国国防部为了保证美国本土防卫力量设计出一种分散的指挥系统：它由一个个分散的指挥点组成，当部分指挥点被摧毁后，其他点仍能正常工作。为了对这一构思进行验证，1969 年，美国国防部国防高级研究计划署资助建立了一个名为 ARPANET 的网络，通过专门的通信交换机和专门的通信线路相互连接。ARPANET 是 Internet 最早的雏形。因此答案选择 B。

15．参考答案：A

【解析】数码相机像素=能拍摄的最大照片的长边像素×宽边像素值，四个选项中，拍摄出来的照片分辨率计算后只有 A 选项大约在 800 万像素左右，可直接排除 B、C、D 选项。

16．参考答案：C

【解析】CPU 是计算机的核心部件。

17．参考答案：A

【解析】1 KB=$2^{10}$ Bytes=1 024 Bytes。

18．参考答案：B

【解析】DVD 是外接设备，ROM 是只读存储。故合起来就是只读外部存储器。

19．参考答案：C

【解析】移动硬盘或优盘连接计算机所使用的接口通常是 USB，答案选择 C。

20．参考答案：C

【解析】显示器、绘图仪、打印机属于输出设备。

# 第四套

## 一、选择题

1．参考答案：D

【解析】硬盘技术指标包含容量大小、转速、平均访问时间、传输速率等方面，因此答案选择 D。

2．参考答案：B

【解析】无符号二进制数的第一位可为 0，所以当全为 0 时最小值为 0，当全为 1 时最大值为 $2^8-1$=255。

3．参考答案：A

【解析】计算机软件系统是为运行、管理和维护计算机而编制的各种程序、数据和文档的总称，因此答案选择 A。

4．参考答案：B

【解析】每个域名对应一个 IP 地址，且在全球是唯一的。因此答案选择 B。

5．参考答案：B

【解析】直接对照 7 位 ASCII 码表，二进制 ASCII 码为 1001000 的字符是大写字母 H。因此答案选择 B。

6．参考答案：D

【解析】计算机系统由硬件（Hardware）系统和软件（Software）系统两大部分组成。硬件系统主要包括控制器、运算器、存储器、输入设备、输出设备、接口和总线等。软件系统主要包括系统软件和应用软件。因此直接排除答案 A、B、C。

7．参考答案：B

【解析】运算器也称为算术逻辑部件，是执行各种运算的装置，主要功能是对二进制数码进行算术运算或者逻辑运算。运算器由一个加法器、若干个寄存器和一些控制线路组成。因此答案选择 B。

8．参考答案：B

【解析】计算机中的存储器采用层次结构，按照速度快慢排列依次为：寄存器>高速缓冲存储器（又叫"快存"或 Cache）>内存>外存。其中内存一般分为 RAM（随机存取存储器）和 ROM（只读存储器）。速度越快的，一般造价越高，容量相对更小。因此答案选择 B。

9．参考答案：C

【解析】磁盘上的每个磁道被等分为若干个弧段，这些弧段便是磁盘的扇区，每个扇区可以存放 512 个字节的信息，磁盘驱动器在向磁盘读取和写入数据时，是以扇区为单位的。因此答案选择 C。

10．参考答案：C

【解析】计算机病毒的特点有寄生性、破坏性、传染性、潜伏性、隐蔽性。

11．参考答案：D

【解析】32 位是指字长，表示微处理器一次处理二进制代码的位数。大多数微处理器内部的数据总线与微处理器的外部数据引脚总线宽度是相同的，因此答案选择 D。

12．参考答案：A

【解析】显示器的参数：1 024 × 768，是指计算机显示器的分辨率，因此答案选择 A。

13．参考答案：C

【解析】EDVAC 出现时才使用存储程序。

14．参考答案：A

【解析】计算机的运算速度通常是指每秒钟所能执行的加法指令数目，常用 MIPS 表示。

15．参考答案：A

【解析】P 代表奔腾系列，4 代表此系列的第 4 代产品，2.4G 是 CPU 的频率，单位是 Hz。

16．参考答案：C

【解析】电子商务通常是指在地球各地广泛的商业贸易活动中，在因特网开放的网络环境下，基于浏览器/服务器应用方式，买卖双方不谋面地进行各种商贸活动，实现消费者的网上购物、商户之间的网上交易和在线电子支付以及各种商务活动、交易活动、金融活动和相关的综合服务活动的一种新型的商业运营模式。电子商务虽然是在互联网的基础上进行的，但是究其本质还是一种商务活动的形式，因此答案选择 C。

17．参考答案：C

【解析】不同的操作系统中表示文件类型的扩展名并不相同，根据文件扩展名及其含义，以.jpg为扩展名的文件是图像文件，答案选择C。

18．参考答案：C

【解析】计算机病毒是指编制或在计算机程序中插入的破坏计算机功能以及数据，影响计算机使用并且能够自我复制的一组计算机指令或者程序代码。计算机病毒具有破坏性、寄生性、传染性、潜伏性和隐蔽性等特点。影响程序运行，破坏计算机系统的数据与程序是计算机危害的一方面，其他选项不属于计算机病毒危害的结果，因此答案选择C。

19．参考答案：C

【解析】扫描仪属于输入设备。

20．参考答案：B

【解析】7位二进制编码，共有 $2^7$=128 个不同的编码值。

# 第五套

## 一、选择题

1．参考答案：C

【解析】十进制整数转换成二进制整数的方法是"除二取整法"。将127除以2得商63，余1。63除以2，得商31，余1。依次除下去直到商是零为止。以最先除得的余数为最低位，最后除得的余数为最高位，从最高位到最低位依次排列，便得到最后的二进制整数为1111111。因此，通过第一次除以2，得到的余数为1就可直接排除A、B、D选项。

2．参考答案：A

【解析】无符号二进制数各位都为1时值最大，最大值为 $2^8-1$=255。

3．参考答案：D

【解析】计算机的内存储器分为 ROM(只读存储器)和 RAM（随机存取存储器），RAM 用于存储当前使用的程序、数据、中间结果以及和外存交换的数据。因此答案选择D。

4．参考答案：B

【解析】为提高开机密码的安全级别，可以增加密码的字符长度，同时可设置数字、大小写字母、特殊符号等，安全系数会更高，综合比较几个选项，答案B最安全。

5．参考答案：B

【解析】计算机的应用主要分为数值计算和非数值计算两大类。科学计算也称数值计算，主要解决科学研究和工程局技术中产生的大量数值计算问题，这也是计算机最初的也是最重要的应用领域。因此答案选B。

6．参考答案：B

【解析】在标准 ASCII 码表中，大写字母码值按照顺序进行排列，若 D 的 ASCII 值是 68，那么 A 的 ASCII 值就是 68 减 3，为65。故答案选择B选项。

7．参考答案：C

【解析】U盘通过计算机的 USB 接口即插即用，使用方便。

8．参考答案：D

【解析】计算机的主要应用领域分为科学计算、信息处理、过程控制、网络通信、人工智能、多媒体、计算机辅助设计和辅助制造、嵌入式系统等。"铁路联网售票系统"主要属于信息处理方面的应用，答案选择 D。

9．参考答案：B

【解析】CPU、内存储器不是外围设备，所以只能选 B。

10．参考答案：D

【解析】电子计算机能够快速、自动、准确地按照人们地意图工作的基本思想最主要是存储程序和程序控制，这个思想是由冯·诺依曼在 1946 年提出的。

11．参考答案：B

【解析】在自然界中，景和物有两种形态，即动和静。静态图像根据其在计算机中生成的原理不同，分为矢量图形和位图图形两种，其中位图格式文件所占的存储空间较大，因此答案选择 B。

12．参考答案：D

【解析】计算机病毒是指编制或在计算机程序中插入的破坏计算机功能以及数据，影响计算机使用并且能够自我复制的一组计算机指令或者程序代码。计算机病毒具有破坏性、寄生性、传染性、潜伏性和隐蔽性等特点。因此正版软件也会受到计算机病毒的攻击，光盘上的软件会携带计算机病毒，数据文件亦会受到感染。但一定会存在清除计算机病毒的方法，主要通过两个途径：一是手工清除，二是借助反病毒软件来清除，因此答案选择 D。

13．参考答案：C

【解析】计算机的主要应用领域分为科学计算、信息处理、过程控制、网络通信、人工智能、多媒体、计算机辅助设计和辅助制造、嵌入式系统等。消费电子产品（数码相机、数字电视机等）中都使用了不同功能的微处理器来完成特定的处理任务，这种应用属于计算机的嵌入式系统，因此答案选择 C。

14．参考答案：A

【解析】域名标准的四个部分，依次是：服务器（主机名）、域、机构、国家和地区。

15．参考答案：D

【解析】计算机硬件系统主要包括控制器、运算器、存储器、输入设备、输出设备、接口和总线等。常见的输入设备有鼠标、键盘、扫描仪、条形码阅读器、触摸屏、手写笔、麦克风、摄像头和数码相机等。常见的输出设备包括显示器、打印机、绘图仪、音响、耳机、视频投影仪等。因此答案选择 D。

16．参考答案：B

【解析】西文字符采用 ASCII 码编码。

17．参考答案：C

【解析】256 色就是 8 位显示模式，8 位显示模式为标准 VGA 显示模式。从显示器点阵上看，分辨率 1 024×768=768 432 个点阵，每个点阵用 8 位颜色代码来表示一种颜色，总容量 768 432×8 位，单位换算成 Byte，一个字节正好 8 位，所以是 768 KB，答案选择 C。

18．参考答案：D

【解析】计算机的内存是按照字节来进行编址的，因此答案选择 D。

19．参考答案：D

【解析】液晶显示器 LCD 的主要技术指标包括显示分辨率、显示速度、亮度、对比度以及像素、点距等，但是不包括存储容量，因此答案选择 D。

20．参考答案：B

【解析】计算机系统是由硬件（Hardware）系统和软件（Software）系统两大部分组成。软件系统主要包括系统软件和应用软件。Windows 是操作系统，属于系统软件，不是应用软件。因此答案选择 B。

## 第六套

### 一、选择题

1. 参考答案：A
【解析】字长是 CPU 的主要技术指标之一，指的是 CPU 一次能并行处理的二进制位数，字长越长，运算精度越高，处理能力越强。字长总是 8 的整数倍，通常 PC 机的字长为 16 位（早期）、32 位、64 位。因此答案选择 A。

2. 参考答案：D
【解析】常见的高级语言有 BASIC 语言、FORTRAN 语言、C 语言和 Pascal 语言等。因此答案选择 D。

3. 参考答案：B
【解析】在 48×48 的网格中描绘一个汉字，整个网格分为 48 行 48 列，每个小格用 1 位二进制编码表示，每一行需要 48 个二进制位，占 6 个字节，48 行共占 48×6=288 个字节。

4. 参考答案：A
【解析】移动硬盘和 U 盘都是外部存储器，都具有体积小、重量轻、存取速度快、安全性高等特点，但是市场上移动硬盘的容量一般比 U 盘的容量要高。因此答案选择 A。

5. 参考答案：C
【解析】编译程序也叫编译系统，是把用高级语言编写的面向过程的源程序翻译成目标程序的语言处理程序。因此答案选择 C。

6. 参考答案：A
【解析】Windows 属于单用户多任务操作系统。

7. 参考答案：C
【解析】机器语言是计算机的指令系统，汇编语言是符号化了的机器语言，形式语言也称代数语言学，它研究一般的抽象符号系统，运用形式模型对语言(包括人工语言和自然语言)进行理论上的分析和描写，只有高级程序语言才是面向对象的程序设计语言，因此答案选择 C。

8. 参考答案：C
【解析】常见的系统软件有操作系统、数据库管理系统、语言处理程序和服务性程序等，指挥信息系统是信息处理的应用软件，答案选择 C。

9. 参考答案：A
【解析】汇编语言是符号化了的二进制代码，与高级语言相比，更容易有效执行，但是也必须经过汇编过程翻译成机器语言程序后才可被执行。

10. 参考答案：C
【解析】CPU 是计算机的核心部件。

11. 参考答案：C
【解析】机器语言是计算机可以直接识别并执行的。光盘是外存储器。计算机的运算速度可以用 MIPS 来表示。计算机的软件系统包括系统软件和应用软件，操作系统是系统软件，因此答案选择 C。

12. 参考答案：B

【解析】Andriod 是手机操作系统，属于系统软件，直接排除 A、C、D，答案选择 B。

13. 参考答案：D

【解析】汇编语言是符号化了的二进制代码，比机器语言的可读性好。高级程序语言需要进行编译，即被翻译成机器语言后才能被执行。汇编语言更多地依赖于具体的计算机型号，相对而言，汇编语言的执行效率更高。翻译程序按翻译的方法分为解释方式和编译方式，但是解释方式是在程序的运行中将高级语言逐句解释为机器语言，解释一句，执行一句，所以运行速度较慢。因此答案选择 D。

14. 参考答案：B

【解析】C 语言是高级语言，写出来的程序是源程序，需用相应的编译程序将其翻译成机器语言的目标程序，再把目标程序和各种标准库函数连接装配成一个完整的可执行机器语言，然后才能执行。因此答案选择 B。

15. 参考答案：A

【解析】编译程序的功能是将高级语言源程序编译成目标程序，解释程序是将高级语言逐句解释为机器语言，效率较低。C++ 语言和 Basic 语言都是高级语言，但是 Basic 语言的源程序是采用解释方式来进行翻译的，C++ 语言的源程序则是用编译程序进行翻译，执行效率会更高。Intel8086 指令能在 Intel P4 上执行。因此答案选择 A。

16. 参考答案：A

【解析】计算机网络是指在不同地理位置上，具有独立功能的计算机及其外部设备通过通信设备和线路相互连接，在功能完备的网络软件支持下实现资源共享和数据传输的系统。因此答案选择 A。

17. 参考答案：B

【解析】用户通过文件名很方便地访问文件，无须知道文件的存储细节。

18. 参考答案：A

【解析】高级程序语言结构丰富、可读性好、可维护性强、可靠性高、易学易掌握、写出来的程序可移植性好，重用率高，但是执行效率低。因此答案选择 A。

19. 参考答案：B

【解析】计算机内部采用二进制进行数据交换和处理。

20. 参考答案：C

【解析】Internet 实现了分布在世界各地的各类网络的互联，其最基础和核心的协议是 TCP/IP。HTTP 是超文本传输协议，HTML 是超文本标志语言，FTP 是文件传输协议。

# 第七套

## 一、选择题

1. 参考答案：D

【解析】无线 AP 是无线桥接器，任何一台装有无线网卡的主机通过无线 AP 都可以连接有线局域网络，内置无线网卡的笔记本式计算机、部分具有上网功能的手机、部分具有上网功能的平板电脑皆可以利用无线移动设备介入因特网。因此答案选择 D。

2．参考答案：A

【解析】每个域名对应一个 IP 地址，且在全球是唯一的。为了避免重名，主机的域名采用层次结构，各层次之间用"."隔开，从右向左分别为第一级域名（最高级域名）、第二级域名……直至主机名（最低级域名）。因此答案选择 A。

3．参考答案：D

【解析】调制解调器（MODEM）的主要功能就是模拟信号与数字信号之间的相互转换，因此答案选择 D。

4．参考答案：D

【解析】十进制转换为二进制为：$2^6+2^5+2^2=100$。

5．参考答案：C

【解析】网络协议在计算机中是按照结构化的层次方式进行组织。其中，TCP/IP 是当前最流行的商业化协议，被公认为是当前的工业标准或事实标准，不属于 Internet 应用范畴。新闻组、远程登录以及搜索引擎则都属于 Internet 应用，因此答案选择 C。

6．参考答案：B

【解析】常用的传输介质有双绞线、同轴电缆、光纤、无线电波等，其中传输速率最快的是光纤，因此答案选择 B。

7．参考答案：B

【解析】写邮件必须要写收件人地址才可以发送出去。

8．参考答案：B

【解析】高级程序语言结构丰富、比汇编语言可读性好、可维护性强、可靠性高、易学易掌握、写出来的程序也比汇编语言可移植性好，重用率高。汇编语言是符号化了的二进制代码，与高级语言相比，更容易有效执行，并与计算机的 CPU 型号有关，但也需翻译成机器语言才可被计算机直接执行，因此答案选择 B。

9．参考答案：D

【解析】操作系统是系统软件的重要组成和核心部分，是管理计算机软件和硬件资源、调度用户作业程序和处理各种中断，保证计算机各个部分协调、有效工作的软件。它是用户与计算机的接口，且同一台计算机可安装多个操作系统。因此答案选择 D。

10．参考答案：A

【解析】CPU 由运算器和控制器组成。

11．参考答案：A

【解析】高级程序语言结构丰富、可读性好、可维护性强、可靠性高、易学易掌握、写出来的程序可移植性好，重用率高。C++即是属于高级语言，A 选项正确。C++程序设计编写的语言是高级程序语言，需经过翻译才能被计算机直接执行，B 选项错误。汇编语言是符号化了的二进制代码，与高级语言相比，更容易有效执行，但与机器语言并不是一回事，C、D 选项错误。因此答案选择 A。

12．参考答案：A

【解析】一个完整的计算机系统应该包括硬件和软件两部分。

13．参考答案：C

【解析】汇编语言是符号化了的二进制代码，与高级语言相比，更容易有效执行；与机器语言相比，可移植性较好，但是没有机器语言的执行效率高。因此答案选择 C。

14. 参考答案：B

【解析】最后位加 0 等于前面所有位都乘以 2 再相加，所以是 2 倍。

15. 参考答案：D

【解析】常见的系统软件有操作系统、数据库管理系统、语言处理程序和服务性程序等，选项中只有管理信息系统是应用软件，答案选择 D。

16. 参考答案：A

【解析】存储计算机当前正在执行的应用程序和相应数据的存储器是 RAM，ROM 为只读存储器。

17. 参考答案：B

【解析】机器语言是计算机唯一能直接执行的语言。

18. 参考答案：B

【解析】操作系统是系统软件的重要组成和核心部分，是管理计算机软件和硬件资源、调度用户作业程序和处理各种中断，保证计算机各个部分协调、有效工作的软件，它是用户与计算机的接口，因此答案选择 B。

19. 参考答案：C

【解析】浏览器是用于实现包括 WWW 浏览功能在内的多种网络功能的应用软件，是用来浏览 WWW 上丰富信息资源的工具，因此要上网的话，需要安装浏览器软件，答案选择 C。

20. 参考答案：C

【解析】常用的传输介质有双绞线、同轴电缆、光缆、无线电波等。因此答案选择 C。

# 第八套

## 一、选择题

1. 参考答案：A

【解析】C++是一种静态数据类型检查的、支持多重编程范式的通用程序设计语言。它支持过程化程序设计、数据抽象、面向对象程序设计、泛型程序设计等多种程序设计风格，但是它不能作为网页开发语言。因此答案选择 A。

2. 参考答案：C

【解析】路由器是负责不同广域网中各局域网之间的地址查找、信息包翻译和交换，实现计算机网络设备与通信设备的连接和信息传递，是实现局域网和广域网互联的主要设备。因此答案选择 C。

3. 参考答案：C

【解析】政府机关域名为.gov，商业组织的域名为.com，非营利性组织的域名为.org，从事互联网服务的机构的域名为.net。

4. 参考答案：D

【解析】删除偶整数后的两个 0 等于前面所有位都除以 4 再相加，所以是 1/4 倍。

5. 参考答案：C

【解析】ASCII 码编码顺序从小到大为：数字、大写字母、小写字母。

6. 参考答案：A

【解析】系统软件主要包括操作系统、语言处理系统、系统性能检测、实用工具软件等，其中最主要的是操作系统。

7. 参考答案：A

【解析】按照网络的拓扑结构划分以太网（Ethernet)属于总线型网络结构，答案选择 A。

8. 参考答案：C

【解析】万维网（WWW）能把各种各样的信息（图像、文本、声音和影像等）有机地综合起来，方便用户阅读和查找，因此，如要在 Web 浏览器中查看某一电子商务公司的主页，必须要知道该公司的 WWW 地址。因此答案选择 C。

9. 参考答案：B

【解析】无线移动网络最突出的优点是提供随时随地的网络服务，答案选择 B。

10. 参考答案：C

【解析】MIPS 是运算速度，MB 是存储容量，MB/s 是传输速率，GHz 是主频单位。

11. 参考答案：B

【解析】Wi-Fi 是一种可以将个人计算机、手持设备（如 PDA、手机）等终端以无线方式互相连接的技术。因此答案选择 B。

12. 参考答案：C

【解析】调制解调器（即 Modem），是计算机与电话线之间进行信号转换的装置，由调制器和解调器两部分组成，调制器是把计算机的数字信号调制成可在电话线上传输的声音信号的装置，在接收端，解调器再把声音信号转换成计算机能接收的数字信号。

13. 参考答案：B

【解析】局域网硬件中主要包括工作站、网络适配器、传输介质和交换机，因此答案选择 B。

14. 参考答案：B

【解析】选项 A 高速缓冲存储器是 Cache，选项 C 随机存取存储器为 RAM。

15. 参考答案：C

【解析】计算机网络是指在不同地理位置上，具有独立功能的计算机及其外围设备通过通信设备和线路相互连接，在功能完备的网络软件支持下实现资源共享和数据传输的系统，即协议控制下的多机互连系统。因此答案选择 C。

16. 参考答案：D

【解析】计算机硬件包括 CPU、存储器、输入设备、输出设备。

17. 参考答案：D

【解析】显示或打印汉字时使用汉字的字形码，在计算机内部时使用汉字的机内码。

18. 参考答案：B

【解析】解释程序的功能是解释执行高级语言程序。

19. 参考答案：C

【解析】CPU 直接处理的是内存储器上的数据，故 A 选项错误。高级程序语言不能被计算机直接执行，必须翻译成机器语言后才可，故 B 选项错误。系统软件是由一组控制计算机并管理其资源的程序组成，提供操作计算机最基础的功能。应用软件是为解决某一问题而编制的程序，根据服务对象的不同，可以分为通用软件和专用软件，故 D 选项错误，答案选择 C。

20．参考答案：C

【解析】常见的系统软件有操作系统、数据库管理系统、语言处理程序和服务性程序等，因此直接排除 A、B、D 选项，答案选择 C。

# 第九套

## 一、选择题

1．参考答案：D

【解析】造成计算机中存储数据丢失的原因主要是：病毒侵蚀、人为窃取、计算机电磁辐射、计算机存储器硬件损坏等等。因此答案选择 D 选项。

2．参考答案：B

【解析】计算机病毒的预防措施主要有以下几条：专机专用，利用写保护，固定启动方式，慎用网上下载的软件，分类管理数据，定期备份重要的文件，在计算机上安装病毒卡或者防火墙预警软件，定期检查，不要复制来历不明的 U 盘中的程序等。但是 U 盘放在一起，数据不会相互传染，因此答案 A 错误。U 盘中放置的可执行程序不一定是病毒，D 选项错误。数据是否格式化，与病毒的传染没有直接关系，因此答案选择 B。

3．参考答案：A

【解析】计算机病毒是指编制或在计算机程序中插入的破坏计算机功能以及数据，影响计算机使用并且能够自我复制的一组计算机指令或者程序代码。计算机病毒本身具有破坏性和传染性，但其本质还是程序代码，不会影响人体的健康，因此可直接排除 B、C、D 选项。

4．参考答案：A

【解析】MIPS 是运算速度，MB 是存储容量，MB/s 是传输速率，GHz 是主频单位。

5．参考答案：A

【解析】不同的操作系统中表示文件类型的扩展名并不相同，根据文件扩展名及其含义，以.txt 为扩展名的文件是文本文件，答案选择 A。

6．参考答案：C

【解析】E 在 A 的后面，相差 4，E 的 ASCII 码＝A 的 ASCII 码＋4＝01000001＋100＝01000101。

7．参考答案：A

【解析】计算机的主要应用领域分为科学计算、信息处理、过程控制、网络通信、人工智能、多媒体、计算机辅助设计和辅助制造、嵌入式系统等。数码相机里的照片可以利用计算机软件进行处理，这种应用属于计算机的图像信息处理，答案选择 A。

8．参考答案：B

【解析】1 GB＝1 024 MB＝4×256 MB，40 GB＝160×256 MB。

9．参考答案：C

【解析】计算机的主要应用领域分为科学计算、信息处理、过程控制、网络通信、人工智能、多媒体、计算机辅助设计和辅助制造、嵌入式系统等。A 选项是过程控制应用，B 选项是信息处理应用，D 选项是嵌入式系统方面的应用，因此答案选择 C。

10．参考答案：B

【解析】计算机病毒的分类有很多种，宏病毒一般是指用 BASIC 语言书写的病毒程序，寄存在 Microsoft Office 文档的宏代码中，影响 Word 文档的各种操作。Word 文档的文件类型名是 DOC，因此答案选择 B。

11．参考答案：D

【解析】MIPS 是单字长定点指令平均执行速度的缩写，每秒处理的百万级的机器语言指令数。这是衡量 CPU 运算速度的一个指标，因此答案选择 D。

12．参考答案：C

【解析】字节的定义是微机 CPU 能够直接处理的二进制数据的位数，一个字节是 8 位二进制码，4 个字节即 32 位。因此答案选择 C。

13．参考答案：A

【解析】微型计算机 CPU 的主要技术指标包括字长、时钟主频、运算速度、存储容量、存取周期等。

14．参考答案：B

【解析】Windows 10 属于单用户多任务操作系统。

15．参考答案：C

【解析】VGA(Video Graphics Array)是 IBM 在 1987 年随 PS/2 机一起推出的一种视频传输标准，具有分辨率高、显示速率快、颜色丰富等优点，在彩色显示器领域得到了广泛的应用。它是一种显示标准，因此答案选择 C。

16．参考答案：B

【解析】Android 属于手机内的系统软件，手机 QQ、Skype 、微信都是属于手机系统的应用软件，因此答案选择 B。

17．参考答案：D

【解析】常见的高级语言有 BASIC 语言、FORTRAN 语言、C 语言、Java 语言和 Pascal 语言等。因此答案选择 D。

18．参考答案：C

【解析】面向对象的程序设计语言是一种高级语言，高级语言的执行效率较差，但是可移植性较好，因此答案选择 C。

19．参考答案：C

【解析】常见的系统软件有操作系统、数据库管理系统、语言处理程序和服务性程序等，因此直接排除 A、B、D 选项，答案选择 C。

20．参考答案：C

【解析】高级语言必须经过编译和链接后才能被计算机识别。

# 第十套

## 一、选择题

1．参考答案：D

【解析】MIPS 是运算速度，Mbit/s 是传输比特速率，MB/s 是传输字节速率，GHz 是主频单位。

2．参考答案：C

【解析】EDVAC 出现时才使用存储程序。

3．参考答案：D

【解析】ASCII 码（用十六进制表示）为：空格对应 20，9 对应 39，Z 对应 5A，a 对应 61。

4．参考答案：D

【解析】不同的操作系统中表示文件类型的扩展名并不相同，根据文件扩展名及其含义，以 .avi 为扩展名的文件是视频信号文件，答案选择 D。

5．参考答案：D

【解析】计算机安全是指计算机资产安全，即计算机信息系统资源和信息资源不受自然和人为有害因素的威胁和危害，A、B、C 选项描述的不全面，因此答案选择 D 选项。

6．参考答案：B

【解析】运算器的主要功能是进行算术运算和逻辑运算。

7．参考答案：B

【解析】字母"A"的 ASCII 码值，十进制是 65，二进制表示为 01000001，字母"D"的 ASCII 码值，十进制是 68，二进制表示为 01000100。

8．参考答案：B

【解析】域名和 IP 都是表示主机的地址，实际上是一件事物的不同表示。当用域名访问网络上某个资源地址时，必须获得与这个域名相匹配的真正的 IP 地址，域名解析服务器即 DNS，可以实现域名和 IP 地址之间的相互转换，因此答案选择 B。

9．参考答案：C

【解析】JPEG 是 Joint Photographic Experts Group（联合图像专家小组）的缩写，是第一个国际图像压缩标准。JPEG 图像压缩算法能够在提供良好的压缩性能的同时，具有比较好的重建质量。因此答案选择 C。

10．参考答案：B

【解析】计算机的功能好坏与体积没有正比例关系，A 选项错误；CPU 的主频越快，运算速度越高，这是计算机的重要性能指标之一；显示器的分辨率与屏幕没有正比例关系，C 选项错误；激光打印机与喷墨打印机的主要区别不在打印出来的汉字多少，而主要在于耗材的不同以及成本的不同等，因此答案选择 B。

11．参考答案：B

【解析】时钟频率也叫主频，是指计算机 CPU 的时钟频率。一般主频越高，计算机的运算速度就越快。因此答案选择 B。

12．参考答案：B

【解析】1 KB=1 024 B=1 024×8 bit。

13．参考答案：B

【解析】早期的计算机语言中，所有的指令、数据都用一串二进制数 0 和 1 表示，这种语言称为机器语言，可被计算机直接执行，但是不易掌握和使用。因此答案选择 B。

14．参考答案：C

【解析】计算机病毒不是生物类病毒，而且对硬件的破坏不是永久性的。

15．参考答案：B

【解析】总线型拓扑结构采用单根传输线作为传输介质，所有的站点都通过相应的硬件接口直接连到传输介质–总线上。任何一个站点发送的信号都可以沿着介质传播，并且能被其他所有站点接收，以太网就是这种拓扑结构，因此答案选择 B。

16．参考答案：D

【解析】数据传输速率（比特率）表示每秒传送二进制数位的数目，单位为比特/秒(b/s)，也记做 bps。因此答案选择 D。

17．参考答案：A

【解析】把内存中数据传送到计算机硬盘中去，称为写盘。把硬盘上的数据传送到计算机的内存中去，称为读盘。

18．参考答案：C

【解析】计算机网络由通信子网和资源子网两部分组成。通信子网的功能：负责全网的数据通信；资源子网的功能：提供各种网络资源和网络服务，实现网络的资源共享。

19．参考答案：C

【解析】RAM 有两个特点：一是可读/写性，二是易失性，即断开电源时，RAM 中的内容立即消失。

20．参考答案：B

【解析】系统软件主要包括操作系统、语言处理系统、系统性能检测和实用工具软件等，其中最主要的是操作系统。

# 第十一套

## 一、选择题

1．参考答案：C

【解析】从广义上讲，服务器是指网络中能对其他机器提供某些服务的计算机系统。在局域网中，其是用来提供并管理共享资源的计算机，因此答案选择 C。

2．参考答案：A

【解析】根据按权展开求和，$2^5+2^4+2^3+2^2+2^1=62$，故答案选 A。

3．参考答案：B

【解析】机器语言是一种 CPU 的指令系统，是由二进制代码编写，能够直接被机器识别的程序设计语言。

4．参考答案：A

【解析】运算器和控制器是 CPU 的两大部件。

5．参考答案：A

【解析】总线型拓扑结构采用单根传输线作为传输介质，所有的站点都通过相应的硬件接口直接连到传输介质–总线上。任何一个站点发送的信号都可以沿着介质传播，并且能被所有其他站点接收，且线路两端有防止信号反射的装置。答案选择 A。

6．参考答案：A

【解析】从网上下载软件时需使用到的网络服务类型是文件传输。FTP（文件传输协议）是因特网提供的基本服务，FTP 在 TCP/IP 协议体系结构中位于应用层。一般在本地计算机上运行 FTP 客户机软件，由这个客户机软件实现与因特网上 FTP 服务器之间的通信。因此答案选择 A。

7．参考答案：C

【解析】Internet 始于 1968 年美国国防部的高级计划局(darpa)建立的全世界第一个分组交

换网 ARPANET，其目的是将各地不同的主机以一种对等的通信方式连接起来。答案选择 C。

8. 参考答案：B

【解析】域名和 IP 都是表示主机的地址，实际上是一件事物的不同表示。当用域名访问网络上某个资源地址时，必须获得与这个域名相匹配的真正的 IP 地址，域名解析服务器即 DNS，可以实现域名和 IP 地址之间的相互转换，因此答案选择 B。

9. 参考答案：C

【解析】Windows 属于单用户多任务操作系统。

10. 参考答案：D

【解析】目前的全球因特网所采用的协议族是 TCP/IP 协议族。IP 是 TCP/IP 协议族中网络层的协议，是 TCP/IP 协议族的核心协议。目前 IP 协议的版本号是 4(简称为 IPv4 版本)，它的下一个版本就是 IPv6。IPv6 正处在不断发展和完善的过程中，不久的将来将取代目前被广泛使用的 IPv4。IPv4 中规定 IP 地址长度为 32（按 TCP/IP 参考模型划分)，即有 $2^{32}-1$ 个地址。IPv6 使用的 128 位地址所采用的位址记数法。因此答案选择 D。

11. 参考答案：B

【解析】计算机病毒主要通过移动存储介质（如 U 盘、移动硬盘）和计算机网络两大途径进行传播。计算机病毒可以感染很多文件，具有自我复制能力。

12. 参考答案：D

【解析】根据换算公式 1 GB=1 000 MB=1 000×1 000 KB=1 000×1 000×1 000 B，10 GB=$10^{10}$ B，即为 100 亿个字节。注：硬盘厂商通常以 1 000 进位计算：1 KB=1 000 B，1 MB=1 000 KB，1 GB=1 000 MB，1 TB=1 000 GB。操作系统中：1 KB=1 024 Byte，1 MB=1 024 KB，1 GB=1 024 MB，1 TB=1 024 GB。因此 A、B、C 选项错误。

13. 参考答案：B

【解析】ASCII 码（用十六进制表示）为：A 对应 41，a 对应 61，a 与 A 之差为 20（十六进制），换算为十进制为 2×16=32。

14. 参考答案：C

【解析】发件人和收件人必须都有邮件地址才能相互发送电子邮件。

15. 参考答案：A

【解析】计算机病毒是指编制或在计算机程序中插入的破坏计算机功能以及数据，影响计算机使用并且能够自我复制的一组计算机指令或者程序代码。计算机病毒本身具有破坏性和传染性，但其本质还是程序代码，不会影响人体的健康，因此可直接排除 B、C、D 选项。

16. 参考答案：C

【解析】汇编语言是符号化了的二进制代码，与高级语言相比，更容易有效执行，与机器语言相比，可移植性较好，但是没有机器语言的执行效率高。因此答案选择 C。

17. 参考答案：B

【解析】早期的计算机语言中，所有的指令、数据都用一串二进制数 0 和 1 表示，这种语言称为机器语言，可被计算机直接执行，但是不易掌握和使用。因此答案选择 B。

18. 参考答案：C

【解析】高级程序语言结构丰富、可读性好、可维护性强、可靠性高、易学易掌握、写出来的程序可移植性好，重用率高，但是执行效率低。因此答案选择 C。

19. 参考答案：A

【解析】高级程序语言结构丰富、可读性好、可维护性强、可靠性高、易学易掌握、写出来的程序可移植性好，重用率高，但是执行效率低。因此答案选择 A。

20．参考答案：C

【解析】机器语言是计算机可以直接识别并执行的。光盘是外存储器。计算机的运算速度可以用 MIPS 来表示。计算机的软件系统包括系统软件和应用软件，操作系统是系统软件，因此答案选择 C。

# 第十二套

## 一、选择题

1．参考答案：C

【解析】计算机采用的电子器件为：第一代是电子管，第二代是晶体管，第三代是中、小规模集成电路，第四代是大规模、超大规模集成电路。

2．参考答案：D

【解析】计算机病毒主要通过移动存储介质（如 U 盘、移动硬盘）和计算机网络两大途径进行传播。

3．参考答案：A

【解析】按照"除 2 求余"法，将"60"转换如下：

```
2 | 60    0        低位
2 | 30    0         │
2 | 15    1         │
2 |  7    1         │
2 |  3    1         ↓
2 |  1    1        高位
       0
```

4．参考答案：A

【解析】Internet 的前身是 1968 年美国国防部的高级计划局建立的全世界第一个分组交换网 ARPANET。因此答案选择 A。

5．参考答案：A

【解析】DRAM 集成度比 SRAM 高，SRAM 比 DRAM 存储速度快，DRAM 数据要经常刷新。

6．参考答案：B

【解析】字长是指计算机运算部件一次能同时处理的二进制数据的位数，运算器可以进行算术运算和逻辑运算，DRAM 集成度高于 SRAM。

7．参考答案：C

【解析】ASCII 码编码顺序从小到大为：数字、大写字母、小写字母。

8．参考答案：A

【解析】计算机辅助教育的缩写是 CAI，计算机辅助制造的缩写是 CAM，计算机集成制造的缩写是 CIMS，计算机辅助设计的缩写是 CAD。

9．参考答案：C

习题集

【解析】调制解调器（即 Modem），是计算机与电话线之间进行信号转换的装置，由调制器和解调器两部分组成，调制器是把计算机的数字信号调制成可在电话线上传输的声音信号的装置，在接收端，解调器再把声音信号转换成计算机能接收的数字信号。

10．参考答案：D

【解析】显示或打印汉字时使用汉字的字形码，在计算机内部时使用汉字的机内码。

11．参考答案：B

【解析】显示器的主要技术指标有扫描方式、刷新频率、点距、分辨率、带宽、亮度和对比度、尺寸。

12．参考答案：C

【解析】星型拓扑结构是最早的通用网络拓扑结构，用一个节点作为中心节点，其他节点直接与中心节点相连构成的网络。中心节点控制全网的通信，任何两节点之间的通信都要经过中心节点，因此答案选择 C。

13．参考答案：B

【解析】TCP 协议的主要功能是完成对数据报的确认、流量控制和网络拥塞；自动检测数据报，并提供错误重发的功能；将多条路径传送的数据报按照原来的顺序进行排列，并对重复数据进行择取；控制超时重发，自动调整超时值；提供自动恢复丢失数据的功能。

14．参考答案：A

【解析】硬盘虽然在主机箱内，但属于外存，不是主机的组成部分。

15．参考答案：B

【解析】一个完整的计算机系统应该包括硬件和软件两部分。

16．参考答案：B

【解析】CPU 只能与内存储器直接交换数据，其主要组成部分是运算器和控制器。选项 D 是运算器的作用。

17．参考答案：A

【解析】计算机能直接识别机器语言，机器语言的执行效率高。

18．参考答案：B

【解析】在 24×24 的网格中描绘一个汉字，整个网格分为 24 行 24 列，每个小格用 1 位二进制编码表示，每一行需要 24 个二进制位，占 3 个字节，24 行共占 24×3=72 个字节。1 024 个需要 1 024×72=72 KB。

19．参考答案：D

【解析】MS-Office 是应用软件。

20．参考答案：B

【解析】其余选项为系统软件。

# 第十三套

## 一、选择题

1．参考答案：B

【解析】1946 年，世界上第一台电子数字积分式计算机 ENIAC 在美国宾夕法尼亚大学研制成功，因此 A、C、D 选项均描述错误。

2．参考答案：C

【解析】对于信息系统的使用者来说，维护信息安全的措施主要包括保障计算机及网络系统的安全，预防计算机病毒以及预防计算机犯罪等内容。在日常的信息活动中，我们应注意以下几个方面：①尊重知识产权，支持使用合法原版的软件，拒绝使用盗版软件；②平常将重要资料备份；③不要随意使用来路不明的文件或磁盘，若需要使用，要先用杀毒软件扫描；④随时注意特殊文件的长度和使用日期以及内存的使用情况；⑤准备好一些防毒、扫毒和杀毒的软件，并且定期使用。A、B、D 选项都是属于安全设置的措施，C 选项关于账号的停用不属于该范畴，因此选择 C 选项。

3．参考答案：C

【解析】防火墙是一项协助确保信息安全的设备，会依照特定的规则，允许或是限制传输的数据通过，即执行访问控制策略的一组系统。防火墙可以是一台专属的硬件，也可以是架设在一般硬件上的一套软件。因此，答案 A、B、D 错误。

4．参考答案：C

【解析】所谓防火墙指的是一个由软件和硬件设备组合而成，在内部网和外部网之间，专用网与公共网之间的界面上构造的保护屏障。它是一种获取安全性方法的形象说法，是一种计算机硬件和软件的结合，使 Internet 与 Intranet 之间建立起一个安全网关（Security Gateway），从而保护内部网免受非法用户的侵入，即 Internet 环境中的防火墙建立在内部网络与外部网络的交叉点，可排除答案 A、B、D。

5．参考答案：D

【解析】防火墙指的是一个由软件和硬件设备组合而成，在内部网和外部网之间，专用网与公共网之间的界面上构造的保护屏障。它是一种获取安全性方法的形象说法，是一种计算机硬件和软件的结合，使 Internet 与 Intranet 之间建立起一个安全网关（Security Gateway），从而保护内部网免受非法用户的侵入，因此答案 A、B、C 是错误的。

6．参考答案：B

【解析】音频文件数据量的计算公式是为：音频数据量（B）=采样时间（s）×采样频率（Hz）×量化位数（b）×声道数/8。因此，采样频率越高，音频数据量就会越大，答案选择 B。

7．参考答案：A

【解析】声音的数字化过程中，计算机系统通过输入设备输入声音信号，通过采样、量化将其转换成数字信号，然后通过输出设备输出。采样和量化过程中使用的主要硬件是 A/D 转换器（模拟/数字转换器，实现模拟信号到数字信号的转换）。因此，答案选择 A。

8．参考答案：C

【解析】音频文件数据量的计算公式为：音频数据量（B）=采样时间（s）×采样频率（Hz）×量化位数（b）×声道数/8。分别将题目中的数据单位转换后，计算得出的结果为 2.4MB，因此答案选择 C。

9．参考答案：B

【解析】声音的数字化过程中，计算机系统通过输入设备输入声音信号，通过采样、量化将其转换成数字信号，然后通过输出设备输出。音频文件数据量的计算公式是为：音频数据量（B）=采样时间（s）×采样频率（Hz）×量化位数（b）×声道数/8。一般来说，量化位数越多、采样率越高，数字化声音的质量越高。因此，直接排除选项 A、C、D。

10. 参考答案：C

【解析】系统总线分为三类：数据总线、地址总线、控制总线。

11. 参考答案：B

【解析】计算机系统由硬件（Hardware）系统和软件（Software）系统两大部分组成。硬件系统主要包括控制器、运算器、存储器、输入设备、输出设备、接口和总线等。CPU 主要由运算器和控制器组成，计算机主机由 CPU 和内存储器组成。软件系统主要包括系统软件和应用软件，因此 B 选项描述错误。

12. 参考答案：A

【解析】计算机系统是由硬件（Hardware）系统和软件（Software）系统两大部分组成。硬件系统主要包括控制器、运算器、存储器、输入设备、输出设备、接口和总线等，而计算机的主机一般是指控制器、运算器和存储器，即 CPU 和存储器。因此答案选择 A。

13. 参考答案：B

【解析】控制器是计算机的神经中枢，指挥计算机各个部件自动、协调地工作。主要功能是按预定的顺序不断取出指令进行分析，然后根据指令要求向运算器、存储器等各部件发出控制信号，让其完成指令所规定的操作。因此答案选择 B。

14. 参考答案：B

【解析】计算机网络由通信子网和资源子网两部分组成。通信子网的功能：负责全网的数据通信；资源子网的功能：提供各种网络资源和网络服务，实现网络的资源共享。

15. 参考答案：C

【解析】操作系统的主要功能：CPU 管理、存储管理、文件管理、设备管理和作业管理。

16. 参考答案：A

【解析】常见的系统软件有操作系统、数据库管理系统、语言处理程序和服务性程序等。编译程序是语言处理程序，属于系统软件类型，因此答案选择 A。

17. 参考答案：D

【解析】ASCII 码（用十六进制表示）为："空格"对应 20，"9"对应 39，"Z"对应 5A，"a"对应 61。

18. 参考答案：C

【解析】一个完整的计算机系统应该包括硬件和软件两部分。

19. 参考答案：A

【解析】操作系统可管理计算机软件和硬件资源，它的特征主要为并发性、共享性、虚拟性、异步性，其中最基本的特征是共享和并发，因此答案选择 A。

20. 参考答案：A

【解析】进程是系统进行调度和资源分配的一个独立单位。一个程序被加载到内存，系统就创建了一个进程，或者说进程是一个程序与其数据一起在计算机上顺利执行时所发生的活动。程序执行结束，则对应的进程随着消亡。因此答案选择 A。

# 第十四套

一、选择题

1. 参考答案：C

【解析】在数值转换中，基数越大，位数越少。当为 0，1 时，位数可以相等。

2. 参考答案：C

【解析】电子邮箱建在 ISP 的邮件服务器上。

3. 参考答案：A

【解析】Excel 2016、学籍管理系统、财务管理系统属于应用软件。

4. 参考答案：C

【解析】区位码输入是利用国标码作为汉字编码，每个国标码对应一个汉字或一个符号，没有重码。

5. 参考答案：D

【解析】在 48×48 的网格中描绘一个汉字，整个网格分为 48 行 48 列，每个小格用 1 位二进制编码表示，每一行需要 48 个二进制位，占 6 个字节，48 行共占 48×6=288 个字节。

6. 参考答案：C

【解析】计算机指令格式通常包含操作码和操作数两部分。

7. 参考答案：D

【解析】浏览 WWW 就是浏览存放在 WWW 服务器上的超文本文件，即网页。它们一般由超文本标记语言(HTML)编写而成，并在超文本传输协议（HTTP）支持下运行。因此答案选择 D。

8. 参考答案：C

【解析】P 代表奔腾系列，4 代表此系列的第 4 代产品，2.4G 是 CPU 的频率，单位是 Hz。

9. 参考答案：D

【解析】电子邮件地址由以下几个部分组成：用户名@域名.后缀，且地址中间不允许有空格或逗号。

10. 参考答案：D

【解析】有的外围设备需要装驱动程序，例如摄像头。

11. 参考答案：A

【解析】DRAM 集成度比 SRAM 高，存储速度 SRAM>DRAM，SRAM 常用来做 Cache。

12. 参考答案：A

【解析】显示器的主要技术指标有扫描方式、刷新频率、点距、分辨率、带宽、亮度和对比度、尺寸。

13. 参考答案：A

【解析】$32=2^5$，所以 32 的二进制为：100 000。

14. 参考答案：B

【解析】计算机网络是指在不同地理位置上，具有独立功能的计算机及其外围设备通过通信设备和线路相互连接，在功能完备的网络软件支持下实现资源共享和数据传输的系统。因此答案选择 B。

15. 参考答案：B

【解析】硬盘是外部存储器。

16. 参考答案：D

【解析】计算机病毒一般不对硬件进行破坏，而是对程序、数据或系统的破坏。

17. 参考答案：B

【解析】1946 年世界上第一台名为 ENIAC 的电子计算机诞生于美国宾夕法尼亚大学。

18．参考答案：C

【解析】选项 A 是对有响应时间要求的快速处理，选项 B 是处理多个程序或多个作业。

19．参考答案：A

【解析】ASCII 码采用 7 位编码表示 128 个字符。

20．参考答案：C

【解析】计算机辅助设计是 CAD，计算机辅助教育是 CAI，计算机辅助制造 CAM。

# 第十五套

## 一、选择题

1．参考答案：B

【解析】计算机从诞生发展至今所采用的逻辑元件的发展顺序是电子管、晶体管、集成电路、大规模和超大规模集成电路。

2．参考答案：A

【解析】专用计算机是专门为某种用途而设计的特殊计算机。

3．参考答案：C

【解析】计算机辅助制造简称 CAM，计算机辅助教学简称 CAI，计算机辅助设计简称 CAD，计算机辅助检测简称 CAE。

4．参考答案：B

【解析】字长是指计算机一次能直接处理二进制数据的位数，字长越长，计算机处理数据的精度越强，字长是衡量计算机运算精度的主要指标。字长一般为字节的整数倍，如 8，16，32，64 位等。

5．参考答案：B

【解析】十进制数转换成十六进制数时，先将十进制数转换成二进制数，然后再由二进制数转换成十六进制数。十进制 257 转换成二进制数 100000001，二进制数为 100000001 转换成十六进制数为 101。

6．参考答案：D

【解析】计算机中普遍采用的字符编码是 ASCII 码，它不是汉字码。

7．参考答案：D

【解析】计算机系统是由硬件系统和软件系统两部分组成的。

8．参考答案：C

【解析】字长是指计算机一次能直接处理的二进制数据的位数，字长越长，计算机的整体性能越强。

9．参考答案：B

【解析】硬盘的特点是存储容量大、存取速度快。硬盘可以进行格式化处理，格式化后，硬盘上的数据丢失。每台计算机可以安装一块以上的硬盘，扩大存储容量。CPU 只能通过访问硬盘存储在内存中的信息来访问硬盘。断电后，硬盘中存储的数据不会丢失。

10．参考答案：A

【解析】只读存储器(ROM)和随机存储器(RAM)都属于内存储器(内存)。只读存储器(ROM)

特点是：只能读出(存储器中)原有的内容，而不能修改，即只能读，不能写。断电以后内容不会丢失，加电后会自动恢复，即具有非易失性。随机存储器(RAM)特点是：读写速度快，最大的不足是断电后，内容立即消失，即易失性。

11．参考答案：A

【解析】总线是系统部件之间传递信息的公共通道，各部件由总线连接并通过它传递数据和控制信号。

12．参考答案：A

【解析】计算机系统总线是由数据总线、地址总线和控制总线 3 部分组成。

13．参考答案：A

【解析】计算机软件系统分为系统软件和应用软件两种，系统软件又分为操作系统、语言处理程序和服务程序。

14．参考答案：C

【解析】机器语言是计算机唯一可直接识别并执行的语言，不需要任何解释。

15．参考答案：D

【解析】计算机病毒主要破坏的对象是计算机的程序和数据。

16．参考答案：D

【解析】计算机网络中的计算机设备是分布在不同地理位置的多台独立的计算机。每台计算机核心的基本部件，如 CPU、系统总线、网络接口等都要求存在并且独立，从而使得每台计算机可以联网使用，也可以脱离网络独立工作。

17．参考答案：A

【解析】Internet 是通过路由器将世界不同地区、不同规模的网络相互连接起来的大型网络，是全球计算机的互联网，属于广域网，它信息资源丰富。而万维网是 Internet 上多媒体信息查询工具，是 Internet 上发展最快和使用最广的服务。

18．参考答案：A

【解析】Internet 是通过路由器将世界不同地区、不同规模的 LAN 和 MAN 相互连接起来的大型网络，是全球计算机的互联网，属于广域网。

19．参考答案：C

【解析】Web 是建立在客户机/服务器模型之上的，以 HTTP 协议为基础。

20．参考答案：A

【解析】IE 浏览器中收藏夹的作用是保存网页地址。

习
题
集

# 参考文献

[1] 魏赟，邬开俊. 计算机通信技术[M]. 北京：气象出版社，2014.

[2] 魏赟. 物联网技术概论[M]. 北京：中国铁道出版社有限公司，2019.

[3] 魏赟. 单片机基础[M]. 北京：气象出版社，2015.

[4] 王鹏，黄焱. 云计算与大数据技术[M]. 北京：人民邮电出版社，2014.

[5] 罗忠文，杨林权. 人工智能实用教程[M]. 北京：科学出版社，2015.

[6] 吴华，兰星. Office 2010 办公软件应用标准教程[M]. 北京：清华大学出版社，2012.

[7] 方美琪，王宁. 全国计算机等级考试一级 MS Office 教程[M]. 北京：高等教育出版社，2009.

[8] 郭强. Windows 10 深度攻略[M]. 北京：人民邮电出版社，2018.

[9] 李雪. 计算机应用基础[M]. 北京：中国铁道出版社，2018.